In die Tiefen des Weltalls

JU. N. JEFREMOW

3. Auflage

Mit 69 Abbildungen

Verlag MIR, Moskau

BSB B. G. Teubner Verlagsgesellschaft

Leipzig 1990

Kleine Naturwissenschaftliche Bibliothek · Band 51
ISSN 0232-346X

Autor:
Juri Nikolajewitsch Jefremow,
Kandidat der physikalisch-mathematischen Wissenschaften,
Staatliches Astronomisches Institut „P. K. Sternberg", Moskau

Titel der Originalausgabe:
Ю. Н. Ефремов
В глубины Вселенной
3. Auflage, Verlag NAUKA, Moskau 1984,
vom Autor überarbeitet 1988

Deutsche Übersetzung: Dr. H. Lorenz, Dr. H.-E. Fröhlich, beide Potsdam, und Dipl.-Ing. B. Steier, Moskau
Wissenschaftliche Redaktion: Dr. H.-E. Fröhlich, Potsdam

Efremov, Jurij Nikolaevič:
In die Tiefen des Weltalls / Ju. N. Jefremow. [Dt.
Übers.: H. Lorenz, H.-E. Fröhlich, B. Steier]. – 3. Aufl. –
Leipzig: BSB Teubner; Moskau: Verl. Mir, 1990.
240 S.: mit 69 Abb.
(Kleine Naturwissenschaftliche Bibliothek; 51)
EST: V glubiny vselennoj ⟨dt.⟩
NE: GT

ISBN-13:978-3-322-00738-4   e-ISBN-13:978-3-322-86907-4
DOI: 10.1007/978-3-322-86907-4

Vorwort zur 3. deutschen Auflage

Dieses Buch beschreibt die Welt der Sterne und die der Galaxien, es berichtet, wie vernunftbegabte Wesen, deren Zuhause nur ein winziges Staubkörnchen in des Alls unermeßlicher Tiefe ist, erkennen konnten, wo sie leben und wie die Welt aufgebaut ist...
Die Stellarastronomie, ihre Verfahren und wichtigsten Ergebnisse allgemeinverständlich darzustellen ist Anliegen dieses Buches. Abschnitte, die von den jüngsten Errungenschaften dieses Forschungsgebiets handeln, dürften auch Fachleute interessieren. Das ist freilich keine leichte Aufgabe; der Erfolg früherer russischer Auflagen sowie die Übersetzungen ins Bulgarische, Ungarische und Deutsche lassen jedoch hoffen, daß das Buch seine Leser gefunden hat. Schwierige oder nicht interessierende Passagen können zudem ohne weiteres übersprungen werden. Je weiter man allerdings vordringt, desto leichter wird die Lektüre. Für das Verständnis des Buches sind das enthaltene Material und Kenntnisse der Schulmathematik ausreichend.
Die Stellarastronomie ist die Wissenschaft von Sternsystemen, deren Aufbau und Entwicklung. Die Erforschung der Sterne selbst ist hingegen Aufgabe der Astrophysik. Sie hat es mit konkreten Himmelskörpern und den in ihnen ablaufenden physikalischen Vorgängen zu tun. Stellarastronomie und Astrophysik sind aufs engste miteinander verbunden. Viele bedeutende Astronomen waren oder sind auf beiden Gebieten gleichermaßen bewandert. Trotzdem gibt es Unterschiede, setzen beide unterschiedliche Ausbildungen voraus. Für die Stellarastronomie ist spezifisch, daß sie „kollektive" Eigenschaften der Sterne und Zusammenhänge zwischen diesen betrachtet. Lange bevor die Systemauffassung popularisiert wurde, ist sie in der Stellarastronomie praktiziert worden. Für sie ist dieser Zugang unausweichlich. Die Trennlinie verläuft dort, wo das Studium von Einzelobjekten verlassen wird und man sich der Gesamtheit dieser Objekte zuwendet: die Astrophysik handelt, wenn man so will, von den Bäumen – die Stellarastronomie aber vom Wald.
Zur Lösung ihrer Aufgaben macht sich die Stellarastronomie Erkenntnisse aus Astrophysik, Astrometrie und Himmelsmechanik zunutze. Nicht zu unterschätzen ist die Bedeutung von Verfahren der mathematischen Statistik für sie. Viele ihrer

Ergebnisse sind bei der Analyse und Verallgemeinerung von Beobachtungsdaten gewonnen worden, lange bevor sie auch physikalisch begründet werden konnten. Hierzu zählt insbesondere die Entwicklung von Verfahren zur Entfernungsbestimmung von Sternen und Galaxien – einem Hauptthema dieses Buches. Ohne Kenntnis ihrer Entfernungen bliebe uns die Natur der Himmelskörper verschlossen. Die Entfernungsbestimmung ist d a s Problem bei der Erforschung der Struktur der Galaxis und des Weltalls als Ganzem.

In der vorliegenden neuen Auflage werden durchaus auch gegenwärtige Probleme erörtert. Die Kapitel über die Galaxis, den Andromedanebel und die Quasare haben viele Ergänzungen erfahren. Die Natur der Quasare ist inzwischen geklärt – es sind überaktive Galaxienkerne. Das sowieso veraltete Kapitel „Kosmologie und Kosmogonie" ist gestrichen worden. Diese Probleme behandeln einige interessante Bücher (z. B. Nowikow, I. D.: Evolution des Universums. Kleine Naturwissenschaftliche Bibliothek, Bd. 52. Leipzig: Teubner-Verlag 1986). Hinzugekommen ist ein Kapitel über die Sternentwicklung. Aus dem Nachwort sind zwei neue Kapitel hervorgegangen – „Großteleskope" und „Weltanschauliche Probleme der Astrophysikentwicklung – Hypothesen und Spekulationen". Wie früher ist der Aufbau durchweg chronologisch. Erst im Rückblick wird sich zeigen, wie zuverlässig heutige Angaben sind sowie die Aussichten, in die Tiefen des Universums vorzudringen.

Im Mai 1988   Ju. Jefremow

Inhalt

Wozu Astronomie?

„Die Astronomie ist eine glückliche Wissenschaft", sagte Arago, „sie benötigt keinerlei Ausschmückungen." Sie hatte jedoch mehr als viele andere Wissenschaften gegen Zweifler anzukämpfen, die ihren Nutzen in Frage stellten. Derartige überholte Ansichten sind bis heute noch nicht völlig ausgeräumt. Seit jeher wurde dem Astronomen in der Literatur die Rolle eines weltfremden Menschen zuerkannt, der in den Elfenbeinturm der Wissenschaft eingeschlossen ist. Doch unter den Astronomen fanden sich zu jeder Zeit Persönlichkeiten, die den irdischen Problemen aufgeschlossen gegenüberstanden.
Ulug Beg schuf nicht nur den genauesten Sternkatalog seiner Zeit, sondern war zugleich auch Staatsmann. Der französische Astronom Baiér war Bürgermeister von Paris und einer der Führer der Girondistenbewegung, weswegen er 1793 hingerichtet wurde. Andererseits jedoch blieb wohl kaum ein anderer Gelehrter im Staatsdienst so erfolglos wie Laplace, den Bonaparte im 8. Jahr der Republik zum Innenminister ernannte. Schon nach eineinhalb Monaten mußte er ihn mit der Bemerkung „überall suchte er Feinheiten, sah einzig und allein nur Probleme und führte in die Verwaltung den Begriff des unendlich Kleinen ein" ablösen. Wahrscheinlich hatte Laplace es in der Hand, die Verwaltung zu einer Wissenschaft zu erheben. P. K. Sternberg, dessen Name das Staatliche Astronomische Institut in Moskau trägt, war einer der Wegbereiter der photographischen Astronomie.
Das Entstehen und die Entwicklung der Astronomie, wie auch jeder anderen Wissenschaft, war bedingt durch neue, spezifische Bedürfnisse der Menschen. In der Neusteinzeit begannen die nomadisierenden Jäger und Sammler seßhaft zu werden und Ackerbau zu betreiben. Voraussetzung für die neue Produktionsweise war die Kenntnis des jahreszeitlichen Wechsels der Vegetation. Schon den ersten Kalendern lagen die Bewegungen der Gestirne zugrunde. Später, in der Epoche der Renaissance, stimulierten dann Erfordernisse der Schiffahrt den weiteren Ausbau der Astronomie.
Doch wozu dient sie uns heute? Über lange Zeit hinweg fand man in populärwissenschaftlicher Literatur, daß die Sternbeobachtungen für die genaue Zeitbestimmung, für Navigation und Kartographie notwendig sind. Doch moderne Atomuhren geben uns die

Zeit tausendfach genauer, als es die durch die Erdrotation verursachte Sternbewegung vermag. Die Aufgaben des astronomischen Zeitdienstes haben sich in den letzten Jahren gewandelt. Mit seiner Hilfe können jetzt umgekehrt die Rotation der Erde überwacht werden und Unregelmäßigkeiten untersucht werden. Auch die traditionellen Aufgaben der Astronomie, wie Navigation und Ortsbestimmungen auf der Erde, werden heute mit geodätischen Satelliten viel genauer erledigt.

Selbst die mit beträchtlichem materiellem Aufwand betriebene Erforschung der Planeten mit künstlichen Raumflugkörpern hat keinen unmittelbaren Nutzen für die Allgemeinheit. Jedes der 400 kg Mondgestein, das Astronauten der Apollo-Expeditionen zur Erde brachten, kostete Millionen Dollar, das Gesamtprogramm sogar einige hundert Millionen Dollar. Die Astronomie ist ein Teil der Naturwissenschaften und verfolgt nicht das Ziel, das Leben augenblicklich leichter zu machen und schöner zu gestalten. Wie abstrakt die Arbeit eines Astronomen auch immer erscheinen mag, sie besitzt dennoch viele Berührungspunkte mit dem täglichen Leben.

Die Vielfalt der unzähligen Sterne, Nebel und Galaxien rechtfertigte schon durch deren ausgeprägte Individualität jede spezielle Untersuchung. Doch darüber hinaus befindet sich die Materie in diesen Objekten in extremen Zuständen. Solche Materieformen finden wir auf der Erde nicht und werden sie auch in Zukunft kaum schaffen können. Unter diesem Gesichtspunkt ist die Astronomie ein Teil der Physik, denn sowohl die Beschreibung der Versuchsergebnisse im Laboratorium als auch die Beobachtungen im Kosmos müssen physikalisch begründet sein. Jeans führt einen treffenden Vergleich an: „Die Bakterien in einem Regentropfen sind in der Lage, Eigenschaften des Wassers zu ergründen, indem sie mit ihren verschwindend kleinen Kräften auf die Teilchen des Tropfens einwirken. Darüber hinaus sind sie jedoch ebenso in der Lage, einiges von den Niagarafällen zu ergründen, wenn sie diese auch in keiner Weise beherrschen können." Die moderne Physik benötigt Kenntnisse über das Verhalten von Materie bei sehr hohen Dichten und Temperaturen, in sehr starken Gravitations- und Magnetfeldern und über Elementarteilchen extrem hoher Energie. Ergebnisse dieser Art vermag die Astronomie zu erbringen.

Bereits die unvorstellbaren räumlichen und zeitlichen Ausdehnungen, die die astronomische Forschung zum Gegenstand hat, garantieren noch verborgene Naturgesetze, für deren Erscheinungsformen auf der Erde weder Platz noch Zeit ausreichen.

Anschaulich demonstrierte dies in der Vergangenheit die Relativitätstheorie.

Obwohl praktisch verwertbare Resultate aus astronomischen Untersuchungen nur zögernd gewonnen werden können, so sollte doch nicht unerwähnt bleiben, daß es die Astronomie war, die die thermonukleare Energieerzeugung in den Sternen nachwies. Als Arthur Eddington in den 20er Jahren unseres Jahrhunderts nachwies, daß das Verschmelzen von vier Protonen und zwei Elektronen – die Umwandlung von Wasserstoff zu Helium – im Sterninnern möglich ist und die notwendige Energie freizusetzen vermag, war die Mehrheit der Physiker davon überzeugt, daß die Temperaturen im Innern der Sterne auf keinen Fall dazu ausreichen würden. Die daraufhin einsetzenden Forschungen führten 1952 dazu, daß keine Zweifel an der Möglichkeit solcher Reaktionen bestanden, obwohl einige Astronomen bis jetzt nicht überzeugt sind, daß die thermonukleare Energieerzeugung in den Sternen stattfindet. Ein weiteres Forschungsgebiet, das wesentlich von der Astronomie befruchtet wurde, ist die Magnetohydrodynamik. Sie bekam beträchtliche Impulse aus den Untersuchungen der Gasnebel und der Struktur der Galaxien. Die Projektierung von Generatoren zur Elektroenergieerzeugung sowie die Konstruktion von Plasmafallen, in denen die Kernfusion auf der Erde möglich werden sollte, wären ohne astronomische Forschung unmöglich.

Die Raumfahrt eröffnete den klassischen astronomischen Methoden völlig neue Anwendungen. Raumflugkörper und ballistische interkontinentale Raketen werden nach den Sternen gesteuert. Dafür erlangte der hellste Stern im südlichen Sternbild Kiel – Canopus – überragende Bedeutung. Er ist nach Sirius der zweithellste Stern am Himmel und liegt in der Nähe des Poles der Ekliptik, so daß der Winkel zwischen Canopus und Sonne etwa $90°$ beträgt, weshalb er für die Orientierung von Raumflugkörpern ideal ist. Wissenschaftler und Techniker, die zur Astronomie keine Beziehung hatten, benötigen plötzlich für ihre Arbeit die Daten dieses Sterns und vieler tausend anderer. Auch die Bahnvermessung für künstliche Raumflugkörper und interplanetare Sonden ist von astronomischen Methoden und Instrumenten abhängig. Selbst die Satelliten für die Erderkundung vom Weltraum aus werden nach den Sternen ausgerichtet und haben Fernrohre an Bord, die jedoch im Unterschied zu den irdischen nach „unten" gerichtet sind.

Von der Zeit Galileis und Newtons bis hinein ins 19. Jh. zählte die Astronomie zu den wichtigsten Zweigen der Naturwissenschaft. Astronomische Studien verhalfen zu grundlegenden physikalischen Prinzipien und mathematischen Methoden. Vom 19. Jh. an benutzte man in der Astronomie dann in immer größerem Umfang Erkenntnisse und Methoden der Physik. Die moderne Astronomie beruht auf der Physik, von der Relativitätstheorie bis zur Kernphysik. In den letzten Jahren waren es wiederholt astronomische Entdeckungen, die physikalische Theorien bestätigten (Pulsare) oder neue Probleme aufwarfen (Quasare, aktive Galaxien und die Instabilität der Galaxienhaufen). Umgekehrt arbeiten Physiker an astronomischen Fragen. Verschiedentlich werden auch Vermutungen geäußert, wonach astronomische Beobachtungen neue physikalische Prinzipien und Gesetze fordern. Ob das zutrifft, wird sich zeigen. Mit Sicherheit hängt jedoch die weitere Entwicklung der Physik von den Erfolgen der astronomischen Forschung ab.

Doch die Astronomie ist kein Teil der Physik. Sie ist mit dem unerschöpflichen Faktenmaterial und den anderen Besonderheiten eine eigenständige Wissenschaft, wobei jedoch auch Forschungsmethoden, wie sie bisher nur in den anderen Naturwissenschaften gebräuchlich sind, ihre Anwendung in diesem oder jenem Zweig der Astronomie finden. Diese Wissenschaft von der sich entwickelnden Welt hat beispielsweise Bezugspunkte zur Paläontologie oder historischen Geologie.

Im Unterschied zur Physik, in der Ergebnisse alter Experimente oft nur noch historischen Wert haben, wächst in der Astronomie die Kostbarkeit älterer Beobachtungen mit jedem Tag, denn eine Generation von Menschen überdeckt nur einen kurzen Augenblick im Leben der Sterne. Die gesamte Menschheitsgeschichte dauerte nur den hundertsten Teil der Zeit, die die Sonne für einen Umlauf um das galaktische Zentrum benötigt, oder den zehntausendsten Teil der Lebensdauer eines Sterns.

Die Astronomie bringt den Menschen einen Teil der Welt, in der sie leben, näher. Sie hilft, die Natur zu erkennen, aus der er hervorgegangen ist.

Bei Astronomen zu Gast

Auf sich schlängelnden Bergpfaden gelangen wir vor ein niedriges, eisenbeschlagenes Tor. Rechts und links erheben sich hohe Felswände. Hinter dem schmalen Durchgang stoßen wir auf eine

uralte befestigte Bergsiedlung: Tschufut-Kale. Lange bevor die Tataren die Krim eroberten, war sie bereits gegründet. Schmale Gäßchen zwischen Steinhaufen, die einst Wohnstätten waren, die angenehme Kühle der Felsenkeller, die Sonnenhitze der Steinwüste... Nur Radspuren, die sich tief in den Kalk eingegraben haben, erinnern an die vielen Jahrhunderte pulsierenden Lebens. Nach Osten öffnet sich der Blick auf einen Bergrücken, hinter ihm erstreckt sich die blaue Kette des Jailagebirges, beginnend mit dem Tschatyrdag. Dorthin, hinter die Hügel, führt eine Hochspannungsleitung. Wir verlassen das Plateau und folgen ihr. Entlang einer Schlucht schlängelt sich der Weg nach unten. Anfangs sind noch Fahrspuren zu sehen, von Jahrhunderten in den Fels eingraviert, aber bald geht der Weg in einen verwilderten Bergpfad über, deren es viele auf der Krim gibt. Vorbei an Weingärten und Kiefernpflanzungen gelangen wir auf die flache, gepflügte Höhe des Selbuchra. Rechts, an den steilen Hängen des Tepe-Kermen, erspähen wir Höhlenöffnungen. Es drängen sich Fragen auf: Wer hat sie in den Fels gehauen, und wann war das? Da leuchten plötzlich hinter einer Niederung auf einem langen Bergrücken weiße und silbrig glänzende Kuppeln auf (Abb. 1). Vor uns liegt das Astrophysikalische Observatorium der Krim, gleich daneben die astronomische Außenstation des Moskauer Sternberg-Instituts. Hier auf der Krim befindet sich das größte Beobachtungszentrum der sowjetischen Astronomen: vier große Teleskope und mehr als ein Dutzend kleinere. An das Sternwartengelände grenzt eine kleine Wohnsiedlung, deren Bewohner auf unterschiedliche Weise mit den Sternen verbunden sind.
Gespräche über das Wetter sind für Astronomen wie auch für Seeleute und Flieger kein Zeichen für Verlegenheit, sie gehören einfach mit zur Arbeit. Heute abend ist es klar. Langsam dreht sich die Kuppel des 2,6-m-Teleskops, der Beobachtungsspalt öffnet sich. Wir betreten eine der kleineren Kuppeln. Rötliches Dämmerlicht umfängt uns und beleuchtet schwach das Rohr des Teleskops. Das Halbdunkel ist erfüllt vom Ticken der Sekundenkontrolle. Wir stehen neben einem Astrographen, einer Art überdimensionaler Photoapparat, der der täglichen Bewegung der Sterne am Himmel genau nachgeführt wird. Nach 40 min Belichtung sind auf einer Photoplatte von 30 cm × 30 cm zwischen 20 000 und 300 000 Sterne heller als 17. Größe festgehalten. Jede dieser Photoplatten ist ein Dokument. Von 1894 bis 1987 haben sich in der Plattensammlung des Sternberg-Instituts über 40 000 Himmelsaufnahmen angesammelt. Die Sterne sind nicht starr, sie verändern sowohl ihre Position am

Abb. 1. Das Astrophysikalische Observatorium der Akademie der Wissenschaften der UdSSR auf der Krim. Im linken Teil des Gebäudekomplexes befindet sich die Außenstation des Sternberg-Instituts Moskau, in der Mitte die Kuppel des Teleskops

Himmel als auch ihre Helligkeit. Dank dieser Platten können wir Ortsveränderungen der Sterne und ihre Entfernungen messen, ihre Helligkeit über Jahre hinweg verfolgen und Helligkeitsausbrüche von Sternen oder Galaxienkernen festhalten. In der Nachbarkuppel werden mit einem kleinen Reflektor photoelektrisch Sternhelligkeiten gemessen. Zu diesem Zweck läßt man das Sternenlicht auf ein Photoelement fallen; der dabei entstehende elektrische Strom wird an einem Registriergerät abgelesen. Damit gelingt es, die zur Erde gelangende Strahlung eines Sterns in verschiedenen Spektralbereichen bedeutend genauer zu untersuchen, als dies photographisch möglich wäre. Leider kann immer nur ein einziger Stern beobachtet werden. Ohne genaue Helligkeitsmessungen könnten wir jedoch weder die Entfernungen der Sterne noch ihre Leuchtkräfte, Massen und Radien angeben. Auch die Auswertung der Helligkeiten auf Photoplatten bedarf der photoelektrischen Eichung.
Die großen Teleskope sind hauptsächlich für spektrale Untersuchungen vorgesehen. Der Streifen eines Sternspektrums auf der Photoplatte vermag uns etwas über die Temperatur des Sterns, seine chemische Beschaffenheit und Gasbewegungen in seiner Atmosphäre zu sagen. Er gibt Auskunft über Rotation und Magnetfeld an der Sternoberfläche und gestattet es, die Bewegung des Sterns längs der Sichtlinie zu bestimmen.
Die praktische Astronomie wird nach den Beobachtungsmetho-

den aufgeteilt in: Astrometrie, Photometrie und Spektroskopie. Die Astrometrie mißt die Örter der Sterne an der Himmelskugel und ihre Änderung; Aufgabe der Photometrie ist es, die Strahlung der Sterne in verschiedenen Bereichen des elektromagnetischen Spektrums zu messen. Das Sternspektrum im Detail, die Spektrallinien und das kontinuierliche Spektrum sind Gegenstand der Spektroskopie. Es wäre müßig, danach zu fragen, welche der drei Beobachtungsrichtungen am wichtigsten sei. Das Gebäude der modernen Astrophysik gründet sich auf alle drei; würde nur eine fehlen, es geriete ins Wanken. Die Astrometrie ist das älteste Teilgebiet der Astronomie. Ihre Möglichkeiten wurden in den letzten Jahren entscheidend erweitert. Die traditionellen Methoden der Vermessung von Astroplatten sind durch moderne abgelöst worden. Automatische Abtastgeräte übermitteln die Daten Computern. Sie erlauben, alle auf einer Photoplatte enthaltenen Objekte lückenlos zu erfassen und mit Hilfe mathematischer Verfahren, die den Belangen der Himmelsmechanik Rechnung tragen, schnell zu verarbeiten.

Die Astrometrie erlebt gegenwärtig einen ungeahnten Aufschwung. Auslöser sind das Vordringen in den Weltraum sowie der Einsatz von Radioteleskopen und lichtelektrischen Verfahren zur Bildaufzeichnung. Photometrie und Spektroskopie lehnen sich in ihren Methoden stark an die Physik an, davon zeugen sowohl die Meßapparaturen als auch die Verfahren, die zur Interpretation der Messungen herangezogen werden.

Wohl jeder, der sich in den letzten Jahren im Nordkaukasus, in der Nähe von Archis, aufgehalten hat, wird die Riesenkuppel des größten optischen Teleskops der Welt, die den 6-m-Spiegel beherbergt, bewundert haben. Das Teleskop befindet sich oberhalb des Großen-Selentschuk-Tals bei Nishny Archis und gehört zum Astrophysikalischen Spezialobservatorium der Akademie der Wissenschaften der UdSSR (Abbn. 2 und 3). Im Dezember 1975 begannen die Probeaufnahmen. 1977 wurde das ebenfalls zu diesem Observatorium gehörende riesige Radioteleskop in Betrieb genommen. Seine Antennen bilden einen Kreis von 576 m Durchmesser.

Außer der genannten befinden sich im Kaukasus noch drei weitere Sternwarten: das Bjurakaner Astrophysikalische Observatorium mit seinem 1976 in Betrieb genommenen 2,6-m-Teleskop, einem Zwilling des Krim-Instruments; das Astrophysikalische Observatorium Abastumani, die älteste Gebirgssternwarte der UdSSR mit ausgezeichneten klimatischen Beobachtungsbedingungen, und das Astrophysikalische Observatorium Schemacha mit seinem 2-m-Teleskop vom VEB Carl Zeiss Jena.

Abb. 2. Das Astrophysikalische Spezialobservatorium der Akademie der Wissenschaften der UdSSR in Selentschuk, Nordkaukasus (Juni 1983)

Nicht zufällig werden neue Sternwarten auf Bergen errichtet. Die Leistungsfähigkeit optischer Teleskope wird nicht nur von der Größe und Qualität der Spiegel bestimmt, sie hängt auch entscheidend von der Güte der Atmosphäre ab. Turbulenzen in den unteren Luftschichten verschmieren die Sternscheiben in der Brennebene des Fernrohrs. Ob man durch einen besseren Standort des Instruments die Sternscheibchen auf die Hälfte verkleinert oder aber den Spiegeldurchmesser verdoppelt, kommt auf das gleiche heraus; in beiden Fällen ist die Reichweite gleich. Wie umfangreiche Untersuchungen über Astroklimate ergeben haben, sind isoliert stehende Bergrücken im Hochgebirge besonders günstig, aber auch Küstenregionen, wie sie in Kalifornien und Chile zu finden sind, bieten sich an. In den letzten Jahren ist man auch auf Gebiete in Mittelasien aufmerksam geworden. Nicht nur die Luftverhältnisse, auch die Anzahl der klaren Nächte sind mit den Bedingungen der chilenischen Berghalbwüste vergleichbar. Auf dem Maidanak in Südusbekistan ist ein neues Großobservatorium des Moskauer Sternberg-Instituts mit einem 1,5-m-Teleskop im Entstehen.
Viele Universitätsstädte der UdSSR haben traditionsreiche Sternwarten. Da sich leider die Beobachtungsbedingungen in der Nähe großer Städte ständig verschlechtern, wird hier nur noch vereinzelt beobachtet. Meist werden nur Programme fortgesetzt, für die historisch wertvolles Beobachtungsmaterial, aufgenommen mit den oft ausgezeichneten Instrumenten, bereits vorliegt.
Aber kehren wir zur Krim zurück. Funktioniert die Sekundenkontrolle und folgt das Instrument der Bewegung der Sterne,

Abb. 3. Astronomen in der Kuppel des 6-m-Teleskops. Das Teleskop
befindet sich in horizontaler Stellung. Deutlich ist die Beobachterkabine
zu erkennen (Juni 1971)

kann sich der Beobachter für einen Augenblick vom Okular abwenden und den Sternhimmel betrachten: Dunkelheit, unruhig flimmern die Sterne, da das schwache Nebelband der Milchstraße... Geheimnisvolle uralte Namen – Wega, Deneb, Atair... Dunkle Staubwolken teilen die Milchstraße vom Sternbild Schwan bis zum leuchtenden Schützen, wo das Zentrum der Galaxis liegt, ihr Kern, der noch viele Rätsel aufgibt. Schwach zeichnet sich im Osten die Silhouette des Tschatyrdag gegen den Nachthimmel ab. Aus dem geöffneten Kuppelspalt des Nachbarinstruments dringt leise das Summen der Motoren herüber. Nur hin und wieder, wenn sich die Astronomen am großen Teleskop einem anderen Stern zuwenden, durchbricht das Geräusch der sich drehenden Kuppel die Stille.

Die Astronomie ist eine begeisternde Wissenschaft. Es dürfte kaum jemanden geben, der sich dem Anblick eines Kugelsternhaufens, betrachtet durch ein gutes Instrument, zu entziehen vermag. Ich glaube, Seneca sagte, daß, wenn die Sterne nur von einem einzigen Ort der Erde aus sichtbar wären, es wahre Völkerwanderungen dorthin gäbe. Aber der Beobachter hat nur selten ein Auge für die Sternenpracht. Er muß achthaben, daß der im Leitrohr sichtbare Stern immer im Fadenkreuz bleibt und die Instrumente tadellos arbeiten (Abb. 4). Dabei beträgt die Belichtungszeit bis zu einigen Stunden. Er darf sich beim Einstellen des Teleskops nicht irren, muß Dutzende verschiedener Handgriffe ausführen, damit die Nacht nicht nutzlos verstreicht. Beobachten ist eine schwere, eine ermüdende Arbeit unter freiem Himmel, bei jeder Temperatur.

Die Früchte seiner Arbeit sieht der Astronom oft erst Monate später, nach einer aufwendigen Auswertung seiner Beobachtungen. In manchen Fällen kann er noch nicht einmal hoffen, sie jemals selbst zu genießen: Astrometrische Beobachtungsprogramme beispielsweise erfordern eine Wiederholung der Aufnahmen nach einigen Jahrzehnten, um Ortsveränderungen der Sterne zu messen. Sind Astronomen nun merkwürdige Leute, die in den Bergen wohnen, tagsüber schlafen und nachts arbeiten? Natürlich nicht! In Moskau und Leningrad sind ebenso viele Astronomen tätig wie auf der Krim. Sie erfreuen sich aller Bequemlichkeiten der Zivilisation; zu ihrer Arbeit stehen ihnen Rechenzentren zur Verfügung, sie haben häufig Gelegenheit zum Gedankenaustausch. Doch ihnen fehlen die Fernrohre. Die sie bedienen, sind gezwungen, Dutzende Kilometer vom nächsten Theater, Hunderte von Kilometern von der nächsten Universität entfernt zu leben. In den USA gibt es Gebirgssternwarten, in denen sich nur das diensthabende Personal aufhält. Ansonsten leben die Beob-

Abb. 4. Die Schmidt-Kamera der Mount-Palomar-Sternwarte. Das ist eine der letzten Aufnahmen, auf der Hubble zu sehen ist, wie er am Teleskop arbeitet

achter in den großen Städten, Hunderte von Kilometern vom Teleskop entfernt.
Wie auch immer, auch am Tage gibt es für den Astronomen genügend zu tun. Er muß Photoplatten ausmessen, die Ergebnisse auswerten und mit der Theorie vergleichen, und er muß schließlich auch noch die Fachliteratur verfolgen, um auf dem laufenden zu bleiben.

Entfernungen der nächsten Sterne

Die gesamte astronomische Entfernungsskala basiert letztlich auf dem Abstand der Erde von der Sonne – der Astronomischen Einheit. Wenden wir uns daher zunächst ihrer Bestimmung zu. Das älteste Verfahren stützt sich auf die tägliche Parallaxe der Sonne. Messen wir den Ort der Sonne einmal zum Zeitpunkt ihres Aufgangs und ein zweites Mal, wenn sie im Zenit steht, so können wir aus der Koordinatendifferenz – wir sehen ja die Sonne von zwei verschiedenen Punkten des Raumes – auf ihre Entfernung schließen. Das Verfahren läuft darauf hinaus, ein Dreieck zu berechnen, von dem die Basis und die beiden anliegenden Winkel (beide betragen fast 90°) bekannt sind.

Die Messung der parallaktischen Verschiebung der Sonne vor dem Hintergrund des Himmelsgewölbes scheint recht einfach zu sein; wir müssen die Sonne lediglich von zwei möglichst weit voneinander entfernten Punkten der Erdoberfläche aus anpeilen. Offensichtlich ist die parallaktische Verschiebung am größten, wenn sich die Beobachter an zwei entgegengesetzten Punkten der Erdkugel aufhalten. Aber auch dann noch ist sie winzig – nur 18″. Erschwerend kommt hinzu, daß die Beobachtungsgenauigkeit der Positionsmessungen durch die Lichtfülle der Sonne und die dadurch bedingte starke Erwärmung der Instrumente beeinträchtigt wird. Deshalb sind schon vor über 300 Jahren andere Verfahren vorgeschlagen worden. Eines davon verwendet das dritte Keplersche Gesetz: Die Quadrate der Umlaufzeiten der Planeten verhalten sich wie die dritten Potenzen der großen Halbachsen ihrer Bahnen. Dank dieses Zusammenhangs sind die relativen Entfernungen im Sonnensystem, ausgedrückt in Einheiten des Abstandes Erde–Sonne, schon seit langem gut bekannt. Die Umlaufzeiten und die Positionen der Planeten ergeben sich unmittelbar aus den Beobachtungen, so daß es jederzeit möglich ist, einen genauen Lageplan des Planetensystems zu zeichnen. Nur der Maßstab des Plans liegt vorerst nicht fest. Er ergibt sich sofort, wenn ein einziger Abstand zwischen zwei beliebigen Körpern bekannt ist.

Die Planetenörter lassen sich viel genauer angeben als der Ort der Sonne. Die Messungen werden nachts vorgenommen, und die Planetenörter können an die sehr genau vermessenen Örter der „unbeweglichen" Fixsterne angeschlossen werden. Heute sind diese rein astronomischen Verfahren zur Bestimmung der Astronomischen Einheit nur von historischem Interesse.

In den 60er Jahren hat man erstmals Radarechos der Venus

empfangen können und aus der Laufzeit der Radarimpulse auf ihre Entfernung und damit auch auf die Größe der Astronomischen Einheit geschlossen. Neuere Radarmessungen, die in der UdSSR, in den USA und in England ausgeführt worden sind, geben die Entfernung der Sonne mit 149 600 000 km an, entsprechend einer Sonnenparallaxe von 8,7940". Für astronomische Anwendungen ist diese Genauigkeit ausreichend, nicht aber für die Belange der Raumfahrt. Wären wir beispielsweise bei den Bahnberechnungen der Venussonden allein auf den astronomisch ermittelten Wert für die Astronomische Einheit angewiesen, müßten die Sonden ihr Ziel um etwa drei Venusradien verfehlen. Der zur Zeit genaueste Wert der Astronomischen Einheit, abgeleitet aus amerikanischen Radarbeobachtungen von Venus und Mars sowie optischen Positionsmessungen, beläuft sich auf 149 597 870,5 ± 1,6 km. Diese unglaublich erscheinende Genauigkeit ist nur durch eine Neubestimmung der Lichtgeschwindigkeit zu erreichen gewesen.

Der Abstand Erde–Sonne dient als Basis für die Bestimmung der jährlichen Parallaxen der Sterne, des Winkels, unter dem der Erdbahnradius von dem Stern, dessen Entfernung gemessen werden soll, aus erscheint. Die Bewegung der Erde um die Sonne muß sich in einer scheinbaren, periodischen Ortsveränderung der Gestirne (mit einer Periode von einem Jahr) am Himmelsgewölbe widerspiegeln. Das war bereits Kopernikus klar, der in dem Nachweis dieser parallaktischen Verschiebung der Gestirnsörter den schlagenden Beweis für die Richtigkeit seiner Anschauungen gesehen hätte. Galilei, der hoffte, seinen Schülern gelänge, was Kopernikus versagt geblieben war – der Nachweis der Fixsternparallaxe –, wurde ebenso enttäuscht wie der Engländer James Bradley, der auf der Suche nach ihr 1728 die Aberration des Sternenlichtes – was an sich bereits die *Revolutionsbewegung* der Erde um die Sonne beweist – und zwei Jahrzehnte darauf die Nutation entdeckte. Aber erst in den Jahren 1837–1840 gelang es fast gleichzeitig in Rußland, Deutschland und Südafrika, die jährlichen Parallaxen einiger Fixsterne aufzufinden. Zwar konnte man nicht die absoluten Änderungen der Gestirnskoordinaten messen – das ist auch heute noch nicht möglich –, sondern nur ihre Verschiebung relativ zu lichtschwächeren (und daher im Mittel weiter entfernten) Nachbarsternen, aber dafür sind diese relativen Parallaxen, worauf schon Galilei hingewiesen hatte, äußerst genau meßbar. Erfolg versprach diese Methode natürlich nur, wenn man mehr oder weniger zufällig einen besonders nahen Stern ausgewählt hatte. W. Struve in Dorpat (Tartu) benutzte die helle Wega, Bessel in Königsberg (Kaliningrad) 61 Cygni, einen

Stern mit starker Eigenbewegung, und Henderson am Kap der Guten Hoffnung α Centauri, einen sehr hellen Stern, dessen hohe Eigenbewegung eine geringe Entfernung signalisiert. Struve konnte als erster einen Erfolg verbuchen; Hendersons Wahl aber erwies sich als die glücklichste: Bisher ist kein Fixstern bekannt, der eine größere Parallaxe hätte als α Centauri – er ist der sonnennächste Stern. (Eine große scheinbare Helligkeit bürgt nicht immer für eine geringe Entfernung. Scheinbar helle Fixsterne können sich als Überriesen hoher Leuchtkraft ent-puppen, die sehr weit von uns entfernt sind.)

Mußten früher Autoren populärwissenschaftlicher Schriften, um ihren Lesern eine Vorstellung von interstellaren Entfernungen zu vermitteln, eine Eisenbahn zu Hilfe nehmen, die dann viele Jahre bis zum α Centauri braucht, so ist das heute einfacher. Inzwischen weiß ja jeder, daß ein Mondflug eine Woche dauert, wobei der Mond nur 30 Erddurchmesser von uns entfernt ist. Pioneer-10, der Jupiter und seine Monde erstmals aus der Nähe untersucht hat, war im Februar 1972 gestartet worden. Am 25. April 1983 – nach 5,6 Milliarden Kilometer Flug – kreuzte er die Plutobahn und kurz darauf, am 13. Juni, die des Neptuns. (Die Plutobahn verläuft z. T. wegen ihrer hohen Exzentrizität noch innerhalb der Neptunbahn.) Im Jahre 12490 gerät die Sonde in die Nähe von Barnards Stern und wird dann 1,8 pc zurückgelegt haben.

Die erste Messung einer Fixsternparallaxe war im wahrsten Sinne des Wortes eine Sternstunde in der Geschichte der Astronomie, bewies sie doch: Sterne sind Sonnen, die nur ihrer unglaublichen Abstände wegen als schwache Lichtpünktchen am nächtlichen Himmel erscheinen.

Aus der jährlichen Parallaxe p eines Sterns folgt sofort seine Entfernung: $r = a/\sin p$ (Abb. 5). Hier ist a der mittlere Abstand

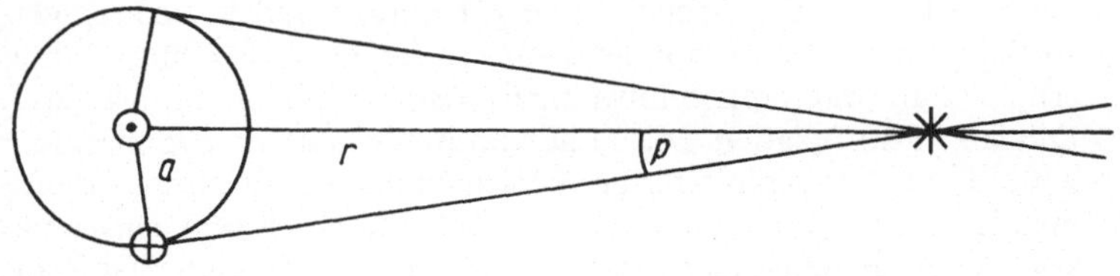

Abb. 5. Die jährliche parallaktische Bewegung der Sterne. p ist der Winkel, unter dem, vom Stern aus gesehen, die große Halbachse a der Erdbahn erscheint. Infolge des Umlaufs der Erde ⊕ um die Sonne ⊙ wandert der Stern scheinbar um den Winkel $2p$ am Himmel. Die Parallaxen werden relativ zu schwächeren und daher im Mittel weiter entfernten Sternen gemessen

2*

der Erde von der Sonne, also die Astronomische Einheit (AE). Da die Parallaxe $1''$ nie überschreitet und der Sinus eines kleinen Winkels gleich seinem Bogenmaß ist, also $\sin p \approx p''/206\,265$, gilt $r = a \cdot 206\,265/p''$ [km]. Natürlich wäre es in Anbetracht der unvorstellbaren Abstände der Sterne geradezu unsinnig, Sternentfernungen in Kilometern angeben zu wollen. Geeigneter ist da schon die Astronomische Einheit. Üblicherweise verwendet man aber in der Stellarastronomie das Parsec (pc) als Einheit. Diese Bezeichnung, aus den zwei Wörtern Parallaxe und Sekunde zusammengesetzt, wurde 1912 von H. Turner, einem der Schöpfer der photographischen Astrometrie, vorgeschlagen. Ein 1 pc entfernter Stern hat eine Parallaxe von $1''$. Die Umrechnung ist denkbar einfach. Es gilt: $r = 1/p$ [pc]. Wie aus der Definition ersichtlich, ist 1 pc = 206 265 AE. Ein Kiloparsec (kpc) ist gleich 1000 pc, ein Megaparsec (Mpc) gleich 1000 kpc. Daneben ist noch – besonders in der populärwissenschaftlichen Literatur – das Lichtjahr (ly) gebräuchlich: 1 pc = 3,259 ly = $3,084 \cdot 10^{16}$ m. α Centauri, der allernächste Fixstern, ist 1,34 pc = 4,4 ly von uns entfernt; seine Parallaxe beträgt $0,75''$.

Genaugenommen ist der nächste Stern die dritte Komponente des α-Centauri-Systems: Proxima Centauri („die Nächste"). Der gelblich leuchtende Stern α Centauri – nach Sirius und Canopus der dritthellste Stern am Himmel – entpuppt sich bei genauer Betrachtung als ein Mehrfachstern. Zwei nur $18''$ voneinander entfernte Sternchen bilden einen Doppelstern. Eine Komponente ähnelt unserer Sonne, die andere ist röter und lichtschwächer. Fast $2°$ von diesem Paar entfernt befindet sich ein rötlich schimmerndes Sternchen 11. Größe: Proxima. Sie nimmt an der Bewegung des α-Centauri-Systems teil und umkreist es vermutlich. Die Umlaufzeit dürfte einige 10 000 Jahre betragen. Zur Zeit ist Proxima 0,01 pc näher als α Centauri.

Die Techniken der Parallaxenmessung gehen im wesentlichen auf die bahnbrechenden Arbeiten von J. Kapteyn und F. Schlesinger zu Beginn unseres Jahrhunderts zurück. Im Verlaufe einiger Jahre erhält man mit langbrennweitigen Astrographen ein bis zwei Dutzend Photoplatten. Mit Hilfe von Koordinatenmeßapparaten wird dann die parallaktische Verschiebung des in Frage kommenden Sterns relativ zu seinen schwächeren Nachbarn gemessen, von denen angenommen wird, daß sie im Mittel weiter entfernt sind. Ist unter diesen doch ein naher Fixstern mit nichtvernachlässigbarer Parallaxe, so zeigt sich dies bei der Ausgleichung: er wird ausgeschlossen, und die Prozedur wird wiederholt. Gewöhnlich ist man mit einer Genauigkeit von $0,01''$ für eine Parallaxenmessung zufrieden. Durch aufwendige Meßverfahren (automatische Mikrophotometer, spezielle Auswahl der Zeitpunkte der einzelnen Aufnahmen, Vergrößerung der Anzahl der zur Ausgleichung herangezogenen Anhaltsterne) kann man heutzutage den Fehler einer Parallaxenmessung auf 0,004″ bis 0,005″ verringern. Diese Präzision erlauben bisher nur langbrennweitige Astrographen; die sonst in der astronomischen Praxis vorherrschenden Reflektoren sind ihnen in dieser Hinsicht unterlegen.

Im Jahre 1983 wurden die jährlichen Parallaxen von 7435 Fixsternen bekannt, die Genauigkeit der Parallaxenmessung lag jedoch lediglich für 343 Sterne unter 15%. In 7 bis 10 Jahren erreicht man diese Meßgenauigkeit bereits für 7700 Sterne; die Entfernungen bis $75 \cdots 100$ pc werden sicher gemessen. Eine Gewähr dafür bieten neue Methoden der Positionsmessungen, wobei moderne Lichtempfänger benutzt werden, sowie die perspektivische Entwicklung der Satellitenastronomie.

100 pc – das ist nur der hundertste Teil des Abstandes zum Milchstraßenzentrum. Doch gibt es andere geometrische Verfahren, mit denen man weiter in den kosmischen Raum vordringen kann. Eines davon nutzt die Ortsveränderung der Sonne relativ zu den näheren Fixsternen zur Gewinnung statistischer Parallaxen aus. Die Sonnenbewegung spiegelt sich in einer langsamen systematischen Änderung der Gestirnskoordinaten wider, die Sterne bleiben, bildlich gesprochen, „zurück". Bei den näheren macht sich dieses Zurückbleiben stärker bemerkbar als bei den weiter entfernten. Leider sind der systematischen Ortsveränderung die zufälligen, regellosen sog. Pekuliarbewegungen der Sterne überlagert, die sich nur statistisch berücksichtigen lassen. Am genauesten lassen sich die statistischen Parallaxen einer Sterngruppe bestimmen, wenn sich diese im rechten Winkel zum Apex der Sonnenbewegung befinden. Unter dem Apex verstehen wir den Zielpunkt der Sonnenbewegung an der Sphäre. Weiterhin kann man davon Gebrauch machen, daß die Bewegungsrichtungen der Sterne einer Gruppe – nach Abzug des durch die Sonne bedingten systematischen Anteils – zufällig verteilt sind. Unter dieser Voraussetzung ist im statistischen Mittel die Eigenbewegung der Sterne (ausgedrückt in Bogensekunden pro Jahr) ein Maß ihrer Radialgeschwindigkeit (in km/s). Bezeichnen wir mit v_r die Radialgeschwindigkeit, mit v_t die tangentiale Geschwindigkeitskomponente (beide in km/s) und mit μ die Eigenbewegung (in ″/a), so gilt, wenn wir $v_r \approx v_t$ setzen: $v_t = \mu/p$ AE/Jahr $= 4{,}74\ \mu/p$ km/s $\approx v_r$, woraus sich die mittlere Parallaxe p errechnet.

Dank dieser rein geometrischen Methoden kann man noch die

statistischen Entfernungen von Sternkollektiven ableiten, die 1 bis 2 kpc entfernt sind. Die Zeit arbeitet dabei für uns. Kommende Astronomengenerationen werden sich in einer besseren Lage befinden als wir, da die Genauigkeit, mit der Eigenbewegungen der Gestirne gemessen werden können, mit zunehmendem zeitlichem Abstand zwischen den einzelnen Positionsbestimmungen anwächst. Das betrifft nicht nur die Parallaxenmessung. Auch andere astronomische Aufgaben profitieren davon, wie beispielsweise die Frage nach einer möglichen Expansion der Sternassoziationen, die durch Eigenbewegungsuntersuchungen der Mitglieder solcher Assoziationen beantwortet werden kann. Der Wert astrometrischer Himmelsaufnahmen erhöht sich von Jahr zu Jahr. Gerade die astrometrische Routinearbeit verdient unsere Anerkennung, verdanken wir ihr doch die Möglichkeit, die astronomische Entfernungsskala auf ein sicheres Fundament zu stellen. Die Leistungsfähigkeit der modernen Astrometrie ist noch lange nicht ausgeschöpft. M. Schwarzschild, einer der Begründer der Theorie von der Sternentwicklung, hat sich lobend über sie ausgesprochen: „Praktisch wäre meine ganze Arbeit unmöglich gewesen, gäbe es nicht das Fundament astrometrischer Daten." Neue Wege eröffnet die radioastronomische Positionsbestimmung der Astrometrie. Schon heute können Radioquellen mit Hilfe interkontinentaler Radiointerferometer mit einer Genauigkeit lokalisiert werden, die die herkömmlichen optischen Verfahren in den Schatten stellen. Bald werden Quasare und Radiogalaxien – sie besitzen wegen ihrer ungeheuren Entfernungen keine meßbaren Eigenbewegungen – ein verbessertes astrometrisches Fundamentalsystem fixieren, das nur auf Radiobeobachtungen basiert und von Wind und Wetter, von Tag und Nacht unabhängig sein wird. Sterne, deren Positionen auch im Radiobereich fixiert sind, werden die Brücke zum alten, optisch definierten Fundamentalsystem schlagen. Die Positionsgenauigkeit der Sterne in diesem absoluten Koordinatensystem wird besser als 0,01" sein.
Viele Probleme werden ihre Lösung finden, sobald der Astronomiesatellit „Hipparcos", dessen Start die Europäische Raumfahrtbehörde vorbereitet, Eigenbewegungen und Parallaxen von etwa 100 000 Sternen (einschließlich 64 000 Sterne heller 9. Größe) geliefert haben wird – und das mit einer Präzision von ±0,001". 20 bis 30 Mill. Messungen werden dafür nötig sein.
Bereits jetzt sind rechnergestützte automatische Mikrophotometer im Einsatz. Allein dadurch verbessert sich die Genauigkeit bodengebundener optischer Messungen um eine Größenordnung, wobei die Kosten deutlich unter der der Satellitenastrometrie liegen.

Das Hertzsprung-Russell-Diagramm

Oh, Be A Fine Girl, Kiss Me! – „Sei ein nettes Mädchen, küß mich!" So lautet ein Merkvers, den sich einer der berühmtesten Astrophysiker des 20. Jh., H. Russell, für seine Studenten ausgedacht hat. Den Anfangsbuchstaben der einzelnen Worte entsprechen die Bezeichnungen für die Spektralklassen der Sterne, geordnet nach fallender Temperatur der Sterne. Man darf annehmen, daß sich englische und amerikanische Studenten die Reihenfolge der Spektraltypen leicht merken...

Die Spektralklassifikation der Sterne war gegen Ende des vergangenen Jahrhunderts von Mitarbeitern der Harvard-Sternwarte unter E. Pickering ausgearbeitet worden. Ursprünglich unterschied man 16 alphabetisch geordnete Klassen. Später änderte man die Reihenfolge, einige Klassen wurden auch ganz gestrichen, um eine physikalisch sinnvolle Reihenfolge des Auftretens und Wiederverschwindens bestimmter Spektrallinien zu erhalten.

Im Jahre 1920 wies der indische Physiker Saha nach, daß die Aufteilung der Sterne auf die verschiedenen Spektralklassen keine Folge unterschiedlicher chemischer Zusammensetzung ist, wie man zunächst dachte, sondern vielmehr die unterschiedlichen Oberflächentemperaturen der Sterne widerspiegelt. Mit der Temperatur ändert sich der Ionisationsgrad, dieser wiederum bestimmt die Linienstärken der verschiedenen Elemente. Am heißesten sind die O-Sterne, in deren Spektren Heliumlinien auftreten; hingegen sind die M-Sterne bereits recht kühl. Ihre Spektren zeigen zahlreiche Metallinien und sogar Molekülbanden. Saha hatte seine bahnbrechende Arbeit dem „Astrophysical Journal" zur Veröffentlichung vorgelegt, sie wurde vom Redakteur zurückgewiesen...

Erst durch die Sahasche Arbeit wurde es möglich, die Häufigkeiten der chemischen Elemente in den Sternatmosphären zu analysieren. An der Harvard-Sternwarte hatte sich unterdessen eine gewaltige Datenmenge angesammelt. A. Cannon hatte dort nach vierzigjähriger Arbeit den berühmten Draperkatalog, einen Spektralkatalog, zusammengestellt. Er enthält 359 082 Sterne heller als 8,2te Größe. Wie sich herausstellte, bestehen die Sterne zu 70% aus Wasserstoff und zu 25 bis 30% aus Helium. Die Anzahl der übrigen Elemente macht manchmal noch nicht einmal 1% der Sternmasse (genauer: seiner Atmosphäre) aus.

Ausgehend von den Arbeiten Eddingtons (1882–1944), etablierte sich in den 20er Jahren die Theorie des inneren Aufbaus der

Sterne. Dabei zeigte sich, daß die Sterne Gaskugeln sind. An jeder Stelle in ihrem Innern ist der Gasdruck gerade so hoch, daß er das Gewicht der darüber liegenden Gasschichten zu tragen vermag. Sehen wir einmal von den allerdichtesten Materiezuständen ab, so kann der gewaltige Gasdruck nur durch sehr hohe Temperaturen im Sterninnern aufrechterhalten werden. Die Suche nach den Energiequellen der Sterne war in den 20er und 30er Jahren das zentrale Thema der Sternphysik. Die Vermutung, die gravitative Schrumpfung der Sterne käme als Energiequelle in Betracht, konnte bereits von Eddington widerlegt werden: Die nach der Kontraktionshypothese berechneten Lebensdauern der Sterne sind viel zu klein, außerdem wurde die vorhergesagte Verkürzung der Pulsationsperioden von δ-Cephei-Sternen – eine unvermeidliche Folge einer solchen Schrumpfung – nie beobachtet. Als stellare Energielieferanten kämen, so Eddington, nur atomare Prozesse in Betracht. 1920 war er bereits davon überzeugt, „was im Cavendish-Laboratorium [dort arbeitete Rutherford] möglich ist, das dürfte auch der Sonne nicht allzu schwer fallen". Als ihm die Kernphysiker darauf entgegenhielten, die Temperaturen im Sterninnern reichten dafür längst nicht aus, riet ihnen Eddington, sich doch zur Hölle zu scheren, falls sie ein heißes Plätzchen suchten... Ebenfalls zu Beginn des 20. Jh. hatte J. Jeans auf die Möglichkeit der Annihilation der Materie als Quelle der stellaren Energieproduktion hingewiesen. In diesem Falle könnte ein Stern wie unsere Sonne 10^{13} Jahre lang seine Energieausstrahlung decken, bevor er vollständig zerstrahlt wäre.
Die Fortschritte auf dem Gebiet der Kernphysik am Ende der 30er Jahre trugen wesentlich zur Lösung des Energieproblems bei. Wie H. Bethe und C.-F. v. Weizsäcker 1938 feststellten, ist es unter den im Sterninnern herrschenden Bedingungen durchaus möglich, daß sich vier Protonen zu einem Heliumkern vereinigen. Bei diesem „Wasserstoffbrennen" wird auch genügend Energie freigesetzt. Erst jetzt war es möglich geworden, sich der Sternentwicklung zuzuwenden. Versuche, empirisch aufgedeckte Zusammenhänge zwischen einigen stellaren Zustandsgrößen, besonders zwischen der Oberflächentemperatur und der Leuchtkraft, als Folge einer Entwicklung der Sterne zu deuten, hatte es bereits lange vorher gegeben.
Wie 1905 E. Hertzsprung (1873–1967) entdeckte, haben die frühen Sterne vom Spektraltyp O und B stets sehr kleine Eigenbewegungen, während man unter den Sternen später Typen (K und M) sowohl solche mit verschwindender Eigenbewegung als auch solche mit großen Eigenbewegungen antrifft. Hertzsprung schlußfolgerte daraus, daß die O- und B-Sterne im Mittel

sehr weit entfernt sind und – da sie trotz ihrer großen Abstände recht hell erscheinen – stets eine hohe Leuchtkraft haben müssen. Im Gegensatz dazu zerfallen die späten Sterne in zwei Gruppen: leuchtschwache Zwergsterne und Riesen mit ungewöhnlich hoher Leuchtkraft. Letztere zeichnen sich auch durch besonders schmale Spektrallinien aus; sie tragen in der Harvard-Klassifikation den Index „c". Hertzsprung stieß auf die Unterteilung der späten Sterne in Zwerge und Riesen, als er 1908 für die Hyadensterne ein Diagramm aufstellte: über der effektiven Wellenlänge (ein Maß für die Oberflächentemperatur der Sterne) trug er die Helligkeit der Sterne dieses Sternhaufens auf.

Unabhängig von Hertzsprung gelangte 1910 Russell (1877–1957) zu der gleichen Schlußfolgerung. Als er für die Komponenten von Doppelsternen ein Spektralklasse-Leuchtkraft-Diagramm zeichnete, fiel ihm auf, daß neben der sog. Hauptreihe, die sich bis zu den M-Sternen erstreckt, auch noch späte Sterne hoher Leuchtkraft vorkommen: die Riesensterne. Russell deutete sein Diagramm sofort als Entwicklungsdiagramm. Seit dieser Zeit ist das Hertzsprung-Russell-Diagramm eines der wichtigsten Hilfsmittel des Stellarastronomen geblieben. Richtiger wäre es zwar, das Farben-Helligkeits-Diagramm als Hertzsprung-Diagramm zu bezeichnen und das Spektralklasse-Leuchtkraft-Diagramm als Russell-Diagramm, doch stellen beide Diagramme im Grunde genommen den gleichen Sachverhalt dar, den Zusammenhang zwischen der Strahlungsleistung eines Sterns und seiner Oberflächentemperatur. Wie die leeren Flächen im Hertzsprung-Russell-Diagramm zeigen, sind gewisse Zusammenstellungen dieser beiden Zustandsgrößen verboten, oder sie entsprechen nur sehr kurzen Entwicklungsstadien im Leben der Sterne, so daß diese Gebiete im Hertzsprung-Russell-Diagramm schnell durchlaufen werden und die Chance, die Sterne dort anzutreffen, gering ist. Der Vergleich der von den Theoretikern aufgestellten Hertzsprung-Russell-Diagramme mit den beobachteten ist die einzige Möglichkeit, die Ergebnisse der Theorie der Sternentwicklung zu testen. Auch für die Entfernungsbestimmung der Sterne wird das Hertzsprung-Russell-Diagramm herangezogen.

Wenn Russell den Entwicklungsweg der Sterne in dem nach ihm benannten Diagramm beschreibt, stützt er sich auf eine Idee von Lockyer. Danach sollten sich die Sterne im Laufe der Zeit immer mehr verdichten, die dabei freiwerdende Gravitationsenergie wird zunächst in Wärme und später in Strahlung umgewandelt. Nach dieser Hypothese beginnen die Sterne ihren Lebensweg in der rechten oberen Ecke des Hertzsprung-Russell-Diagramms als M-Riesen. Sich verdichtend und heißer werdend, erreichen sie

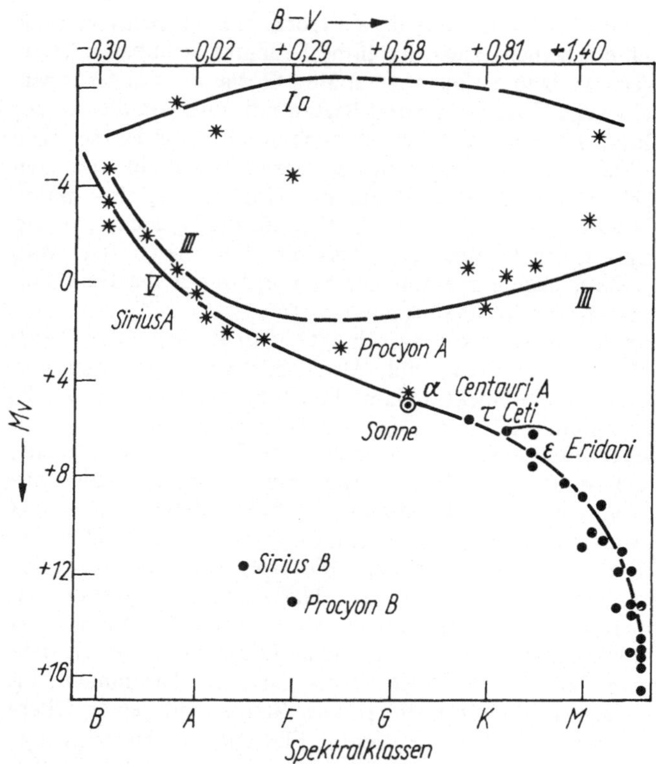

Abb. 6. Das Hertzsprung-Russell-Diagramm der scheinbar hellsten Sterne am Himmel (*) und der Sterne, die nicht weiter als 4 pc von der Sonne entfernt sind (●). Überriesenast (Ia), Riesenast (III) und Hauptreihe (V) sind schematisch eingezeichnet. Die angegebenen Farbenindizes $B-V$ beziehen sich auf die Hauptreihe; die Überriesen der gleichen Größenklassen sind etwas röter (vgl. Abb. 7)

schließlich die Hauptreihe; das ist der Streifen, der sich von der linken oberen Ecke bis zur rechten unteren Ecke des Diagramms erstreckt. Jetzt beginnen sie zu erkalten und „rutschen" langsam auf der Hauptreihe nach unten, bis sie erneut bei den M-Sternen angelangt sind, diesmal aber als M-Zwerge. Diese Deutung der Riesen und Zwerge bestach durch ihre Einfachheit; damals wurde als einzige Energiequelle die gravitative Schrumpfung der Sterne betrachtet. Doch schon in den 20er Jahren wurde klar, daß das nicht stimmen kann. Die berechneten Kontraktionszeiten sind einfach viel zu kurz. Trotzdem hielten bis in die 50er Jahre hinein viele Astronomen an der Vorstellung der Hauptreihe als Entwicklungsweg der Sterne fest.

Abbildung 6 zeigt das Hertzsprung-Russell-Diagramm für die nahen Sterne, deren Parallaxen trigonometrisch bestimmt wurden. Wir entnehmen der Abbildung: Die Mehrzahl der Sterne sind gelbe und rote Zwerge, Riesen sind in der Sonnenumgebung ausgesprochen selten. In einem Umkreis von 20 pc befinden sich weder ein Überriese noch ein früher Hauptreihenstern der Klassen O oder B. Ganz anders sieht das Hertzsprung-Russell-Diagramm der scheinbar hellsten Fixsterne aus. Sirius und α Centauri, die zu den hellsten Sternen des Himmels gehören, erweisen sich als Zwerge, die nur auf Grund ihrer Nähe so hell erscheinen. Canopus, Deneb und Beteigeuze hingegen entpuppen sich als Überriesen, deren Leuchtkraft die des Sirius um das Tausendfache übertrifft. Sie stehen dem Sirius an Pracht nur nach, weil sie vielhundertmal weiter von uns entfernt sind als er.

Woher kennen wir die Entfernungen dieser Sterne? Aus der Kleinheit ihrer Eigenbewegungen könnten wir höchstens eine Mindestentfernung abschätzen. Die Spektren der Sterne enthalten aber nicht nur Angaben über die Temperatur der Sterne an ihrer Oberfläche, sondern auch Hinweise auf ihre absolute Leuchtkraft.

Wie schon Hertzsprung auffiel, sind für Riesen und Überriesen schmale Spektrallinien charakteristisch. 1914 entdeckten Adams und Kohlschütter, daß die Intensitätsverhältnisse gewisser Linienpaare empfindlich von der Leuchtkraft abhängen und Leuchtkraftindikatoren sind. Ist diese Abhängigkeit einmal an Sternen bekannter Entfernungen geeicht, reicht die Analyse des Spektrums, um – unabhängig von der Entfernung, in der sich der Stern befindet – seine absolute Helligkeit angeben zu können.

Die Leuchtkraft der Sterne wird meist auf die Sonnenleuchtkraft bezogen oder durch die absolute Helligkeit ausgedrückt. Das ist die scheinbare Helligkeit, die der Stern besäße, befände er sich in einer Standardentfernung von 10 pc. Nach dieser Definition hängt die scheinbare Helligkeit m, mit der uns ein Stern am Himmel erscheint, von seiner absoluten Größe M gemäß $I/I_0 = 2{,}512^{M-m} = 10^2/r^2$ ab, wo I die Intensität des Sterns im Abstand r und I_0 seine Intensität in 10 pc Entfernung bedeutet. (Bekanntlich nimmt die Intensität der Sternstrahlung mit dem Quadrat der Entfernung ab.) Logarithmieren wir diese Beziehung, erhalten wir $0{,}4\,(M-m) = 2 - 2\lg r$ oder $\lg r = 0{,}2\,(m-M) + 1$. Die Größe $m-M$, der Entfernungsmodul, ist somit ein Maß für die Sternentfernung. Leider wird das Licht der Sterne durch interstellare Staubteilchen zusätzlich geschwächt. Auf die Frage,

inwieweit die interstellare Extinktion die photometrische Entfernungsbestimmung verfälscht, kommen wir noch zurück.
Bald wurde auch klar, warum einige Linien leuchtkraftempfindlich sind. Die Stärke dieser Linien hängt nicht nur von der Temperatur, sondern auch noch von der Atmosphärendichte ab. Die Gasdichte wird aber durch die Schwerebeschleunigung an der Sternoberfläche bestimmt. Beide Größen sind bei Riesen und erst recht bei Überriesen weit kleiner als bei Zwergsternen, weil die Riesen – bei nur etwa 10mal höherer Masse – die Zwerge hinsichtlich ihrer Größe um das Hundert- oder Tausendfache übertreffen. Infolge der außerordentlich niedrigen Gasdichte ist der Ionisationsgrad in den Atmosphären der Riesensterne größer als bei den Hauptreihensternen. Dies führt zu der beobachteten Verstärkung einiger Linien ionisierter Elemente. Auch die Linienbreiten hängen vom Atmosphärendruck ab und können, besonders bei frühen Sternen, als Leuchtkraftkriterien dienen.
Heute gibt es eine ganze Reihe von Verfahren, um aus spektralen Daten oder mittels einer Schmalbandphotometrie die absolute Helligkeit eines Sterns zu ermitteln. Wir wollen darauf jedoch nicht näher eingehen, sondern lediglich feststellen: Die so bestimmten spektroskopischen Parallaxen der Sterne sind um etwa 20% unsicher; dieser Fehler ist, und das ist der große Vorteil dieser Methode, von der Entfernung selbst nicht abhängig.
Daß man sich allein auf Grund spektraler Kriterien eine Vorstellung über die Lage der Sterne im Hertzsprung-Russell-Diagramm verschaffen kann, bewiesen in den 40er Jahren Morgan und seine Mitarbeiter vom Yerkes-Observatorium. Sie ergänzten die Harvard-Spektralklassifikation durch einen zweiten Parameter: die Leuchtkraftklasse. Dieses zweiparametrische Schema, gewöhnlich als MK-System (nach Morgan und Keenan) bezeichnet, erlaubt, die Leuchtkraft eines Sterns durch Vergleich seines Spektrums mit einer ganzen Reihe von Standardspektren abzuschätzen. Das MK-System unterscheidet fünf Leuchtkraftklassen:

Ia }	Überriesen	(z. B. Deneb, A2 Ia)
Ib }		(Canopus, F0 Ib)
II	helle Riesen	(Adara, B2 II)
III	Riesen	(Arktur, K2 III)
IV	Unterriesen	(Procyon, F5 IV)
V	Zwerge	(Sirius, A1 V; Sonne, G2 V; α Centauri, G2 V und K5 V).

Innerhalb einer Leuchtkraftklasse kann die Leuchtkraft – in Abhängigkeit vom Spektraltyp – noch stark variieren. So befinden

Abb. 7. Das Hertzsprung-Russell-Diagramm aller Sterne im Umkreis von 20 pc, die heller als 6^m sind. Die Dichte der Schraffur ist ein Maß für die Anzahl der Sterne in einem Volumen von 1000 pc³ (logarithmischer Maßstab). So ist die Anzahl der späten Zwerge in einer Volumeneinheit 10^7mal geringer als die der hellen Überriesen. 80 % aller Sterne gehören der Hauptreihe an, 17 % sind Weiße Zwerge (nach G. A. Starikowa)

sich unter den Hauptreihensternen (Leuchtkraftklasse V) sowohl schwache Sternchen 18. Größe (absolut!) als auch leuchtstarke O-Sterne − 6. Größe, die 20 000mal heller sind als unsere Sonne.

Obwohl sie damit noch die K-Riesen übertreffen, wäre es töricht, sie als Riesen zu bezeichnen, gehören sie doch der Leuchtkraftklasse V an. Die Lage der Leuchtkraftäste Ia, III und V ist der Abb. 6 zu entnehmen. Abbildung 7 vermittelt eine Vorstellung von der tatsächlichen Besetzungsdichte der Sterne im Hertzsprung-Russell-Diagramm.

Daß man aus der Stärke gewisser Linien auf die absolute Helligkeit und folglich auf die Entfernung eines Sterns schließen kann, haben wir gesehen. Wie eicht man aber diese Leuchtkraftkriterien? Unter den Sternen mit bekannten trigonometrischen Parallaxen gibt es kaum Riesen und keinen einzigen Überriesen. Zum Glück befinden sich einige dieser leuchtstarken Sterne in Sternhaufen.

Sternhaufen

Wer hätte sich noch nicht an einem klaren Winterabend, vielleicht nach einer Skiwanderung, an der Sternenpracht des Himmels erfreut: an dem Farbenspiel des tiefstehenden Sirius, dem bläulich-kalten Schein des Rigel oder der wie ein Rubin strahlenden Beteigeuze? Vor uns tut sich eines der schönsten Wintersternbilder auf – der Orion. Die hellsten Sterne des Himmels stehen hier dicht gedrängt. Schon wendet sich unser Blick dem orangefarbenen Aldebaran zu, und unsere Augen weiden sich an dem Sterngewimmel der Hyaden. Mit diesem uns am nächsten gelegenen Sternhaufen werden wir uns noch öfters befassen. Aber noch einen zweiten Sternhaufen entdecken unsere Augen im Sternbild Stier – die Plejaden, das Siebengestirn. Was dem Kurzsichtigen wie ein Nebelfleckchen erscheinen mag, entpuppt sich dem geübten Blick als eine Ansammlung von sechs bis sieben Sternen. Mästlin, ein Schüler Keplers, will sogar elf Plejadensterne mit dem bloßen Auge gesehen haben. Auch die Plejaden gehören zu den näheren Sternhaufen. Unterhalb der Gürtelsterne des Orions sind drei Sternchen sichtbar, das Schwertgehänge. Das mittlere fällt durch sein diffuses Leuchten auf, es ist vom Orionnebel umgeben. Dort entstehen auch heute noch Sterne. Infrarotaufnahmen, die die Staubhülle, die den Orionnebel umgibt, durchdringen, enthüllen uns die Kinderstube der Sterne.

Für unsere Augen unsichtbar, haben die Astronomen dort einen der jüngsten Sternhaufen entdeckt. Einige seiner Sterne dürften kaum 10 000 Jahre alt sein.

Ein Sternhaufen ist eine Gruppe eng benachbarter Sterne, die durch ihre gegenseitige Massenanziehung miteinander verbunden und vermutlich gleichzeitig entstanden sind. Allein in unserem Milchstraßensystem wurden 1180 offene und 135 Kugelsternhaufen gezählt. Genauer gesagt, so viele Sternhaufen enthalten die Kataloge – in Wirklichkeit kann die Anzahl der Kugelsternhaufen einige Male und die der offenen Sternhaufen einige Dutzend Male größer sein. Wie der Name bereits andeutet, sind offene Sternhaufen lockere Sternansammlungen von einigen Dutzend bis zu einigen tausend Sternen (Abbn. 8 und 9). Kugelförmige Sternhaufen hingegen sind rundliche, stark zum Zentrum hin konzentrierte Ballungen von einigen zehn- oder gar hunderttausend Sternen (Abb. 10). Auch hinsichtlich ihrer Lage im galaktischen System unterscheiden sich die beiden Haufentypen voneinander: die offenen Sternhaufen sind zur Milchstraßenebene konzentriert, die Kugelsternhaufen zum Milchstraßenzentrum. Darin spiegelt sich auch das unterschiedliche Alter der beiden Haufentypen wider, wie die Hertzsprung-Russell-Diagramme der Sternhaufen zeigen.

Charakteristisch für die Hertzsprung-Russell-Diagramme der offenen Sternhaufen ist, daß sich die Mitglieder längs der Hauptreihe anordnen. Diese knickt in ihrem hellen Teil nach rechts oben ab, wie bereits Trümpler bemerkt hat. Häufig ist auch das Riesengebiet mit einigen Sternen besetzt. Die Riesen sind durch die sog. Hertzsprung-Lücke deutlich von der Hauptreihe, den Zwergen, getrennt. Ihre Leuchtkraft kommt gerade an die der hellsten Hauptreihensterne heran (Abb. 11).

Der Entfernungsmodul eines offenen Sternhaufens kann im Prinzip ermittelt werden, indem wir die Hauptreihe des Sternhaufens – die scheinbaren Helligkeiten seiner Mitglieder sind also bekannt – zur Deckung bringen mit der Hauptreihe der Sterne unserer Sonnenumgebung, deren absolute Helligkeiten wir kennen. Die Größenklassendifferenz $m - M$ ist der gesuchte Entfernungsmodul. Dieses Verfahren wird schon lange in der astronomischen Praxis angewandt, doch waren bis zum Ende der 50er Jahre die Ergebnisse wenig befriedigend. Dafür gab es verschiedene Gründe: Die Hauptreihe für die Sterne der Sonnennachbarschaft war schlecht definiert, fast zwei Größenklassen breit, so daß man nicht so recht wußte, womit man eigentlich die wesentlich schmaleren Hauptreihen der offenen Sternhaufen zur Deckung bringen mußte. Eine einheitliche und genaue Photo-

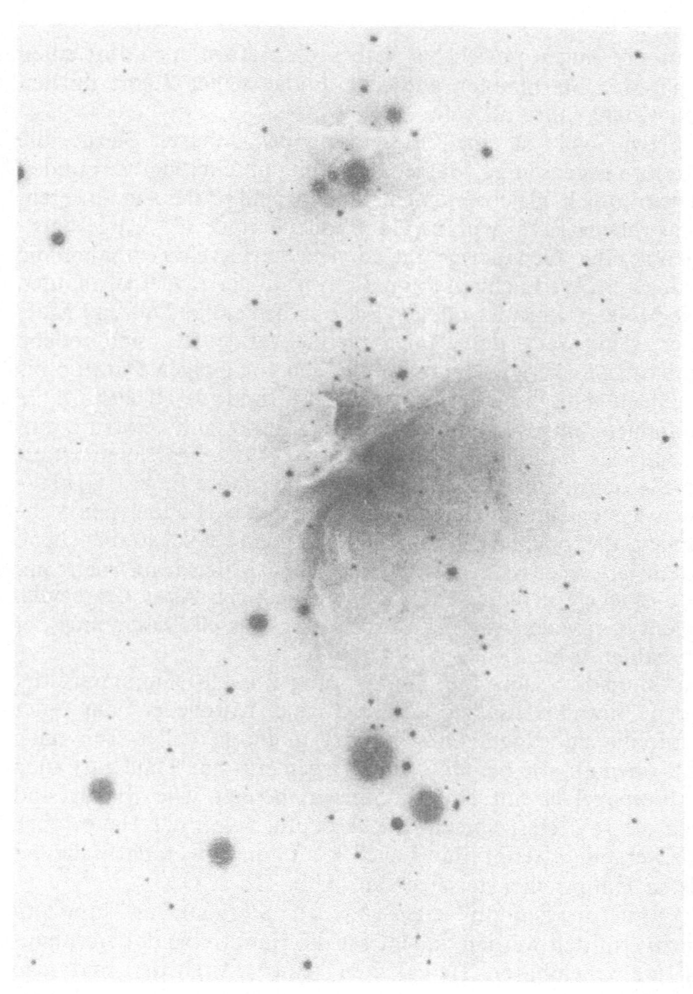

Abb. 8. Das Schwertgehänge, ein Gebiet mit anhaltender Sternbildung. Eine Aufnahme mit dem 40-cm-Astrographen des Sternberg-Instituts Moskau

metrie gab es noch nicht, und über die Lichtschwächung im interstellaren Raum war nur wenig bekannt. Doch konnten alle diese Schwierigkeiten in den 50er Jahren überwunden werden. Die Entfernungsskala für die offenen Sternhaufen basiert weniger auf den trigonometrischen Entfernungen sonnennaher Hauptreihensterne als vielmehr auf der Hyadenparallaxe. Die Mitglieder

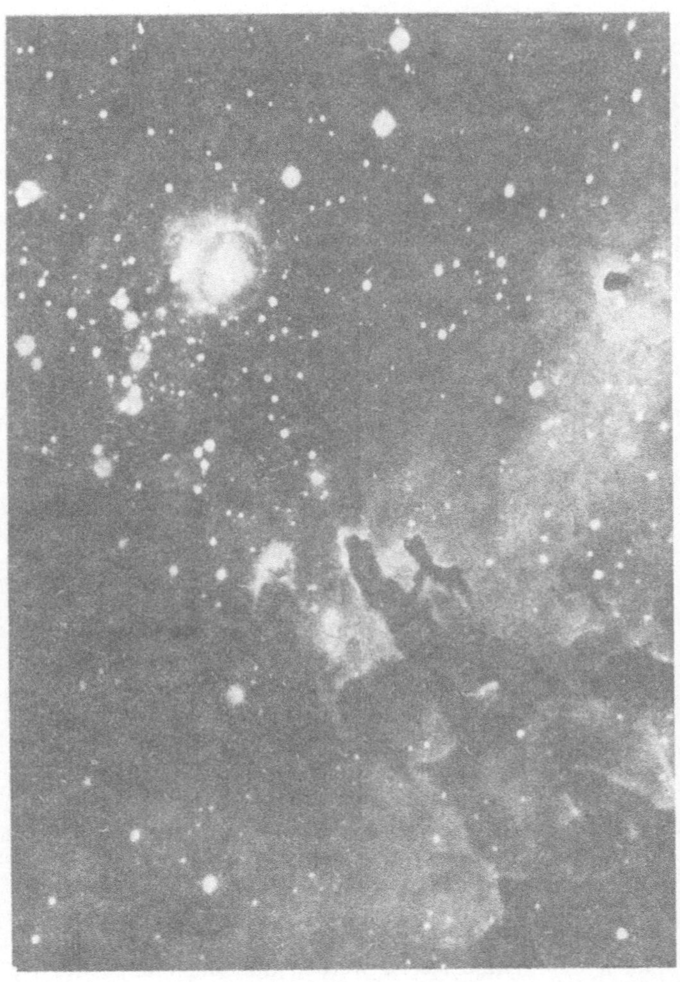

Abb. 9. Der junge offene Sternhaufen M 16. Er ist von Emissionsnebeln und Staubwolken umgeben

eines Sternhaufens bewegen sich wie ein Sternschwarm durch den Raum: alle Sterne haben annähernd die gleiche Geschwindigkeit und streben dem gleichen Ziel zu. Die Eigenbewegungen μ der Hyadensterne sind wegen der Nähe dieses Sternhaufens gut bekannt. Die Verlängerungen der Eigenbewegungsvektoren schneiden sich alle in einem Punkt der Himmelssphäre, dem Radianten. Er liegt nahe dem Stern Beteigeuze. Die individuellen

3–411

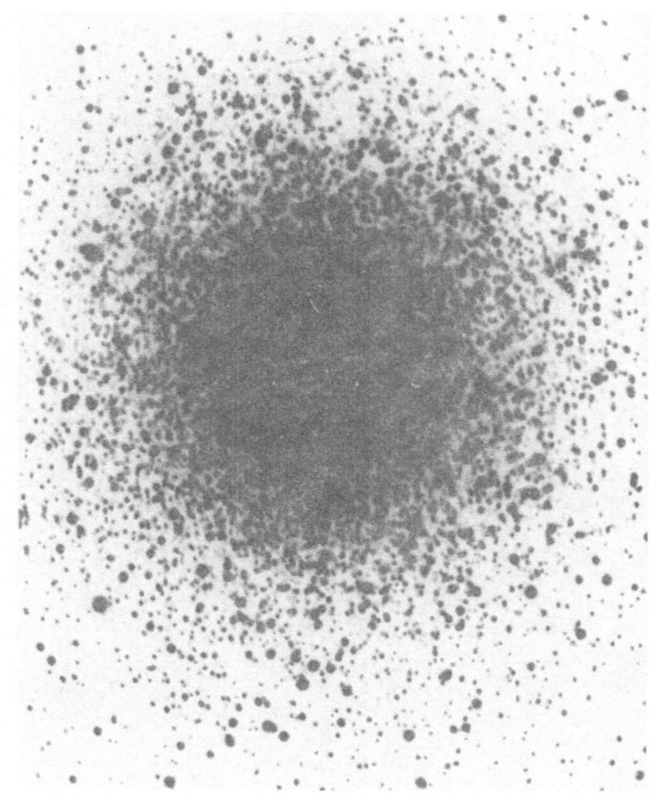

Abb. 10. Der alte Kugelsternhaufen M 10. Eine Aufnahme mit dem 6-m-Teleskop. Hier ist, wie auch in einigen anderen Fällen, das Negativ der Aufnahme abgebildet

Parallaxen der Hyadensterne werden nun nach folgender einfacher Überlegung abgeleitet (Abb. 12). S bezeichne den Standort der Sonne, R die Richtung zum Radianten; der parallel dazu verlaufende Geschwindigkeitsvektor v des Sterns A schließe mit dem Sehstrahl $\overline{SA}$ den Winkel θ ein. Die Komponenten von v seien v_r und v_t. Die Tangentialkomponente v_t (in km/s) ist mit der Eigenbewegung μ ($''$/a) durch die Beziehung $v_t = \mu/p''$ AE/a bzw. $v_t = 4{,}74\ \mu/p''$ km/s verknüpft, wobei p die gesuchte Parallaxe des Sterns ist. Wie aus Abb. 12 ersichtlich, gilt $v_t = v_r \tan \theta$. (Siehe auch die Formel auf Seite 21.) Setzen wir die beiden Ausdrücke für v_t gleich, erhalten wir eine Formel zur Berechnung der Parallaxe

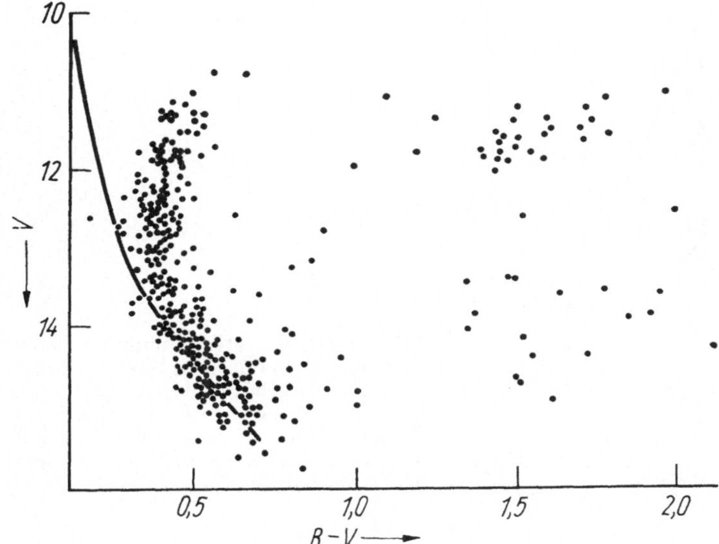

Abb. 11. Das Farben-Helligkeits-Diagramm des offenen Sternhaufens M 11. Die Sterne der oberen Hauptreihe haben sich bereits von der Anfangshauptreihe (eingezeichnete Kurve) nach rechts entfernt. Noch massereichere Sterne sind in Rote Riesen umgewandelt worden (rechts oben). Viele Sterne schwächer als 13. Größenklasse gehören nicht zum Haufen, sie sind Feldsterne

des Sterns, in die sein Winkelabstand zum Radianten eingeht:

$$p = \frac{4{,}74\,\mu}{v_\mathrm{r}\tan\theta}.$$

Für die Hyaden ergibt sich nach diesem Verfahren der Stromparallaxen ein Entfernungsmodul von 3,2 Größenklassen (mag.). Stellen wir nun das Hertzsprung-Russell-Diagramm für die Hyadensterne auf, so stimmt erfreulicherweise die Hyadenhauptreihe recht gut mit der sonnennaher Sterne mit bekannten jährlichen Parallaxen überein. Als zusätzliche Bestätigung für die Richtigkeit der Eichung kann die Übereinstimmung der Hyadenhauptreihe mit der Hauptreihe der Ursa-Major-Sterngruppe angesehen werden. Dieser Bewegungssternhaufen, dem auch die Sterne des „Großen Wagens" angehören, ist recht nahe, aber leider arm an Mitgliedern. Die Hyadenparallaxe, die wir mit Hilfe dieses rein geometrischen Verfahrens gewonnen haben und die völlig unabhängig von irgendwelchen Annahmen über die Natur

35

3*

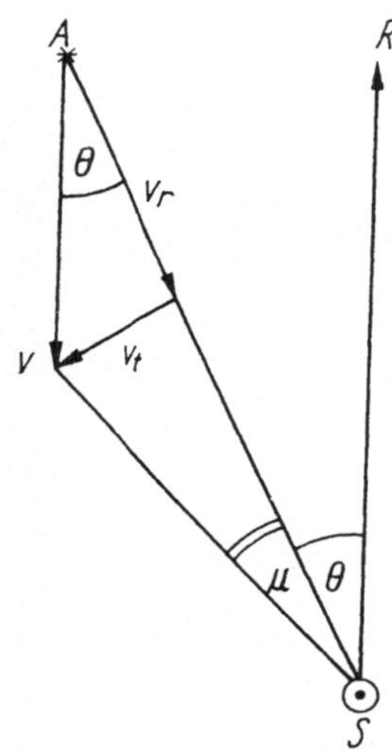

Abb. 12. Parallaxenbestimmung für Sterne eines nahen Sternhaufens. Die im Raum parallelen Geschwindigkeitsvektoren der Sterne laufen auf der Himmelssphäre im Radianten zusammen; die Richtung auf den Stern A bildet zur Radiantenrichtung den Winkel θ

der Sterne ist, erweist sich als Grundstein der astronomischen Entfernungsskala.

Die Hyaden bewegen sich von uns weg. Zur Zeit beläuft sich ihr Durchmesser auf ungefähr 15°, die hellsten Sterne erreichen die dritte Größe. In 65 Mill. Jahren wird die Hyadengruppe auf 20′ zusammengeschrumpft sein und die hellsten Sterne gerade noch die 12. Größenklasse erreichen. Sie wird dann ein ganz gewöhnlicher Sternhaufen unter vielen sein...

Es gibt auch noch einige andere Sternhaufen – so der im „Haar der Berenike", die Plejaden und Präsepe –, deren Entfernungen man mittels der Methode der Stromparallaxen angeben kann. Die erreichten Genauigkeiten sind allerdings kaum mit der der Hyadenparallaxe zu vergleichen.

Nun, da wir die Lage der unteren Hauptreihe mit Hilfe der Hyadensterne und der Hauptreihensterne der unmittelbaren Sonnennachbarschaft festgelegt haben, sehen wir uns vor der Aufgabe, die Hauptreihe zu den hellen, frühen Sternen hin zu erweitern, wenn wir die Entfernungen beliebiger offener Sternhaufen durch Vergleich ihrer Hauptreihen (in den entsprechenden Farben-Helligkeits-Diagrammen) mit einer in absoluten Helligkeiten geeichten Hauptreihe ermitteln wollen. Zunächst mußte man jedoch erst einmal lernen, Farben-Helligkeits-Diagramme hoher Genauigkeit in einem einheitlichen photometrischen System zu gewinnen und sie anschließend vom Einfluß der

36

interstellaren Extinktion sowie von Alterseffekten zu bereinigen.
Ohne die Einführung photoelektrischer Meßmethoden zur
Bestimmung der Helligkeiten und Farben der Sterne wäre all dies
kaum möglich gewesen.
Die ersten Versuche, den lichtelektrischen Effekt zur Hellig-
keitsmessung auszunutzen, begannen um die Jahrhundertwende.
Seit 1910 bemühte sich Stebbins, Selenphotoelemente auf ihre
Tauglichkeit zu testen. Die ersten Experimente mißlangen. Der
Zeiger des Galvanometers begann sich auch dann nicht zu regen,
als man das Teleskop auf den Jupiter richtete. In einer klaren
Winternacht bemerkte Stebbins zufällig, wie sich die Empfindlichkeit des Photometers um das Doppelte verbesserte. Bald
darauf – das Photoelement war unbeabsichtigt zu Bruch gegangen – entdeckte er, daß die Splitter ein geringeres Rauschen
ergaben. (Unter dem Rauschen verstehen wir die zufälligen,
statistischen Schwankungen des Photoelektronenstroms, der im
Innern des Photoelements erzeugt wird.) Nachdem er einen der
Splitter in das Photometer eingebracht hatte und die Photo-
meteranordnung mit Eis kühlte, gelang es ihm schließlich sogar,
die Lichtkurve Algols, eines Bedeckungsveränderlichen 2. Größe,
zu registrieren.
Die Einführung der Sekundärelektronenvervielfacher revolu-
tionierte in den 50er Jahren die Photometrie. Die Meßgenauigkeit
verzehnfachte sich, und es stellte sich heraus, daß in der
photographischen Photometrie[1] systematische Fehler von einer
Größenklasse und mehr keine Seltenheit sind! Schon aus diesem
Grunde konnte man kaum von zuverlässigen Entfernungsmoduln
sprechen. Außerdem war es dringend erforderlich, die einzelnen
Spektralbereiche für die photometrischen Untersuchungen zu
standardisieren. Beispielsweise reflektieren aluminiumbedampfte
Spiegel die Ultraviolettstrahlung der Sterne, herkömmliche
Fernrohrobjektive halten sie hingegen zurück. Das kann dazu
führen, daß man sogar bei Verwendung der gleichen Plattensorte
für ein und denselben Stern unterschiedliche Helligkeiten mißt.
Da sich die Sterne hinsichtlich ihrer Ultraviolettstrahlung sehr
stark voneinander unterscheiden können, war es oft nicht
möglich, eindeutige Beziehungen zwischen den gebräuchlichen
photometrischen Systemen aufzustellen. Deshalb schlug 1953
H. Johnson (1921–1980) vor, die Photometrie in drei Spektralbereichen durchzuführen: im Ultravioletten, im Blauen und im

[1] Als primäres Standardsystem, mit dem unbekannte Helligkeiten
verglichen werden, wurde die Polsequenz geschaffen. Das ist eine Folge
von Sternen in der Umgebung des nördlichen Himmelspols mit genau
vermessenen Helligkeiten.

Gelben (Visuellen). Die Teile des Spektrums, die für die Messungen ohne Belang sind, werden durch geeignete Farbfilter herausgeschnitten. Dieses UBV-System fand allmählich allgemeine Zustimmung – schon deshalb, weil Johnson und seine Kollegen Tausende von Sternen in diesem System photometriert hatten, die nun als Standards zur Verfügung standen – und ist jetzt vorherrschend. Bis 1978 wurden 53 845 Sterne in diesem System photometriert. Für die Farbenindizes gilt die Festlegung, daß sie für unverfärbte A0V-Sterne gerade verschwinden: $B - V = U - B = 0$. (Die interstellare Extinktion führt zu einer Vergrößerung der Farbenindizes.) Der $B - V$-Farbenindex eines (unverfärbten) K3-Sterns ist dann $+1^m0$, der eines O5-Sterns -0^m33. Erst die Standardisierung des photometrischen Systems und die Verwendung lichtelektrischer Wandler erlaubten, die Farben-Helligkeits-Diagramme der offenen Sternhaufen miteinander zu vergleichen und ihre Feinheiten zu erkennen. Zuvor mußte man aber lernen, die lichtelektrisch gewonnenen Sternhelligkeiten vom Einfluß der interstellaren Extinktion, die von Ort zu Ort verschieden sein kann, zu befreien.

Die Extinktion wird bestimmt, indem man den beobachteten Farbenindex $B - V$ eines Sterns mit seiner Eigenfarbe $(B - V)_0$ vergleicht, die seinem Spektraltyp entspricht und die man messen würde, wäre das Sternenlicht nicht durch den interstellaren Staub rot verfärbt. Die Differenz $(B - V) - (B - V)_0 = E_{B - V}$, der Farbenexzeß, ist der Extinktion A_V im Visuellen proportional: $R = A_V / E_{B - V}$. Falls der Koeffizient R bekannt ist, kann A_V aus dem Farbenexzeß berechnet werden. Nun ist leider die Spektralklasse eines Sterns wesentlich schwieriger zu bestimmen als seine Helligkeit und Farbe. Während der Belichtung eines einzigen Spektrogramms könnte man lichtelektrisch sechs bis acht Größenklassen schwächere Sterne photometrieren! Bevor man sich der Untersuchung offener Sternhaufen widmen konnte, mußte man lernen, Farbenexzeß und Extinktion allein aus den photometrischen Helligkeiten abzuleiten. Diese Aufgabe wurde von Johnson und Morgan 1953 gelöst. Einer Anregung Beckers folgend, schlugen sie vor, dazu das Zwei-Farben-Diagramm zu verwenden. Über dem Farbenindex $B - V$ ist in diesem Diagramm der Farbenindex $U - B$ aufgetragen. Die nicht rot verfärbten Hauptreihensterne ordnen sich im Zwei-Farben-Diagramm längs einer s-förmigen Linie an. Die interstellare Extinktion äußert sich in einer Verfärbung nach Rot – die Sterne verschieben sich längs einer Geraden mit der Neigung $E_{U - B} / E_{B - V} = 0,72$ nach rechts unten. Da man die Lage der unverfärbten Hauptreihensterne kennt, kann man aus dem

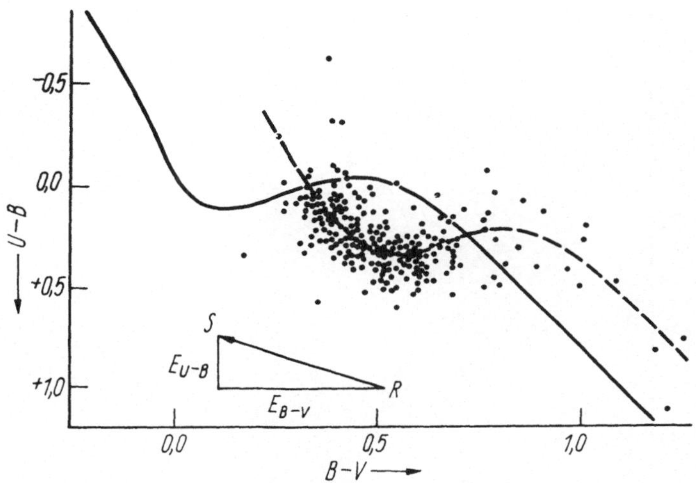

Abb. 13. Das Zwei-Farben-Diagramm $(U-B)$, $(B-V)$ des Sternhaufens M 11. Die beobachtete Hauptreihe (– – – –) ist gegenüber der unverfärbten Hauptreihe (···) um die Strecke SR verschoben

Schnittpunkt der durch den gemessenen Ort eines Sterns im Zwei-Farben-Diagramm gelegten Verfärbungsgeraden mit der unverfärbten Hauptreihe die Eigenfarbe des Sterns ablesen (Abb. 13). Die Projektion der Verschiebung auf die Abszissenachse ist der gesuchte Farbenexzeß E_{B-V}. Dieses Verfahren verspricht nur dann Erfolg, wenn der Schnittwinkel zwischen der Verfärbungsgeraden und der Hauptreihe hinreichend groß ist. O- und B-Sterne erfüllen diese Bedingung (Abb. 14), nicht aber die A- und F-Sterne, deren Verfärbungslinien schneiden unglücklicherweise die Kurve der Eigenfarben zwei- oder sogar dreimal. Bei den Überriesen der Spektraltypen F und G verlaufen beide Linien nahezu parallel. Um diesen Nachteil zu vermeiden, wurden spezielle photometrische Systeme entwickelt, bei denen der Schnittwinkel zwischen der Verfärbungslinie und der Linie unverfärbter Sterne größer ist als im UBV-System.

Erst die Drei-Farben-Photometrie ermöglichte eine zuverlässige Bestimmung der Entfernungen von Sternhaufen. Obwohl die Idee auf Becker zurückgeht, gebührt Johnson die Ehre, sie in die Tat umgesetzt zu haben, einem Wort Napoleons entsprechend, wonach nicht derjenige die Schlacht gewönne, der einen guten Einfall gehabt habe, sondern der, der es auf sich nimmt, ihn zu verwirklichen.

Bereits 1938 hatte Becker exakt dargelegt, nach welchen Ge-

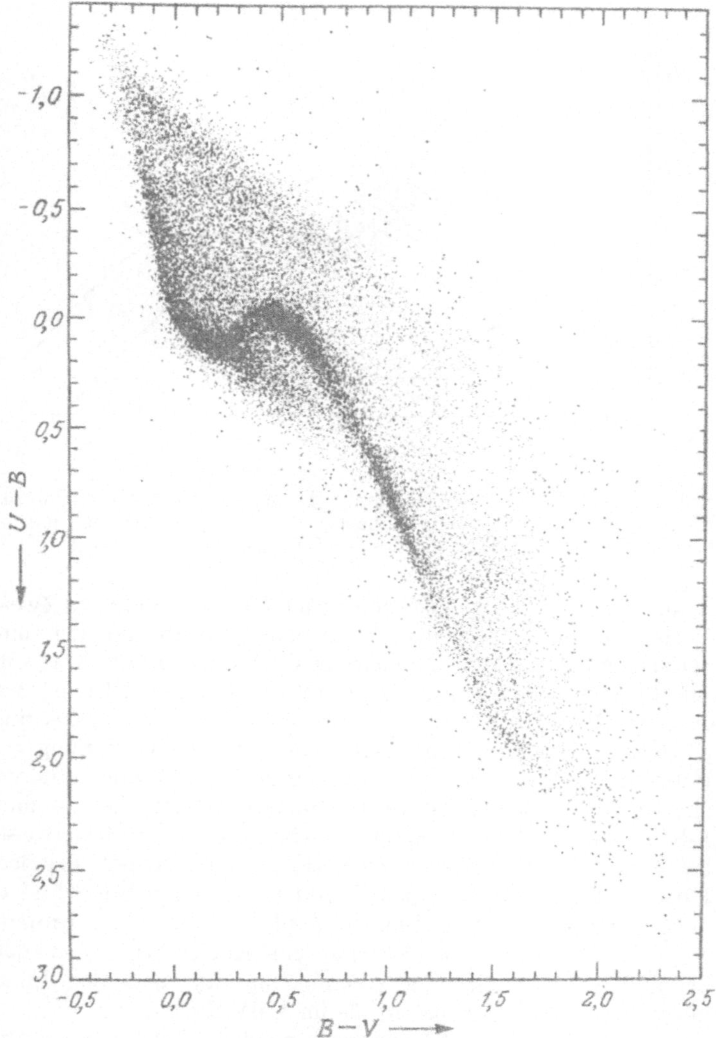

Abb. 14. Das Zwei-Farben-Diagramm $(U-B)$, $(B-V)$ für die Sterne des galaktischen Feldes macht die Lage der unverfärbten Linie erkennbar und die Neigung der Linien einer zunehmenden Rötung einschätzbar (nach B. Nicolet)

sichtspunkten photometrische Systeme errichtet werden sollten. „Doch ganze zwei Jahrzehnte", so schreibt V. L. Straižys, „plagten sich die Astronomen weiterhin mit dem veralteten ‚internationalen System' ab. Eine Unmenge an Untersuchungen aus dieser Zeit haben deshalb heute nur noch geringen wissenschaftlichen Wert."

Im Jahre 1953 begann die UBV-Photometrie offener Sternhaufen. Heute dürften etwa 400 Sternhaufen photometrisch erfaßt sein. Bereits die allerersten Arbeiten bestätigten den von Trümpler gefundenen Effekt: In den Farben-Helligkeits-Diagrammen der offenen Sternhaufen biegt die Hauptreihe an ihrem oberen Ende nach rechts ab (s. Abb. 11).

M. Schwarzschild und A. Sandage konnten 1952 diese Erscheinung erklären. Die Hauptreihensterne befinden sich im Zustand des „Wasserstoffbrennens". Das ist die längste Phase im Leben eines Sterns, da ja die Sterne zu 70% aus diesem „Brennstoff" bestehen. Nun wird auch verständlich, wieso sich die überwiegende Mehrzahl der Sterne auf der Hauptreihe befinden. Die Verweilzeit auf der Hauptreihe ist der Sternmasse direkt und der Leuchtkraft indirekt proportional; die Masse bestimmt den Vorrat an Kernbrennstoff und die Leuchtkraft die Rate, mit der er aufgebraucht wird. Da die Leuchtkraft wiederum mit der dritten Potenz der Masse ansteigt, müssen sich massereichere Sterne schneller verausgaben als masseärmere; die massereichen O- und B-Sterne verlassen also als erste die Hauptreihe, was das Abbiegen der oberen Hauptreihe erklärt. Diese Sterne haben bereits einen Großteil ihres Wasserstoffvorrats aufgebraucht und wandern nach rechts oben ab. Noch massereichere Sterne haben offensichtlich die Hauptreihe bereits ganz und gar verlassen und sich in das Gebiet der Roten Riesen begeben. Je heller also die hellsten Hauptreihensterne sind, desto jünger ist der entsprechende Sternhaufen. Daß sich die Farben-Helligkeits-Diagramme der offenen Sternhaufen so stark voneinander unterscheiden, ist in erster Linie auf ihr unterschiedliches Alter zurückzuführen (Abb. 15).

Die Sterne bewegen sich nicht, wie man früher annahm, längs der Hauptreihe, im Gegenteil: Ihr Entwicklungsweg verläuft quer zur Hauptreihe; die beobachtete Hauptreihe eines Sternhaufens erweist sich als Isochrone – als Linie, auf der zwar Sterne unterschiedlicher Masse, aber gleichen Alters liegen. Neben unentwickelten massearmen Sternen beobachten wir massereiche Sterne, die sich schon weit von ihrem Ausgangspunkt entfernt haben: je massereicher, desto weiter. Nun verstehen wir auch, wieso die Feldsterne der Sonnenumgebung im Hertzsprung-Russell-Dia-

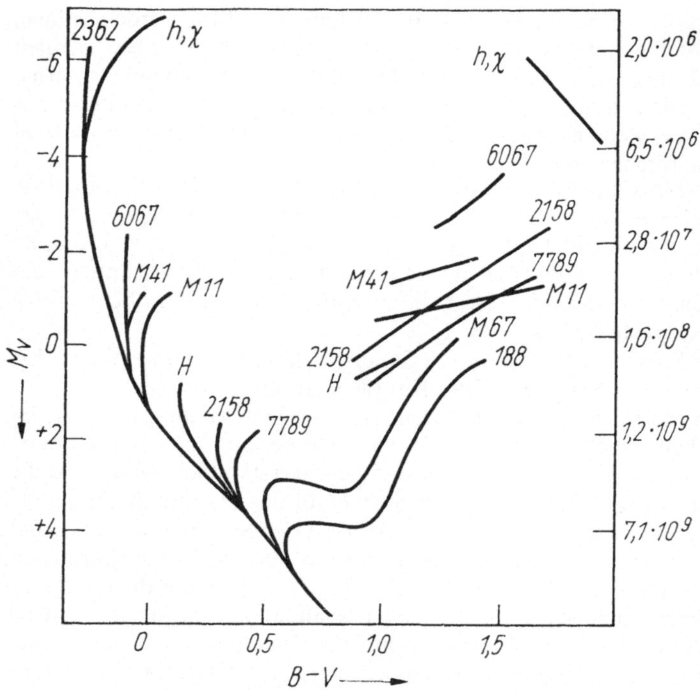

Abb. 15. Das Farben-Helligkeits-Diagramm für einige offene Sternhaufen der Galaxis. Die Sternhaufen sind, abgesehen von h und χ Persei und den Hyaden (H), durch ihre NGC- oder Messier-Nummern gekennzeichnet. Das Haufenalter in Jahren (rechte Ordinatenachse) läßt sich anhand der Leuchtkraft der hellsten Sterne auf der Hauptreihe bestimmen

gramm einen bis zu 2^m breiten Streifen bevölkern – es sind Sterne unterschiedlichen Alters. Die älteren unter ihnen haben sich bereits merklich von ihren Ausgangspositionen wegbewegt. Was lehrt uns das? Wollen wir die Entfernungsmoduln offener Sternhaufen bestimmen, so dürfen wir dazu nur die unteren Teile der jeweiligen Hauptreihen heranziehen, nur dort haben die Sterne noch nicht genügend Zeit gehabt, sich von ihren „Startlöchern" zu entfernen. Diese Anfangshauptreihe muß mit der unteren Berandung des Hauptreihenbandes der Feldsterne zusammenfallen.

Mit diesem theoretischen Rüstzeug versehen, konnten sich Sandage und Johnson 1956 an die Bestimmung der Haufenparallaxen machen.

Sie gingen dazu von den Hyaden aus, deren Entfernung, wie wir gesehen haben, zuverlässig bekannt ist. Indem sie die hellsten Hyadensterne wegließen, die sich bereits von der Anfangshauptreihe entfernt haben, konnten sie die Hyadenhauptreihe mit der der Plejaden, die jünger sind, vereinigen. In den Plejaden befinden sich noch Sterne auf der Anfangshauptreihe, die sich in den Hyaden schon von ihr wegentwickelt haben. Auf diese Art und Weise konnten sie den Verlauf der Anfangshauptreihe im Bereich der A-Sterne ermitteln. Die absoluten Helligkeiten der B-Sterne erhielt man, indem man den noch jüngeren Sternhaufen um α Persei photometrierte. Dieses Verfahren, die Anfangshauptreihe stückweise zu erweitern, wandten 1958 Johnson und Iriarte auf neun Sternhaufen an. Die Anfangshauptreihe von Johnson und Iriarte ist bis heute die am häufigsten verwendete. Eine später von Blaauw auf die gleiche Weise erhaltene Anfangshauptreihe stimmt mit dieser gut überein.

Im Jahre 1964 wurde von I. M. Kopylow eine andere Eichung der Anfangshauptreihe vorgeschlagen. Er stellte ein gemeinsames Farben-Helligkeits-Diagramm für Sternhaufen unterschiedlichen Alters auf, deren Entfernungen auf spektroskopischen oder – wie im Falle der Hyaden und des α-Persei-Haufens – auf Stromparallaxen beruhen, und zeichnete die untere Einhüllende der Haufen-Hauptreihen. Da sich die Sterne nach oben wegentwickeln, muß die Einhüllende die gesuchte Anfangshauptreihe sein. Für Sterne des Spektraltyps A5 und später stimmt die Anfangshauptreihe Kopylows mit der Johnsons sehr gut überein, für frühere Sterne ergeben sich Abweichungen. Nach Kopylow verläuft seine Anfangshauptreihe im Bereich der B-Sterne und im Mittel um 0,5 mag. unter der Johnsons (s. Abb. 16). Wodurch kommt diese Differenz zustande, welche Kalibrierung sollte man bevorzugen? Kopylow hat einen anderen Entfernungsmodul für den Sternhaufen um α Persei benutzt (5,5 mag. nach Aussage der Sternstromparallaxe) als Johnson (6,1 mag. aus dem Vergleich mit den Hauptreihen der Hyaden und der Plejaden). Auch die trigonometrische Plejadenparallaxe – obwohl wegen des großen Abstandes dieses Haufens recht unsicher – weist auf eine kleinere Entfernung der Plejaden hin, als sich aus der Anbindung an die Hyaden ergibt.

Im Jahre 1971 erklärten Kopylow und der Verfasser die Unterschiede zwischen den geometrischen und den photometrischen Parallaxen der Plejaden und des Haufens um α Persei dadurch, daß diese beiden Haufen eine andere chemische Zusammensetzung als die Hyaden aufweisen. Johnsons Methode setzt voraus, daß die Leuchtkräfte der Sterne einer Spektralklasse für alle Sternhaufen vergleichbar seien. Wie jedoch Modell-

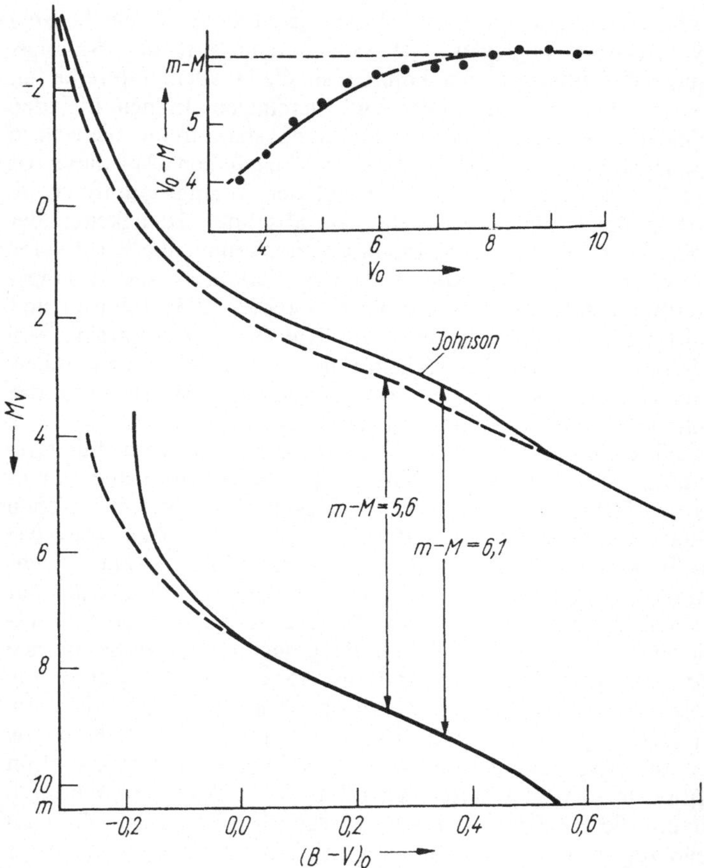

Abb. 16. Bestimmung des Entfernungsmoduls des Sternhaufens um α Persei. Ordinate: absolute Helligkeiten als auch gemessene scheinbare Helligkeiten. Oben: Anfangshauptreihe von Johnson und Iriarte (———) sowie Kopylowsche Anfangshauptreihe (– · · · –). Unten: beobachtete Hauptreihe des Sternhaufens. Die hellsten Sterne des Haufens haben sich bereits von der Hauptreihe (– · · – · –) entfernt. Der Abstand zwischen den Kurven ist der gesuchte Entfernungsmodul. Trägt man über der scheinbaren Helligkeit der Haufenmitglieder die Differenz zwischen den scheinbaren Helligkeiten und den Helligkeiten der Anfangshauptreihe auf, erhält man die entwicklungsbedingten Abweichungen (oberes Diagramm). Schwache Sterne befinden sich noch auf der Anfangshauptreihe. Gestrichelte Horizontale: Entfernungsmodul. Die Kurve der entwicklungsbedingten Abweichung erlaubt es, die Entfernungsmoduln von Sternhaufen selbst dann zu ermitteln, wenn lediglich Sterne vermessen worden sind, die die Anfangshauptreihe bereits verlassen haben

rechnungen für Hauptreihensterne gezeigt haben, wächst die Leuchtkraft mit zunehmendem Gehalt an schweren Elementen; sie verringert sich, wenn der Heliumanteil erhöht wird. Während der Heliumanteil praktisch in allen Sternhaufen gleich ist – darauf deuten sowohl theoretische Überlegungen als auch Beobachtungen hin –, kann der Metallgehalt, der Anteil schwerer Elemente, variieren. In den Hyaden ist er höher als in der Mehrzahl der Haufen- und Feldsterne, unter ihnen die Plejaden.

Der Metallgehalt kann aus der Stärke der zahlreichen Eisenlinien in den Sternspektren und aus dem Ultraviolettexzeß $\delta(U - B)$ im Zwei-Farben-Diagramm erschlossen werden. Der Ultraviolettexzeß ist der Betrag, um den sich die Sterne über der Hyadenhauptreihe im Zwei-Farben-Diagramm befinden. Er mißt die Häufigkeit der Metallinien (bezogen auf die Hyaden) im blauen Spektralbereich. Metallgehalt und Ultraviolettexzeß sind miteinander korreliert; für eine große Abschätzung reicht es, den Ultraviolettexzeß zu kennen.

Die Kenntnis des Metallgehalts ist unbedingt erforderlich, um den Abstand eines Sternhaufens genau zu ermitteln. In den letzten Jahren sind einige Arbeiten erschienen, die den hohen Metallgehalt der Hyaden und die Abhängigkeit der Anfangshauptreihe vom Metallgehalt bestätigen. Aber noch ein anderes Problem beschäftigt die Astronomen: Die Hyadenentfernung bedarf selbst einer Präzisierung. Schon vor längerer Zeit hatte man bemerkt, daß die trigonometrischen Parallaxen der Hyadensterne auf eine größere Entfernung der Hyaden hindeuten als ihre Sternstromparallaxe. Diese Diskrepanz führte man zunächst auf die Unzuverlässigkeit trigonometrischer Parallaxen in solch großen Entfernungen zurück. 1975 bestimmte R. Hanson von neuem die Eigenbewegungen der Hyadensterne, diesmal bezogen auf das System der völlig unbeweglichen Galaxien. Sein Entfernungsmodul von 3,42 mag. übertraf den herkömmlichen Wert von 3,0 mag. Bei Berücksichtigung anderer Methoden der Entfernungsbestimmung ergab sich ein wahrscheinlicher Entfernungsmodul von 3,29 mag. $\pm$ 0,08 mag., d. h. eine Entfernung von 45,5 $\pm$ 1,7 pc. Jüngste Untersuchungen haben 3,15 bis 3,20 mag. ergeben. Wie der Streit um die Hyadenparallaxe lehrt, wäre es töricht anzunehmen, die Astrometrie sei veraltet und wenig lohnend.

Als die beste gilt heute die 1978 von P. N. Cholopow aufgestellte Anfangshauptreihe. Sein Verfahren ähnelt dem Johnsons. Sukzessive schließt er an die Hyadenhauptreihe die Hauptreihen immer jüngerer Sternhaufen an, verwendet aber auch Schmalbandphotometrien und berücksichtigt sorgfältig Unterschiede in

der interstellaren Extinktion und im Metallgehalt der Sternhaufen.
Zwar akzeptiert Cholopow den Hyadenmodul von 3,3 mag., im
Bereich der B-Sterne liegt aber seine Anfangshauptreihe unter der
Johnsons. Dementsprechend ergeben sich für junge entfernte
Sternhaufen geringere Entfernungsmoduln – insbesondere für
Sternhaufen mit Cepheiden (im Durchschnitt um 0,3 mag.).
Obgleich seine Anfangshauptreihe für Sternhaufen mit dem
gleichen Metallgehalt wie die Hyaden gilt, seien chemiebedingte
Korrekturen, wie Cholopow meint, für die Lage von Sternen des
Spektraltyps A und früher unbedeutend. Sterne späterer Typen
sind aber meist schon derart schwach, daß sie ohnehin nur bei den
allernächsten Sternhaufen vermessen werden können.

Interstellare Extinktion

Im Jahre 1965 war ich nicht wenig überrascht, in der Zeitschrift
„Erde und Weltraum" eine Aufnahme des Oriongebiets zu sehen,
auf der der Pferdekopfnebel fehlte. Das Bild, eine Reproduktion
einer 40-cm-Astrographenaufnahme, war als Illustration eines
meiner Aufsätze gedacht; von der Dunkelwolke fehlte aber jede
Spur. Der Bildredakteur, in der Meinung, am Himmel könne es
keine Dunkelgebiete, noch dazu von solch absonderlicher Gestalt,
geben, hatte unglücklicherweise den Nebel einfach wegretuschiert.
Zu Beginn des 20. Jh. glaubten auch viele Astronomen noch nicht
so recht an die Existenz von Dunkelwolken. Die gähnenden
Leeren im silbrigen Band der Milchstraße galten als sternleere
Gebiete, und hartnäckigen Sternwartenbesuchern, die die „endlo-
sen Weiten des Alls" zu sehen wünschten, zeigte man eben diese
„Löcher". Heute wissen wir, wieso dort über Hunderte von Parsec
nichts zu sehen ist: es sind kosmische Staubwolken, die uns die
Aussicht versperren.
Genauer gesagt, es sind die Gaswolken, vor allem von mole-
kularem Wasserstoff; die Masse der Staubteilchen ist 100mal
kleiner als die Masse des Gases, aber lediglich diese Staubteilchen
zerstreuen und absorbieren das Sternenlicht. Indem man die
Sternzahlen im Wolkenbereich mit denen außerhalb vergleicht,
vermag man sich eine Vorstellung von der Dichte und der
Ausdehnung dieser Wolken zu verschaffen. Manchmal sind ihnen

leuchtende Nebel benachbart. Es sind Teile der Staubwolken, die von nahen Sternen angestrahlt werden.

Obwohl die Dunkelwolken der Beweis dafür sind, daß es im interstellaren Raum lichtschluckenden Staub gibt, waren noch bis 1930 viele Astronomen der Meinung, außerhalb der sichtbaren Dunkelgebiete sei der Raum durchsichtig. Ähnlich reich an Irrtümern wie die Entdeckungsgeschichte der interstellaren Extinktion war nur noch die endlose Diskussion über die Natur der Spiralnebel. In beiden Fällen war man schon im 18. Jh. zu völlig richtigen Einsichten gelangt. Allgemeingut sind sie aber erst seit 50 Jahren.

Als erster versuchte W. Struve, die Extinktion zahlenmäßig zu erfassen. Er ging davon aus, daß sich nach den Herschelschen Sternzählungen die Sterndichte mit zunehmendem Abstand von der Sonne zu verringern scheint. Eine zentrale Stellung der Sonne im Milchstraßensystem ist völlig unwahrscheinlich, obgleich man gerade dies bis zu den Shapleyschen Arbeiten glaubte; es liegt daher nahe, die interstellare Extinktion für diese scheinbare Sonderstellung der Sonne verantwortlich zu machen. Andererseits kann die scheinbare Abnahme der Sterndichte auch darauf zurückzuführen sein, daß – im Gegensatz zu Herschels Annahme – die Sterne unterschiedliche Leuchtkräfte aufweisen. In der Tat: in großer Entfernung von der Sonne sehen wir nur noch die absolut hellsten Sterne, Riesen und Überriesen, die viel seltener als die gewöhnlichen Sterne sind.

Es ist immer wieder das gleiche, was man als Extinktionseffekt angesehen hatte, konnte auch anders gedeutet werden. 1895 entdeckte Kapteyn, daß die Sterne der Milchstraße im Mittel blauer sind als die in hohen galaktischen Breiten. Erinnern wir uns: Die Extinktion führt sowohl zu einer Lichtschwächung als auch zu einer Verrötung des Sternenlichtes, ähnlich der Rötung und Trübung der untergehenden Sonne. Seine Schlußfolgerung, die Extinktion sei außerhalb des Milchstraßenbandes höher als in der Milchstraße, war falsch. Es ist vielmehr so, daß die heißen, blauen Sterne zur Milchstraßenebene konzentriert sind.

Wie Kapteyn 1909 nachwies, haben unter den Sternen einer Spektralklasse die blaueren im Mittel die größeren Eigenbewegungen, sie sind also näher. Die weit entfernten Sterne schienen gerötet zu sein. In Wirklichkeit waren Kapteyns weit entfernte Sterne Riesen, und die sind, wie Adams und Kohlschütter 1914 feststellten, röter als die Zwerge desselben Spektraltyps. Der Grund dafür ist in den unterschiedlichen Atmosphärendichten zu suchen: Der Spektraltyp wird durch den Ionisationsgrad bestimmt. In den dichten Atmosphären der Zwergsterne wird der gleiche Ionisationsgrad wie in den dünnen Riesensternatmosphären erst bei höheren Temperaturen erreicht (s. S. 28 f.). Die Extinktion erwies sich als überflüssig.

In den Jahren nach 1915 überzeugte sich Shapley davon, daß die Extinktion in Richtung auf die weit entfernten Kugelsternhaufen verschwindend gering sein müsse. Er hatte in den Kugelsternhaufen äußerst blaue Sterne ausfindig gemacht. Vor diesem Hintergrund ist es nicht verwunderlich, daß viele Astronomen der interstellaren Materie gegenüber skeptisch blieben. Alle waren sich bewußt, welche Folgen eine möglicherweise vorhandene interstellare Lichtschwächung nach sich zöge, aber sie war noch nicht zweifelsfrei nachgewiesen. Nach einem Worte Arthur Eddingtons verhielten sich die Astronomen hinsichtlich der interstellaren Extinktion wie Gäste, die partout nicht in einem Zimmer schlafen wollen, in dem gespukt wird, weil sie sich fürchten, aber erklären, sie glauben nicht an Gespenster.

Der Streit um die interstellare Extinktion wurde erst 1930 beendet, als Trümpler die Ergebnisse seiner Untersuchungen an einigen Dutzend Sternhaufen veröffentlichte. Er hatte die Sternhaufen hinsichtlich ihrer Spektren-Helligkeits-Diagramme, ihres Sternreichtums und auch der Konzentration zum Zentrum in verschiedene Klassen eingeteilt und aus der Lage ihrer Hauptreihen auf ihre Entfernungen geschlossen. Dabei zeigte sich: Die linearen Durchmesser der Haufen einer Klasse nahmen systematisch mit der Entfernung der Haufen zu. Trümpler glaubte keine Sekunde lang an die Realität einer solchen Beziehung, er zog vielmehr den Schluß, daß die photometrischen Entfernungen mit zunehmendem Abstand systematisch durch die interstellare Extinktion verfälscht werden. Tatsächlich vergrößert sich der Entfernungsmodul $m - M$ und mithin die photometrisch abgeleitete Entfernung eines Sternhaufens, wenn die scheinbaren Helligkeiten der Sterne zusätzlich verringert werden. Da die Kugelsternhaufen. die sich ja meist weit von der galaktischen Ebene entfernt befinden, fast keine Extinktion zeigen, schlußfolgerte Trümpler, daß die interstellare Materie in einer dünnen Schicht in der Milchstraßenebene angeordnet ist. Die Dichte der Staubschicht sei dabei keineswegs überall gleich, die Extinktion wachse aber im Mittel mit der Entfernung. Dies widerlegte die Möglichkeit, daß sich der Staub eventuell innerhalb der Haufen selbst befindet.

Wie stark die Extinktion photometrisch bestimmte Entfernungen verfälschen kann, zeigt das folgende Beispiel: Der Abstand eines nur 1000 pc von uns entfernten Haufens kann, wenn wir die interstellare Extinktion unberücksichtigt lassen, auf 10 000 pc geschätzt werden. In der Folgezeit erwies sich das Berücksichtigen der Extinktion als der Hauptinhalt aller Arbeiten über die kosmische Entfernungsskala.

Im vorangegangenen Kapitel ist bereits geschildert worden, wie sich der Farbenexzeß bestimmen läßt. An der Methode gibt es kaum etwas auszusetzen, sind doch – zumindest für die Hauptreihensterne – die Eigenfarben, die nicht durch die Extinktion verfälschten Farbenindizes, auf $\pm 0{,}01$ bis $0{,}02$ Größenklassen genau bekannt.

Schlimmer ist es um die Überriesen bestellt. Selbst die nächsten sind weit entfernt, und die Extinktion ist dementsprechend hoch. Sowohl bei den Eigenfarben (im Zwei-Farben-Diagramm) wie auch bei der Abhängigkeit der Eigenfarben vom Spektraltyp können durchaus Fehler bis zu 0,1 mag. unterlaufen. Das ist um so ärgerlicher, als ein solcher Fehler auch langperiodische Cepheiden beträfe, den für die Entfernungsskala im All wichtigsten Typ. Der Faktor R für die Umrechnung von Farbenexzeß in (visuelle) Totalextinktion folgt aus dem Extinktionsgesetz, d. h. der Abhängigkeit der Extinktion von der Wellenlänge. (Sie wird von der Größenverteilung und der Art der interstellaren Staubteilchen bestimmt.) Dafür sind Beobachtungen über einen möglichst großen Wellenlängenbereich, insbesondere aber im Infraroten, notwendig. Ein anderes Verfahren besteht darin, die scheinbaren Entfernungsmoduln der Sterne eines Sternhaufens über deren Farbenexzeß aufzutragen; dazu reicht eine Drei-Farben-Photometrie aus. Der wahre Entfernungsmodul ist natürlich für alle Sterne eines Sternhaufens gleich. Daß der scheinbare Modul vom Farbenexzeß E_{B-V} abhängt, rührt von Unterschieden in der Lichtextinktion zwischen den einzelnen Sternen her, also: $m_0 - M = m - RE_{B-V} - M$, woraus $RE_{B-V} = m - M - (m_0 - M)$ folgt. Wird $m - M$ – const über dem Farbenexzeß aufgetragen, ergibt sich der Wert für R aus dem Anstieg der Ausgleichsgeraden. Alle Verfahren liefern für frühe Sterne übereinstimmend R-Werte zwischen 3,1 und 3,3, wobei sich in diesem Bereich offenbar eine schwache Abhängigkeit des R-Werts von der galaktischen Länge (d. h. vom Winkel zum galaktischen Zentrum, gemessen in der galaktischen Ebene) ausdrückt. Das dürfte auf Unterschiede in den Teilcheneigenschaften (bzw. der vom Magnetfeld abhängigen Orientierung der Teilchen) zurückzuführen sein. Wesentlich größere R-Werte sind nur bei heißen Sternen gefunden worden.

Bei hohen Extinktionsbeträgen schlägt der Wert von R stark auf die Entfernungsbestimmung durch, was noch vor 15 Jahren die Astronomen in Unruhe versetzt hatte. In einer ganzen Serie von

Arbeiten hatte nämlich H. Johnson, der Wegbereiter der UBV-Photometrie, mittels einer Drei-Farben-Photometrie für verschiedene Himmelsgebiete durchaus unterschiedliche R-Werte erhalten, 6 bis 8 und manchmal noch darüber! Walter Baade äußerte einmal kurz vor seinem Tode, er hätte sich niemals mit der Astronomie eingelassen, hätte er gewußt, daß es keinen einheitlichen Umrechnungsfaktor von Farbenexzeß in Totalextinktion gibt. Es ist schon so: ohne Kenntnis der Extinktion keine genauen Entfernungen. Unsere Vorstellung von der Welt gerät ins Schwimmen, wird nicht mehr faßbar...

Aber auch diesmal, um mit Einstein zu sprechen, erwies sich Gott zwar als listig, doch nicht bösartig. Johnson hatte die IR-Farbenexzesse bei Sternen hoher Extinktion der Beschaffenheit der Staubteilchen in den jeweiligen Richtungen zugeschrieben, woraus sich die großen R-Werte ergaben. Wie sich aber herausstellte, rühren die gemessenen IR-Exzesse von den Sternen selbst her, von sie umgebenden Staubhüllen, genauer: der Wärmestrahlung dieser Hüllen. Nicht ausgeschlossen, daß dieser schwerwiegende Irrtum (der zu Schlüssen führte, die nicht nur in einzelnen Beiträgen, sondern sogar in grundlegenden Monographien veröffentlicht wurden) am frühen Tode Harold Johnsons 1980 mitschuldig war. Darf der Begründer fundamentaler Verfahren nicht auch irren? Wir lernen ja nicht allein von den Erfolgen unserer Lehrer und Vorgänger, auch von ihren Irrtümern.

Abschließend sei noch angemerkt, daß der R-Wert auch von der Energieverteilung im Sternspektrum abhängt. Für rote Sterne wächst er gemäß $R = 3{,}1 + 0{,}25 \, (B - V)_0 + 0{,}05 \, E_{B-V}$ an.

Riesenmolekülwolken entfernen sich selten weiter als 60 pc von der galaktischen Ebene; die Lichtextinktion ist deshalb unmittelbar in der Ebene am größten. Es gibt aber noch eine dünne Staubschicht von etwa 1 kpc Dicke (wie insbesondere aus den Arbeiten von A. W. Sassow folgt). Die Kenntnis der Verteilung der lichtschluckenden Materie in der Galaxis ist nicht nur Voraussetzung für deren Erforschung, sie ist auch für die Erstellung der Entfernungsskala im All unbedingt vonnöten.

Cepheiden – Meilensteine im Kosmos

Hunderte von Fachwissenschaftlern und einige Tausende von Amateurastronomen befassen sich mit den veränderlichen Sternen. Allein die 87er Auflage des Allgemeinen Katalogs Veränderlicher Sterne, herausgegeben von P. N. Cholopow, N. N. Samussem und deren Mitarbeitern, verzeichnet 28 277 Veränderliche. 14 810 andere Milchstraßensterne werden der Veränderlichkeit verdächtigt. Auch außerhalb der Milchstraße sind Veränderliche gefunden worden – mehr als 5000 an der Zahl. Tausende katalogisierte Veränderliche, darunter auch helle, sind kaum erforscht. Sie sind, wie es scheint, das dankbarste und für die Wissenschaft nützlichste Betätigungsfeld für Amateure. Allein die Amerikanische Vereinigung von Beobachtern Veränderlicher Sterne zählt über 32 000 Mitglieder.

Im 18. Jh. gab es nur zwei Veränderlichenbeobachter: den Landbesitzer Pigott aus York und seinen Freund, den talentierten, taubstummen John Goodricke. Sie beobachteten die sieben damals bereits bekannten Veränderlichen, darunter drei von ihnen selbst aufgefundene. 1783 hatte Pigott die Veränderlichkeit von η im Adler mit einer Periodenlänge von sieben Tagen und im darauffolgenden Jahr Goodricke die von δ Cephei entdeckt, der jeweils nach 5 Tagen, 8 Stunden und 37 Minuten in seinen alten Zustand zurückkehrt. Zu Beginn unseres Jahrhunderts waren bereits über 30 Sterne bekannt, deren Helligkeit sich ähnlich wie bei diesen beiden mit Perioden zwischen zwei, drei und 40 Tagen um im Mittel eine Größenklasse ändert. Man nannte sie Cepheiden. Ihre Erforschung sollte uns das wichtigste Verfahren zur Bestimmung großer Entfernungen bescheren.

Auf Pickerings Anregung begann die Harvard-Sternwarte in den USA damit, den Sternenhimmel systematisch photographisch nach Veränderlichen abzusuchen und diese zu erforschen. Eine Außenstelle dieser Sternwarte in Peru befaßte sich u. a. mit den Magellanschen Wolken, die am Südhimmel wie abgesonderte Milchstraßenpartien verschwommen leuchten. 1908 veröffentlichte Henrietta Leavitt einen Katalog von 1777 Veränderlichen der Kleinen Magellanschen Wolke, die sie auf ·Photographien entdeckt hatte, die seit 1893 in Peru aufgenommen worden waren. Für 16 Sterne konnte sie die Periode des Lichtwechsels bestimmen; sie lag zwischen einem und 127 Tagen. „Man muß feststellen", schreibt Miss Leavitt, „daß die helleren Veränderlichen die längeren Perioden haben." Diese Worte stehen am Beginn eines Weges, auf dem die Menschen gelernt haben, die Sprache der Gestirne zu verstehen.

Nach vier Jahren konnte Miss Leavitt bereits die Periodenlängen von 25 Sternen angeben und sie graphisch mit den Maximal- und Minimalhelligkeiten der Veränderlichen vergleichen (Abb. 17). Eine moderne Darstellung der Perioden-Helligkeits-Beziehung geben die Abbn. 18 und 56; Lichtkurven von Cepheiden sind in

4*

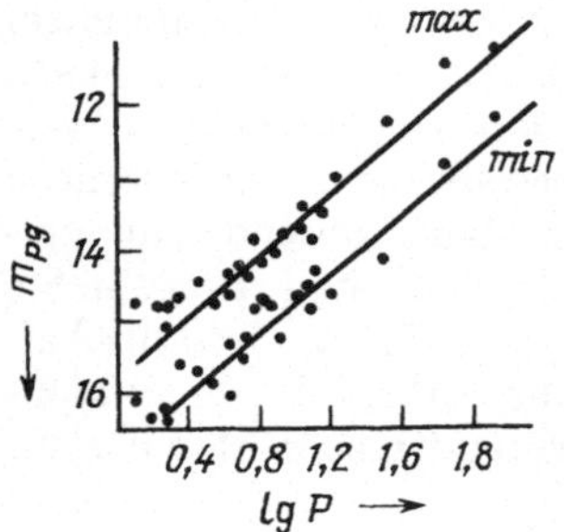

Abb. 17. Die Perioden-Leuchtkraft-Beziehung für die Cepheiden der Kleinen Magellanschen Wolke im Maximum und Minimum der Helligkeit (nach H. Leavitt, 1912)

den Abbn. 20 und 58 zu finden. Die Helligkeit hängt linear von der Schwingungsperiode ab. Miss Leavitt schreibt: „Da diese Veränderlichen alle annähernd gleich weit von der Erde entfernt sind, sind ihre Lichtwechselperioden offensichtlich mit ihrer tatsächlichen Lichtemission [ihrer Leuchtkraft] verknüpft." So kam die berühmte Perioden-Helligkeits-Beziehung zum Vorschein. Offenbar begriff Miss Leavitt die Tragweite ihrer Entdeckung. Wäre die absolute Helligkeit eines dieser Sterne bekannt, man könnte die Leuchtkraft eines jeden Cepheiden allein aus seiner Lichtwechselperiode bestimmen und – durch Vergleich mit seiner scheinbaren Helligkeit – seine Entfernung angeben (s. S. 27). Sie unternahm aber selbst nichts, diese Botschaft aus den Magellanschen Wolken zu entschlüsseln.

Das blieb Ejnar Hertzsprung vorbehalten, der sich als erster mit der Perioden-Leuchtkraft-Beziehung abgab. Er sah sofort, daß die Leavittschen Veränderlichen wesensgleich den Cepheiden aus unserer Sonnenumgebung sein müssen; die Form ihrer Lichtkurven, die Amplituden und Periodenlängen sprechen eine eindeutige Sprache. Daß die galaktischen Cepheiden Sterne hoher Leuchtkraft, Überriesen sind, fand Hertzsprung schon 1907 heraus; 1913 ging er daran, für die 13 Cepheiden mit bekannten Eigenbewegungen ihre statistische Parallaxe abzuleiten und die absolute Helligkeit zu bestimmen, die der mittleren Periodenlänge dieser 13 Sterne entspricht.

Durch Vergleich der scheinbaren Helligkeiten der Cepheiden in der Kleinen Magellanschen Wolke mit den absoluten Helligkeiten galaktischer Cepheiden gleicher Schwingungsdauer konnte Hertzsprung erstmals die Wolkenentfernung angeben.

Auch in diesem Falle hätte Henry Russell mit Hertzsprung konkurrieren können. 1913 – im gleichen Jahr wie Hertzsprung – hatte er eine Arbeit über die statistische Cepheidenparallaxe veröffentlicht; allein er verabsäumte, seine Ergebnisse auf die

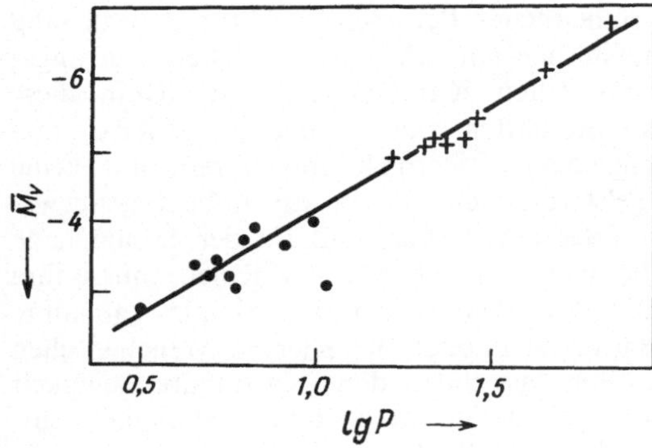

Abb. 18. Die gegenwärtige Perioden-Leuchtkraft-Beziehung, aufgestellt nach Cepheiden von offenen Sternhaufen (●) und Sternassoziationen (+) der Galaxis (nach van den Bergh)

Veränderlichen der Magellanschen Wolke zu übertragen, da er nicht sah, daß sie mit den galaktischen Cepheiden wesensgleich sind.

Der weitere Werdegang der Perioden-Leuchtkraft-Beziehung ist von nun an mit dem Namen Harlow Shapleys (1885–1972) verbunden. Der 33jährige Mitarbeiter am Mount-Wilson-Observatorium unternahm es 1918, die Perioden-Leuchtkraft-Beziehung erneut zu eichen, indem er zwei der 13 galaktischen Cepheiden ihres untypischen Verhaltens wegen herausnahm. Des weiteren zog er die Veränderlichen in den Kugelsternhaufen hinzu. Diese zerfallen in zwei Gruppen: einige wenige Sterne mit Perioden von 2 bis 30 Tagen und Dutzende von RR-Lyrae-Sternen mit Perioden zwischen 0,3 und 0,7 Tagen. Der Anstieg der Perioden-Leuchtkraft-Beziehung, den Shapley aus den Veränderlichen in drei Kugelsternhaufen ableitete, unterschied sich kaum von dem, den Miss Leavitt erhalten hatte. Auch die Lichtkurven der langperiodischen Sterne glichen aufs Haar denen galaktischer Cepheiden, und Shapley wurde auf eine falsche Fährte gelockt, ein Schritt, der die Astronomen über 30 Jahre lang plagen sollte: er nahm an, die Kugelhaufenveränderlichen seien genauso hell wie die galaktischen Cepheiden gleicher Periode.

Wie sich Mitte der 20er Jahre herausstellte, sind die Größe des galaktischen Sternsystems, die kosmische Entfernungsskala und die Fragen der Kosmologie aufs engste mit dem Nullpunkt der Perioden-Leuchtkraft-Beziehung verknüpft, d. h. mit der absoluten Helligkeit, die für Cepheiden gegebener Periodenlänge veranschlagt wird.

Die Shapleysche einheitliche Perioden-Leuchtkraft-Beziehung
weist den RR-Lyrae-Sternen eine absolute Helligkeit von ungefähr 0^M zu. 1922 zweifelten Kapteyn und van Rhijn diese
Helligkeitsangabe an. Sie hatten bemerkt, daß einige RR-Lyrae-
Sterne, die dem allgemeinen Sternfeld angehören und keine
Mitglieder von Kugelsternhaufen sind, relativ hohe Eigenbewegungen haben, und folgerten daraus, daß sie der Sonne nahe
stünden. Da sie außerdem recht schwach erscheinen, müsse ihre
absolute Leuchtkraft viel kleiner sein, als Shapley annahm.
Shapley erwiderte darauf, er habe in der Kleinen Magellanschen
Wolke 13 RR-Lyrae-Sterne gefunden, deren scheinbare Helligkeit
genau der von ihm angenommenen absoluten Helligkeit ent-
spräche. Ironie des Schicksals: Beide streitenden Parteien waren
im Unrecht. Sowohl die Eigenbewegungen, die die Holländer für
ihre Argumentation herangezogen hatten, als auch die von
Shapley bestimmten Periodenlängen erwiesen sich als falsch.
Echte RR-Lyrae-Sterne wurden erst 1952 in den Magellanschen
Wolken aufgefunden.
B. P. Gerassimowitsch (1889–1937) – einer unserer bedeutendsten
Astronomen, er stand der Pulkowoer Sternwarte vor – bestimmte
1931 erneut die statistische Parallaxe der galaktischen Cepheiden.
Er schloß alle Sterne aus, deren Lichtkurven an die Cepheiden in
den Kugelsternhaufen erinnerten, und betrachtete nur die „klassischen" Cepheiden – ein Terminus, der jetzt allgemein üblich ist.
Dabei berücksichtigte er als erster die galaktische Rotation, die
vor kurzem von Oort entdeckt wurde. Die Methode der statistischen Parallaxen setzt ja voraus, daß die Sterne keinerlei Vorzugsrichtung kennen. Rotiert die Galaxis, gibt es selbstverständlich eine solche Vorzugsrichtung. Gerassimowitsch gelangte zu
der Überzeugung, die Cepheiden seien 1 mag. lichtschwächer, als
Shapley annahm. Das erklärt sich jedoch daraus, daß Gerassimowitsch bei der Berechnung der absoluten Helligkeit aus den
scheinbaren Helligkeiten und den Sternentfernungen die interstellare Extinktion unberücksichtigt ließ.
Lundmark, der erstmals die interstellare Extinktion in Rechnung
stellte, kam noch im gleichen Jahr zu dem Ergebnis, die Berücksichtigung der Extinktion führe zu einer Anhebung der Cepheidenleuchtkräfte um 1,2 mag. gegenüber Shapleys Nullpunkt. Da
andererseits die von Gerassimowitsch gewonnenen statistischen
Parallaxen auf eine Verkleinerung der Leuchtkräfte um fast den
gleichen Betrag hinausliefen, sei, so Lundmark, Shapleys Nullpunkt praktisch einwandfrei. Zu der gleichen Schlußfolgerung
führten auch neue Eigenbewegungsmessungen an RR-Lyrae-Sternen.

Nachdem Wilson 1939 die Eigenbewegungen von 67 RR-Lyrae-Sternen und 157 Cepheiden bestimmt hatte, festigte sich bei den meisten Astronomen die Überzeugung, der Nullpunkt sei richtig. Wilson hatte die galaktische Rotation und die interstellare Extinktion berücksichtigt und erhielt einen Korrekturbetrag von nur −0,1 mag. zum Shapleyschen Nullpunkt. Daß Wilson den Extinktionskoeffizienten von 0,85 mag./kpc einer Arbeit von Joy entnommen hatte, der zur Bestimmung dieses Extinktionskoeffizienten von Shapleys Nullpunkt ausgegangen war, das fiel damals niemandem auf. Die Astronomen konnten sich einfach nicht daran gewöhnen, der interstellaren Extinktion die ihr zukommende Bedeutung beizumessen.

Aber es gab eine Fülle mittelbarer Gründe, sich beunruhigt zu fühlen. Die Kugelsternhaufen und Novae des Andromedanebels sollten ganze 1,5 mag. schwächer sein als die unserer Galaxis. Unser Milchstraßensystem selbst sollte wesentlich größer sein als der Andromedanebel, ein benachbartes Sternsystem vom gleichen Typ. Natürlich konnte niemand beweisen, daß die Ausmaße und Helligkeiten tatsächlich gleich sind. Die Hypothese von der Ähnlichkeit gleichartiger Objekte schien sich, angewandt auf die Galaxis und den Andromedanebel, nicht zu bewahrheiten. Walter Baade versuchte vergeblich, durch eine Verbesserung der Helligkeitsskala, die er mittels des 2,5-m-Teleskops der Mount-Wilson-Sternwarte vornahm, diesen Widerspruch aus dem Wege zu räumen. Er verschwände, wären die Cepheiden um 1,5 mag. heller und der Entfernungsmodul des Andromedanebels um 1,5 mag. größer.

Leider blieb eine 1944 von Mineur, einem französischen Astronomen und Freund Saint-Exupérys, veröffentlichte Arbeit nahezu unbemerkt. Mineur schenkte der interstellaren Extinktion besondere Aufmerksamkeit. Er bestimmte sie unter der Voraussetzung, daß die mittlere Entfernung der Cepheiden von der galaktischen Ebene von ihrem Abstand zur Sonne unabhängig ist. Seine Nullpunktskorrektur kommt mit −1,5 mag. dem modernen Wert bereits erstaunlich nahe. Arbeitet man allerdings in die Mineursche Untersuchung den gegenwärtigen Wert für die Sonnengeschwindigkeit ein, so ergibt sich, wie Baade gezeigt hat, eine Nullpunktskorrektur von nur −0,8 mag.

Auch B. W. Kukarkin (1909–1977) hatte die interstellare Extinktion sorgfältig bestimmt. 1949 überarbeitete er die Wilsonschen Ergebnisse und erhielt eine Nullpunktskorrektur von −0,5 mag. Seine Perioden-Leuchtkraft-Beziehung für die Veränderlichen der Magellanschen Wolken ist nicht gerade, sie weist bei Periodenlängen um 9 Tage einen leichten Knick auf.

Aber alle diese Anzeichen für eine notwendig werdende Anhebung der Cepheiden-Leuchtkräfte blieben bis 1952 unbeachtet. In jenem Jahr gab Baade bekannt, er könne selbst mit dem 5-m-Reflektor in M 31 keine RR-Lyrae-Sterne finden. Mehr noch, er versuchte gar nicht erst, welche nachzuweisen, da dies, wie sich sehr schnell herausstellte, hoffnungslos gewesen wäre. Bereits die hellsten Roten Riesen, wie sie in Kugelsternhaufen vorkommen, lagen nämlich nahe an der Plattengrenze von $22{,}^{\mathrm{m}}8$. Sie sind aber, nach dem Farben-Helligkeits-Diagramm des Kugelsternhaufens M 3 zu urteilen, das Allan Sandage auf Anraten Baades aufgestellt hatte, 1,5 Größenklassen heller als die RR-Lyrae-Sterne. Nach der Cepheidenmethode ergab sich ein Entfernungsmodul von 22,7 mag., nach den RR-Lyrae-Sternen müßte er 22,8 mag. $+$ 1,5 mag. $=$ 24,3 mag. betragen. Es blieb kein anderer Ausweg, als anzunehmen, daß entweder die RR-Lyrae-Sterne schwächer als 0^{M} oder aber die Cepheiden heller sind, als es Shapleys Nullpunkt entsprach. Baade meinte, die absolute Helligkeit der RR-Lyrae-Sterne sei richtig bestimmt worden, sie hätten gut meßbare, ziemlich große Eigenbewegungen und seien der interstellaren Extinktion kaum unterworfen. Die Vergrößerung des Entfernungsmoduls von M 31 brächte auch die lange schon beargwöhnten Unterschiede zwischen den Helligkeiten der Kugelsternhaufen und der Novae unserer Galaxis und denen des Andromedanebels zum Verschwinden.

Im August 1952 trat Baade mit dieser Mitteilung vor die Vollversammlung der Internationalen Astronomischen Union. Alle drei Jahre erörtern die Astronomen des ganzen Erdballs auf diesen Tagungen Hauptanliegen und Ergebnisse ihrer Forschungen. Baade hatte kaum das Rednerpult verlassen, als sich A. D. Thackeray vom südafrikanischen Radcliffe-Observatorium erhob und mitteilte, er habe kürzlich in Kugelsternhaufen der Kleinen Magellanschen Wolke drei RR-Lyrae-Sterne entdeckt. Ihre Helligkeit sei $18{,}^{\mathrm{m}}9$ und nicht, wie man erwarten sollte, gälte der Shapleysche Nullpunkt, $17{,}^{\mathrm{m}}4$. Wiederum beträgt der Unterschied 1,5 mag. Es bestand kein Zweifel mehr, die Astronomen hatten 40 Jahre lang die Helligkeit ihrer wichtigsten Sterne unterschätzt! Mit einem Schlage verdoppelten sich alle auf der Cepheidenmethode beruhenden Entfernungsangaben, auch die der Galaxien. Diese Verdopplung der kosmischen Entfernungsskala sollte schwerwiegende Folgen für die Kosmologie heraufbeschwören. Doch darüber später.

Nach 1952 wandte man sich verstärkt diesen Fragen zu; innerhalb von nur fünf Jahren erschienen über zwei Dutzend Aufsätze, die die Cepheidenleuchtkräfte zum Gegenstand hatten. Erneut enthüllte sich der Hang der Astronomen zum Konformismus, plötzlich unterstützten die meisten die Schlußfolgerungen Baades. Irgendwann wird man sich mit dieser hochinteressanten Erscheinung befassen müssen – der Autoritätsgläubigkeit der Wissenschaftler. Auf astronomischem Gebiet ist die Ursache dafür vermutlich im unzureichenden und fehlerhaften Beobachtungsmaterial zu suchen und, was noch hinzukommt, in den vielen Möglichkeiten seiner Bearbeitung und einer Reihe von Nebeneffekten, die auf verschiedene Art und Weise berücksichtigt werden können. Hätte Wilson, ausgehend von den Joyschen Extinktionswerten, andere Cepheidenleuchtkräfte als Shapley erhalten, er hätte sicherlich nach den Ursachen gesucht. Seine Ergebnisse waren im Einklang mit denen Shapleys, und Wilson übersah den Zirkelschluß in seiner Ableitung.

Mit Baade hatte auch P. P. Parenago (1906–1960), der Kopf der Moskauer Stellarastronomie, an den alten Cepheidenleuchtkräften gezweifelt. Ausgehend von einer Neubestimmung der statistischen Cepheidenparallaxe, die 1954 von Blaauw und Morgan ausgeführt worden war – sie hatten dafür die 18 Sterne mit den am genauesten bekannten Eigenbewegungen ausgewählt –, erhielt er eine Nullpunktskorrektur von $-1{,}0$ mag. gegenüber Shapley. Parenago konnte sich auch auf neue Werte für die Leuchtkräfte der RR-Lyrae-Sterne stützen. Die Untersuchung ihrer Eigenbewegungen führte E. D. Pawlowskaja zu dem Schluß, ihre absolute Helligkeit betrage nicht $0{\overset{m}{.}}0$, sondern $+0{\overset{m}{.}}5$. Wiederum ergab sich die gleiche Differenz von 1,5 mag., die auch Baade erhalten hatte.

Das Schicksal hat es wahrscheinlich nicht gut mit uns gemeint, nicht ein einziger Cepheid ist der Sonne so nahe, daß sich seine Parallaxe trigonometrisch bestimmen ließe.

Da half der Zufall. 1955 entdeckte John Irwin, der sich an der Kapsternwarte mit der photoelektrischen Photometrie südlicher Cepheiden befaßte, daß der Cepheid S Normae von zahlreichen blauen Sternen umgeben ist, er „sitzt", wie ein flüchtiger Blick in einen Sternatlas zeigt, in dem offenen Sternhaufen NGC 6087. Bald darauf fand Irwin – welch ein Zufall! – einen Cepheiden im Zentrum des Haufens M 25: U Sagittarii. Das war ein glücklicher Wurf! Seine Kollegen werden sich noch lange der leuchtenden Augen Irwins erinnern, als er ihnen davon während des morgendlichen Tees Mitteilung machte. In der Tat, die Entfernungen offener Sternhaufen konnte man damals bereits hinreichend genau angeben.

Im selben Jahr verglich in Moskau Cholopow die Örter offener Sternhaufen mit denen veränderlicher Sterne. Unter vielen zufälli-

gen Übereinstimmungen fand er auch ein Dutzend Cepheiden. Nachdem er die spärlichen Angaben über diese Cepheiden und über die zugehörigen Sternhaufen ausgewertet hatte – die photoelektrische Photometrie hatte damals gerade erst begonnen –, kam Cholopow zu dem Schluß, daß ein Großteil dieser Cepheiden Haufenmitglieder seien. Anfang 1956 gab er einen umfangreichen Artikel in Druck, in dem er die Verbindung veränderlicher Sterne mit Sternhaufen untersucht hat und in dem auch die Haufencepheiden zur Sprache kamen. Im gleichen Jahr erschien eine Notiz Irwins und im darauffolgenden eine Mitteilung von Kraft und van den Bergh. Kraft verglich die Koordinaten von Sternhaufen mit denen bekannter Cepheiden, und van den Bergh suchte den photographischen Palomar-Himmelsatlas nach Sternhaufen ab, die sich eventuell in der Nähe von Cepheiden befinden. Die meisten der von ihnen entdeckten, mit Sternhaufen assoziierten Cepheiden waren auch in der Cholopowschen Liste aufgeführt, diese aber lag noch in der Druckerei und erschien erst 1958.
Sowohl Cholopow als auch Irwin war bereits P. Doig zuvorgekommen, mehr als 30 Jahre zuvorgekommen! Doig wußte schon 1925, daß U Sagittarii und S Normae Mitglieder offener Sternhaufen sind, und er hatte bereits damals vorgeschlagen, die Entfernungen der beiden Sternhaufen mittels der Perioden-Leuchtkraft-Beziehung der Cepheiden zu bestimmen. Fürwahr, das Neue ist das Alte, das wir vergessen haben...
In den Jahren 1957–1961 untersuchten Astronomen der Mount-Wilson- und der Palomar-Sternwarte, vor allem Allan Sandage, Robert Kraft und Halton Arp, die Haufencepheiden: U Sagittarii, S Normae, DL Cassiopeiae, EV Scuti und CF Cassiopeiae. Sie bestimmten photoelektrisch deren Lichtkurven, stellten die Farben-Helligkeits-Diagramme der zugehörigen Sternhaufen auf und leiteten die Haufenentfernungen mit Hilfe der Anfangshauptreihe von Johnson und Iriarte ab. Die Haufenzugehörigkeit ermöglichte es auch, den Farbenexzeß der Cepheiden zu bestimmen.
Wie kann man aber beweisen, daß sich die Cepheiden tatsächlich in den Sternhaufen und nicht davor oder dahinter befinden? Die Kriterien, die angeführt werden, laufen auf folgende hinaus: die geringe Wahrscheinlichkeit einer zufälligen Koinzidenz, die ähnlichen Radialgeschwindigkeiten von Cepheiden und zugehörigen Haufen, die Ähnlichkeit ihrer Eigenbewegungen (obwohl dieses Kriterium kaum anwendbar ist, die Eigenbewegungen sind fast immer sehr klein), die sich aus dieser Annahme ergebenden „vernünftigen" Leuchtkräfte und Farbenindizes der Cepheiden und schließlich auch die Lage der Cepheiden im Farben-Helligkeits-Diagramm der Sternhaufen. In allen Fällen, wo Cepheiden

mit Sicherheit einem Sternhaufen physisch angehören, sind sie stets eine oder zwei Größenklassen heller als die hellsten Hauptreihensterne. Darauf gründet sich die Vermutung, daß die Cepheiden Nachfahren massereicher Sterne sind und die Hauptreihe bereits verlassen haben. Die Hypothese, wonach die Cepheiden ehemalige B-Sterne seien, wird gestützt durch die erstaunliche Ähnlichkeit dieser beiden Sterntypen hinsichtlich ihrer räumlichen Verteilung und ihrer Kinematik in der Galaxis. Damit wirft die Erforschung der Cepheiden auch etwas Licht auf die Spätstadien massereicher Sterne.

Im Jahre 1961 faßte Kraft die Untersuchungsergebnisse von fünf Haufencepheiden zusammen. Im Sinne Baades sprach er sich für eine Erhöhung der Cepheidenleuchtkräfte um 1,5 mag. aus. 1965 haben Kopylow und der Verfasser nochmals die Daten über die Haufencepheiden durchgesehen. Sie bestätigen die von Parenago erhaltene Korrektur von −1,0 mag., bezogen auf den Shapleyschen Nullpunkt. Der Grund dafür: Zur Bestimmung der Entfernungen der Haufen wurde die Hauptreihe Kopylows verwandt. Die Sternhaufen, die Cepheiden enthalten, sind i. allg. viel zu weit entfernt, als daß man noch ihre schwachen Hauptreihensterne photoelektrisch messen könnte. Man beschränkt sich daher auf den oberen Teil der Hauptreihe, der bei Kopylow aber 0,5 mag. tiefer liegt als bei Johnson und Iriarte. (Deren Anfangshauptreihe hatte seinerzeit Kraft verwandt.) Entsprechend fallen die Entfernungsmoduln und die Cepheidenleuchtkräfte um 0,5 mag. kleiner aus.

Damit ist aber das Problem der absoluten Helligkeiten der „klassischen" Cepheiden auf das Problem der Entfernungsskala für offene Sternhaufen abgewälzt. Solange dies nicht endgültig gelöst ist, bleibt die Bestimmung statistischer Parallaxen für die galaktischen Cepheiden nach wie vor aktuell. Neuere Arbeiten haben jedoch nicht zu der erhofften Lösung beigetragen. Die Cepheidenforscher scheinen gegen einen Drachen anzukämpfen, dem für jeden abgeschlagenen Kopf ein neuer wächst. Nach fünfzigjährigem Mühen weiß man immer noch nicht, macht die Nullpunktskorrektur 1,5 Größenklassen oder nur eine Größenklasse aus.

Immer mehr Cepheiden werden als Mitglieder von Sternhaufen entlarvt, und die Verfahren ihrer Entfernungsbestimmung werden entsprechend verfeinert. Hier nun ist es angebracht, auf den Beitrag einzugehen, den Moskauer Astronomen zur Festigung des Fundaments der Entfernungsskala geleistet haben. Nahezu die Hälfte der rund zwei Dutzend Cepheiden, auf denen alle Entfernungsangaben beruhen, sind von Moskauer Astronomen erstmals erforscht bzw. Sternhaufen zugeordnet worden. Zu den wohl interessantesten und zugleich problematischsten Fällen zählen dabei die Cepheiden CE Cassiopeiae in NGC 7790 und V 367 Scuti in NGC 6449.

Lange Zeit rätselhaft waren die halbregelmäßigen Helligkeitsschwankungen von CE Cassiopeiae, bis Starikowa, die 1949 während der Semesterferien in Abastumani als Praktikantin arbeitete, am 40-cm-Refraktor visuell herausfand, daß es sich um einen Doppelstern handelt, wobei beide Komponenten Cepheiden sind! Der Abstand betrug 2,3″. Seit 1958 ist auch bekannt, daß CE Cassiopeiae sich am Rande des offenen Sternhaufens NGC 7790 befindet. Da der Abstand kleiner als der Blendendurchmesser des lichtelektrischen Photometers war, blieb der Doppelcepheid photometrisch unerforscht. 1963 setzte dann Cholopow CE Cassiopeiae auf sein photographisches Untersuchungsprogramm mit dem 70-cm-Spiegel des Moskauer Sternberg-Instituts auf den Leninbergen. 1965 gelang es ihm zusammen mit dem Autor, aus den Aufnahmen die Lichtkurven beider Cepheiden getrennt abzuleiten. In den besten Nächten waren die Bilder beider Cepheiden auf den Aufnahmen hinreichend voneinander getrennt, so daß sie sich am Irisblenden-Photometer ausmessen ließen (Abbn. 19 und 20). Nach unseren Ergebnissen sind beide Komponenten Mitglieder von NGC 7790. Vier Jahre später veröffentlichten A. Sandage und G. Tammann ihre Beobachtungen von CE Cassiopeiae, die sie am 5-m-Spiegel auf dem Mount Palomar gewonnen hatten. Ihre und unsere B-Helligkeiten stimmten bis auf 0,01 mag. miteinander überein, die V-Helligkeiten bis auf 0,1 mag. Leider hat der Haufen im Visuellen keinen hinreichend hellen Stern. Sowohl sie wie auch wir mußten deshalb die Lichtkurve des Cepheiden CF Cassiopeiae benutzen, der ebenfalls dem Haufen angehört. Vermutlich erstmalig in der Geschichte der Astronomie ist ein Veränderlicher als Helligkeitsnormal verwandt worden. Somit enthält der recht sternarme Haufen NGC 7790 ganze drei Cepheiden – ein einzigartiger Fall in der Galaxis. Nichtsdestoweniger fehlt es immer noch an Radialgeschwindigkeitsdaten und einer hinreichend tiefen Photometrie seiner Sterne.

Kaum weniger interessant dürfte V 367 Scuti sein, ein Mitglied des offenen Sternhaufens NGC 6449. Nachdem 1963 dessen Variabilität festgestellt worden war, begann der Autor, dieses Sternfeld am 40-cm-Astrographen der Krim-Sternwarte des Moskauer Sternberg-Instituts aufzunehmen. Alle Versuche, die Periode abzuleiten, blieben indes erfolglos. Das ist auch nicht verwunderlich, weil, wie sich herausstellte, dieser Stern über zwei Perioden verfügt! Wie der Autor zusammen mit Cholopow 1967

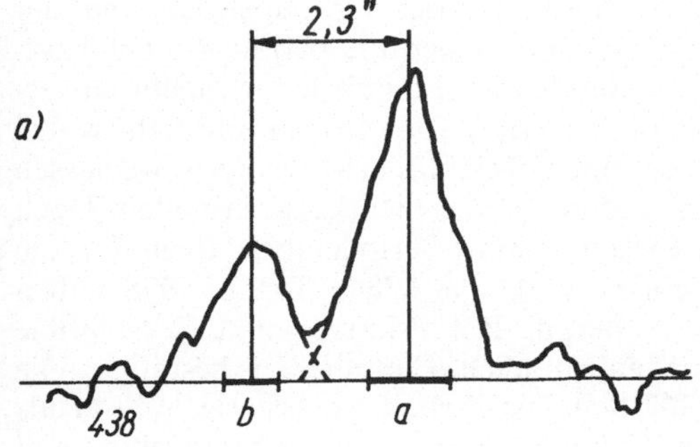

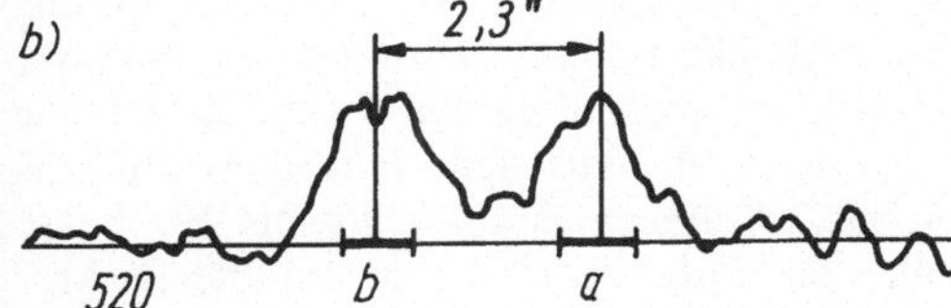

Abb. 19. Ein photometrischer Schnitt durch den Doppelstern CE Cassiopeiae. Die Aufnahmen wurden 1964 am 70-cm-Spiegel in Moskau im gelben Spektralbereich gewonnen. Die Aufnahme a) (Juli) wurde 2 min, die Aufnahme b) (August) 1 min belichtet. Die Durchmesser der Meßblenden (Iris-Photometer) sind als Balken eingezeichnet

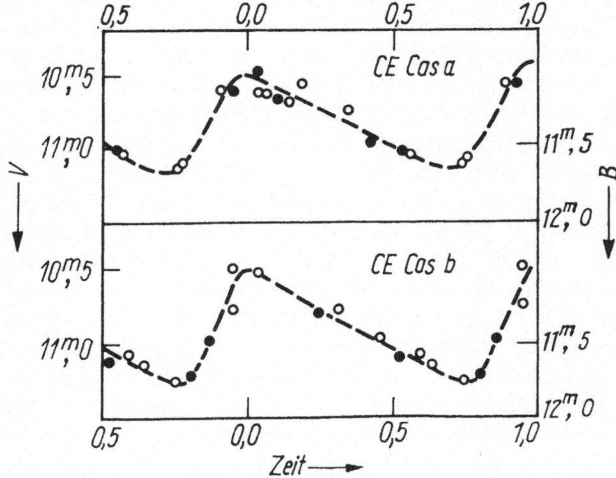

Abb. 20. Die Lichtkurven der beiden Komponenten von CE Cassiopeiae im gelben Spektralbereich. Die Zeit ist in Einheiten der Periodenlänge (Phase) aufgetragen

61

herausfand, pulsiert der Stern mit der Grundperiode und der ersten Oberschwingung. Die Grundperiode beträgt 6,2930 Tage. Tammann und van den Bergh waren damit jedoch nicht einverstanden. Sie hatten Perioden um 5 Tage herum ermittelt, wobei sie allerdings entweder einen Teil ihrer Messungen weglassen mußten oder aber eine pathologische Lichtkurve erhielten. Doch 1975 konnten wir die Existenz zweier Perioden bestätigen. Für die zweite erhielten wir einen Wert von 4,3849 Tagen. 1978 haben schließlich S. van den Bergh, B. F. Madore und R. S. Stobie unsere Schlußfolgerungen in allen Einzelheiten bestätigt. Die Erforschung von V 367 Scuti ist deshalb so wichtig, weil er als einziger Doppelmoden-Cepheid einem Sternhaufen angehört und folglich ein junger, massereicher Stern (etwa 5 bis 6 Sonnenmassen) sein muß. Seine Zugehörigkeit folgt aus der von uns ermittelten Grundperiode. Solche Cepheiden sind eine Abart der normalen Cepheiden und keineswegs alte, massearme Sterne, wie manche Astronomen glaubten, die aus dem Periodenverhältnis auf eine Masse von 1 bis 2 Sonnenmassen schlossen. Bis heute sind, wie angemerkt werden muß, die Ursachen für die Diskrepanzen in der Massebestimmung und für die Existenz zweier Perioden bei einigen Cepheiden noch durchaus unklar.

Zuvor schon hatte der Autor bei einigen Cepheiden aus der Umgebung von Sternhaufen deren Zugehörigkeit zu dem entsprechenden Haufen nachweisen können. Sie befinden sich offensichtlich in den Sternhaufenkoronen. Solche Koronen sind, wie Cholopow nach langjährigen Ermittlungen feststellte, unerläßliche Bestandteile von Sternhaufen jeden Alters und jeder Masse. Moderne photometrische Daten konnten auch die alte Vermutung bestätigen, vier Cepheiden aus der Umgebung des Doppelsternhaufens h und χ Persei seien diesem zuzurechnen. Einige Cepheiden stehen unter dem Verdacht, O-Assoziationen anzugehören. Je nach Autor werden heute zwischen 14 und 25 Cepheiden Sternhaufen oder Assoziationen zugeordnet. Die tatsächliche Anzahl dürfte unserer Meinung nach noch viel größer sein, da viele Cepheiden Bestandteile von Sternaggregaten sind – ausgedehnte, sich über Hunderte von Parsec erstreckende Gruppierungen von Sternen gemeinsamer Herkunft (s. S. 100).

Das sicherste Verfahren, um die Entfernungen von Sternhaufen zu ermitteln, die Cepheiden enthalten, ist die Verwendung der Cholopowschen Anfangshauptreihe (s. Kapitel „Sternhaufen"). Dann aber sollten die Cepheiden 0,3 mag. schwächer sein, als üblicherweise angenommen, wenn man sich auf die Anfangshauptreihe von Johnson-Iriarte beruft. E. Schmidt kommt zu ähnlichen Ergebnissen. Er hat Sternhaufenentfernungen unter Verwendung einer Schmalbandphotometrie im Strömgren-System ermittelt, wobei – und das ist besonders wichtig – die Eichung im wesentlichen auf trigonometrischen Parallaxen naher Sterne beruht.

Entdeckung der Galaxis

Im Jahre 1921 besuchte der bekannte holländische Astronom Jacobus Kapteyn in Bonn seinen Freund F. Küstner, der sich mit Astrometrie und der Untersuchung der Sternhaufen beschäftigte, und vertraute ihm seine Vorstellung über den Aufbau des Milchstraßensystems an. Küstner kamen diese Anschauungen reichlich hypothetisch vor; er riet deshalb Kapteyn, keine voreiligen Schlüsse zu ziehen, vielmehr abzuwarten, bis sich genügend Beobachtungsmaterial angesammelt habe. Kapteyns Reaktion darauf wird Küstner auf immer im Gedächtnis haften geblieben sein. Kapteyn geriet in Zorn, gestikulierte wild und schrie: „Ich will nicht warten! Ich will es gleich wissen!"
Das Bild, das sich Kapteyn von der Milchstraße gemacht hatte, glich einer bikonvexen Linse von ungefähr 20 000 pc Durchmesser. Nur 650 pc von ihrem Zentrum entfernt sollte sich die Sonne befinden. Kapteyns letzte Arbeit, in der er sein Milchstraßenschema verteidigte, erschien 1922. Im selben Jahr starb er, überzeugt von der Richtigkeit seiner Ansichten. Recht behielt aber Shapley, Kapteyns Gegenspieler... Was ist mit der Tragödie eines Wissenschaftlers vergleichbar, der sich jahrzehntelang um seine Wissenschaft bemüht hat, sich schließlich in die Lage versetzt sieht, ein Bild vom Weltganzen zu entwerfen, und doch zugleich erkennen muß, wie eine neue Auffassung um sich greift und an Anhängern gewinnt. Man denke nur an Lorentz, der bedauerte, nicht vor dem Aufkommen der Quantenmechanik gestorben zu sein. Ist das aber nicht das Los jeder wissenschaftlichen Leistung, jedes Wissenschaftlers? Fünf, zehn Jahre später, und für seine Arbeit interessieren sich – günstigstenfalls – noch die Historiker seiner Wissenschaft, aus ihrer Asche erwächst neues Wissen. Die mittlere „Lebenserwartung" einer guten wissenschaftlichen Veröffentlichung, die Zeitspanne, in der sie in der Literatur zitiert wird, beträgt ungefähr zehn Jahre. Weder Newton noch Laplace

werden heute in wissenschaftlichen Zeitschriften zitiert, es sei denn in historischen Übersichten. Selbst die Namen Shapley und Kapteyn sind selten zu finden. Ihre Arbeiten aber sind Bausteine in einem Gebäude, dessen Vollendung zu sehen niemandem vergönnt ist.

Der „Kapteynsche Kosmos" war grundsätzlich nach dem gleichen Verfahren entworfen worden wie auch „Herschels Kosmos", dem er ähnelt: aus Sternzählungen in verschiedenen Gegenden des Himmels wurde die räumliche Dichte der Sterne längs der Sichtlinie ermittelt. Anders als Herschel berücksichtigte Kapteyn den Umstand, daß die Sterne unterschiedliche Leuchtkräfte haben. Die Entfernungen der Sterne konnte er auf Grund einer statistischen Beziehung zwischen der Parallaxe eines Sterns, seiner scheinbaren Helligkeit und seiner Eigenbewegung abschätzen. Zu diesem Zweck hatte Kapteyn bereits 1906 einen „Felderplan" aufgestellt, wonach in 206 über den Himmel verteilten Feldern von allen Sternen ihre charakteristischen Bestimmungsstücke ermittelt werden sollten. Dieser Plan war in mancherlei Hinsicht seiner Zeit voraus, vollständig erfüllt wurde er bis heute nicht. Kapteyns stellarstatistischen Untersuchungen ergaben, daß die Sterndichte mit zunehmendem Abstand von der Sonne immer geringer wird. Wie wir heute wissen, war die interstellare Extinktion an diesem Trugschluß schuld.

Auch in diesem Falle war, wie es häufig vorkommen mag, die richtige Anschauung schon längst vorhanden, bevor ihr der Sieg zufiel. Auch Shapley hatte Vorläufer. 80 Jahre vor Shapley hatte bereits John Herschel, der Sohn des berühmten englischen Astronomen, der Erforscher des südlichen Sternenhimmels, bemerkt, daß die Mehrzahl der Kugelsternhaufen auf einer Himmelshälfte zu finden ist. In den Jahren 1909–1917 stellten Bohlin, Hinks und Hertzsprung die Konzentration der kugelförmigen Sternhaufen im Sternbild des Schützen fest, und Perrine wies darauf hin, daß sich in jener Richtung auch sehr helle Milchstraßenwolken befinden, was wohl schwerlich Zufall sein kann. Den Lorbeer aber errang Shapley, und die galaktozentrische Revolution ist gerechterweise mit seinem Namen verbunden.

Shapley gelangte in einer Reihe von Arbeiten aus den Jahren 1916–1919 zu dem Schluß, das im Sternbild Schütze gelegene Zentrum des Systems der Kugelsternhaufen müsse mit dem Zentrum des gesamten Milchstraßensystems zusammenfallen. Bestärkt wurde Shapley in seiner Auffassung durch die zur Milchstraßenebene symmetrische Anordnung der Kugelsternhaufen und durch die Tatsache, daß das Zentrum des Systems der Kugelsternhaufen ebenfalls in dieser Ebene liegt. Die Häufung der

Kugelsternhaufen im Schützen – auf nur 2% der Himmelsfläche
entfällt 1/3 aller Kugelsternhaufen – erklärte Shapley damit, daß
die räumliche Dichte der Haufen zum Zentrum des Milchstraßensystems zunimmt und sich die Sonne weit außerhalb des System-
mittelpunktes befindet. Wie weit? – Darauf geben uns die Cepheiden eine Antwort.

Wie wir heute wissen, sind die Pulsationsveränderlichen mit
Periodenlängen von zwei bis 30 Tagen, die in Kugelsternhaufen
gefunden werden, keine Cepheiden, genauer gesagt: Sie sind eine
andere Spielart der Cepheiden. Dessen ungeachtet wandte Shapley auch auf sie die Perioden-Leuchtkraft-Beziehung an und
bestimmte die absolute Helligkeit der RR-Lyrae-Sterne zu 0^M.
Nun konnte er die Entfernungen von Dutzenden von Kugelsternhaufen bestimmen. Außerdem stellte er fest, daß sich die
Helligkeitsdifferenz zwischen den hellsten Roten Riesensternen
der Haufen und den RR-Lyrae-Sternen kaum ändert und im
Mittel 1,5 bis 2 Größenklassen ausmacht. Jetzt genügte schon die
Helligkeit der hellsten Sterne eines Kugelsternhaufens, um seine
Entfernung angeben zu können. Shapley ermittelte die Lage von
rund 70 Kugelsternhaufen im Raum. Ihre Entfernungen sind
anscheinend sehr groß; noch der allernächste Kugelsternhaufen
ist viel weiter von uns entfernt als der entfernteste offene
Sternhaufen. Bis zum Zentrum des Systems der Kugelsternhaufen,
d. h. bis zum Milchstraßenzentrum, seien es über 50 000 Lichtjahre. Unsere Sonne steht nicht im Mittelpunkt des Weltgebäudes,
sondern an dessen Peripherie. Die Ausdehnung unseres Sternsystems hatte sich verzehnfacht.

Die Cepheiden der Kugelsternhaufen sind anderer Herkunft,
haben andere Massen und vor allem Leuchtkräfte als die „klassischen" Cepheiden des galaktischen Feldes oder der offenen Sternhaufen; sie sind, wie wir heute wissen, ungefähr 1,5 mag. lichtschwächer als diese. Da Shapley die absoluten Helligkeiten der
„klassischen" Cepheiden um fast den gleichen Betrag zu niedrig
angesetzt hatte, waren letztlich die von ihm erhaltenen absoluten
Helligkeiten der Cepheiden und RR-Lyrae-Sterne in den Kugelsternhaufen fast korrekt, ihr Fehler nicht größer als 0,5 mag.
Dieser Umstand hatte lange Zeit die Fehlerhaftigkeit des Shapleyschen Nullpunktes verschleiert. Jedesmal, wenn sich herausstellte, daß die RR-Lyrae-Sterne absolut 0. Größe sind, werteten
die Forscher dieses Ergebnis als Beweis für die Richtigkeit des
Shapleyschen Nullpunktes und der abgeleiteten Cepheidenleuchtkräfte. Daß es zwei Sorten von Cepheiden gibt, ist erst von Baade
und Kukarkin in den Jahren 1944–1952 klar herausgestellt
worden.

Zusammen mit van Rhijn zog Kapteyn gegen die Shapleysche
Auffassung ins Feld. Die beiden Astronomen wollten beweisen,
daß ausgerechnet die RR-Lyrae-Sterne lichtschwächer seien, als
Shapley dachte; davon ist im vorangegangenen Kapitel die Rede
gewesen. Noch eher, am 26. April 1920, hatte die Nationale
Akademie der Wissenschaften in Washington ein Streitgespräch
veranstaltet, das in die Astronomiegeschichte als der „Große
Streit" zwischen Harlow Shapley und Heber Curtis eingegangen
ist.
Beide Parteien gingen davon aus, daß die Eigenschaften (vor
allem die Leuchtkraft) der Sterne einer bestimmten Untergruppe
unabhängig von ihrem Standort seien. (Bloß, welche Sterne
gehören einer bestimmten Untergruppe an? Unterscheiden sich
eventuell die Cepheiden in verschiedenen Galaxien hinsichtlich
ihrer Leuchtkräfte voneinander? Auf solche Fragen können wir
bis heute keine Antwort geben. Sie bleibt detaillierten Untersuchungen vorbehalten.) Zunächst ging es um die Entfernung des
am besten bekannten Kugelsternhaufens M 13 im Sternbild
Herkules. Shapley veranschlagte sie zu 36 000 Lichtjahren; Curtis
war der Meinung, sie sei zehnmal kleiner. Dann müßte aber die
Cepheidenleuchtkraft im Mittel $+3^m$ betragen. Das brachte
Curtis jedoch nicht in Verlegenheit, der meinte, „das vorliegende
Beobachtungsmaterial könne kaum vom Vorhandensein einer
Perioden-Leuchtkraft-Beziehung für die galaktischen Cepheiden
zeugen". Curtis hielt fälschlicherweise die hellsten roten Sterne in
Kugelsternhaufen für Zwerge (Hauptreihensterne). In Wirklich-
keit sind sie Riesen.
Shapley führte auch die hohen Radialgeschwindigkeiten der
Kugelsternhaufen von der Größenordnung 150 bis 200 km/s ins
Feld. Nimmt man vernünftigerweise an, daß im Mittel die
Geschwindigkeiten der Kugelsternhaufen senkrecht zur Sichtlinie
genauso hoch sind wie längs der Sichtlinie, müßten bei einer
Entfernung von nur 3600 Lichtjahren die hellsten Kugelsternhaufen Eigenbewegungen von 0,04" im Jahr aufweisen, das ist eine
leicht zu beobachtende Größe. In Wirklichkeit ist aber die
Eigenbewegung der Kugelsternhaufen verschwindend gering. Wie
recht Shapley hatte, wurde offenkundig, nachdem die galaktische
Rotation entdeckt worden war, wenn auch wegen der Ver-
nachlässigung der interstellaren Extinktion die von Shapley
angegebenen Entfernungen um das Zwei- bis Dreifache zu groß
ausfielen. Dafür sollte Curtis im zweiten Teil des „Großen Streits"
recht behalten, wovon noch zu reden sein wird.
Im Jahre 1925 stellte Strömberg eine zunächst seltsame Asym-
metrie in den Bewegungsrichtungen der Kugelsternhaufen fest: sie

rasen danach alle mit erstaunlichen Geschwindigkeiten von rund 200 km/s auf ein bestimmtes Gebiet der Milchstraße zu. Nur wenige Sterne haben solch hohe Geschwindigkeiten und weisen eine solch asymmetrische Geschwindigkeitsverteilung auf. Ein Jahr darauf fand B. Lindblad die Erklärung dafür: Die Hochgeschwindigkeitsobjekte bilden ein nahezu sphärisches (genauer: ellipsoidisches) System, während die Mehrzahl der Sterne der Sonnenumgebung, darunter die Sonne selbst, wie auch die offenen Sternhaufen einem scheibenförmigen, rasch um das galaktische Zentrum rotierenden System angehören. Im Gegensatz zur galaktischen Scheibe rotiert das System der Kugelsternhaufen wesentlich langsamer; es bleibt relativ zur Sonne zurück, was die gemessenen hohen Relativgeschwindigkeiten der Angehörigen des sphärischen Systems erklärt. Die Richtung der Geschwindigkeitsvektoren der Mitglieder des sphärischen Untersystems steht dann natürlich senkrecht auf der Richtung zum galaktischen Zentrum. Das so ermittelte Rotationszentrum stimmt bis auf wenige Grad mit der Lage des Zentrums des Kugelsternhaufensystems, wie sie Shapley angegeben hat, überein.

Endgültig bewiesen wurde die Rotation der Galaxis 1927 durch Jan Oort. Er betrachtete den Einfluß der galaktischen Rotation auf die Eigenbewegungen und Radialgeschwindigkeiten der Sterne für zwei Rotationsmodelle: „starre" Rotation und Rotation nach dem Keplerschen Gesetz. Im ersten Falle rotierte die Galaxis wie eine Schallplatte, die Abstände zwischen allen Punkten blieben gleich. Dieses Modell wäre bei einer gleichförmigen Verteilung der galaktischen Materie verwirklicht. Wäre hingegen der Hauptteil der Galaxienmasse in ihrem Zentrum vereinigt, die Sterne müßten sich, wie die Planeten um die Sonne, dem dritten Keplerschen Gesetz fügen, die Rotationsgeschwindigkeit nähme mit der Quadratwurzel des Abstandes vom Zentrum ab. Die Unterschiede in den Rotationsgeschwindigkeiten vermag man zu erkennen, indem man die Radialgeschwindigkeiten der Sterne in verschiedenen Richtungen zum Rotationszentrum bestimmt. In vier Richtungen werden Radialgeschwindigkeiten der Sterne im Mittel Null sein: in Richtung auf das Zentrum und auf das Antizentrum, da die Projektion der Rotationsbewegung auf die Sichtlinie verschwindet, und senkrecht dazu, weil wir dann nur Sterne sehen, die den gleichen Abstand vom Zentrum und mithin alle die gleiche Rotationsgeschwindigkeit haben. In zwei weiteren Richtungen (unter einem Winkel von 45° zu den vorigen) ist die Projektion der mittleren Geschwindigkeiten maximal und auf die Sonne zu gerichtet, in zwei anderen von ihr weg. Tragen wir die Radialgeschwindigkeit als Funktion der Richtung (der galaktischen Länge) auf, ergibt sich eine Doppelwelle, zwei Maxima wechseln mit zwei Minima ab. Wie Oort nachwies, genügt diese Abhängigkeit für die Sterne der galaktischen Scheibe der Formel $v_r = Ar \sin 2l$, wo r der Abstand von der Sonne ist und l die galaktische Länge, gezählt von der Richtung zum galaktischen Zentrum aus. Daraufhin nahm Oort die Radialgeschwindigkeiten der O- und B-Sterne sowie der Cepheiden unter die Lupe und fand, daß die Sterne der galaktischen Scheibe tatsächlich rotieren, sich seiner Formel fügend, und daß das Rotationszentrum im Sternbild des Schützen zu suchen ist. Oort bestimmte auch den Wert der Rotationskonstanten A, die jetzt Oortsche Konstante heißt. Ist diese Konstante erst einmal für irgendwelche Objekte ermittelt worden, kann man über die Oortsche Beziehung die mittleren Entfernungen für eine Gruppe gleichartiger Objekte aus ihren Radialgeschwindigkeiten erschließen.

Der Einfluß der galaktischen Rotation auf die Eigenbewegungen ist schwieriger nachzuweisen, er hängt von der Entferung von der Sonne ab. Indem Oort Radialgeschwindigkeits- und Eigenbewegungsmessungen miteinander kombinierte, konnte er auch die Entfernung des galaktischen Zentrums abschätzen. Er erhielt 5100 pc. Moderne Bestimmungen ergeben 8000 bis 10 000 pc.

Die Entdeckung der interstellaren Extinktion, bedingt durch die staubförmige, zur galaktischen Ebene konzentrierte Materie, half, die riesigen Ausmaße der Shapleyschen Galaxis auf ein vernünftiges Maß zu verkleinern. (Shapley hatte eine Zeitlang die Vermutung gehegt, das Milchstraßensystem gliche einem engen Galaxienhaufen.) 1944 gelang es Baade, auch den Zentralteil des Andromedanebels in Einzelsterne aufzulösen. Dabei stellte er fest, daß die Sterne dort im wesentlichen den Sternen galaktischer Kugelsternhaufen gleichen. Offensichtlich ist die Aufteilung der Sterne und Sternhaufen der Galaxien in eine schnell rotierende Scheibe und eine langsam rotierende sphärische Komponente, wie sie erstmals Oort und Lindblad nachweisen konnten, eine allgemeine Gesetzmäßigkeit. Die Sterne dieser beiden Populationen unterscheiden sich in ihren physikalischen Eigenschaften voneinander. Wir wissen heute, worin das Grundprinzip dieser Unterscheidung besteht: Das sphärische System der Population II wird aus alten Objekten gebildet, während das flache Untersystem der Population I Sterne und offene Sternhaufen jeden Alters einschließt; die allerjüngsten Vertreter der Population I befinden sich in den Spiralarmen.

Als grundfalsch erwies sich das Bild, das sich Kapteyn von der Milchstraße gemacht hatte. Aber mußte man wirklich warten, bis sich riesige Datenmengen angesammelt hätten? Von der Notwendigkeit abzuwarten sprechen gewöhnlich nur engstirnige Spezialisten oder die Autoren von Theorien und Konzeptionen, die fühlen, daß sich neue Tatsachen nicht mit ihren Vorstellungen in Einklang bringen lassen. Vielleicht sind sie auch gekränkt, wenn der Erfolg anderen zufällt... Eine Theorie, die nicht mehr mit der Wirklichkeit übereinstimmt, sollte, wenn schon nicht zum Abbruch, so doch zu einem tiefgreifenden Umbau verurteilt sein, das ist der einzig denkbare Weg in der Wissenschaft. „Es könnte sein", so Henri Poincaré, „daß man die Suche nach Lösungen aufschieben müßte, bis sich genügend Material angehäuft hätte... Wären wir aber immer so vernünftig gewesen, wir hätten niemals eine Wissenschaft schaffen können und unser kurzes Leben ohne Träume zugebracht." Nur dank unserer Ungeduld geht es voran.

Wegbereiter

Zur gleichen Zeit, als die Debatte über die Größe des Milchstraßensystems und über den Standort der Sonne voll im Gange war, entbrannte auch der Streit um die Natur der Spiralnebel immer heftiger. Die fast zwei Jahrhunderte zuvor geäußerte Vermutung, es gäbe eine Unzahl von Sternsystemen ähnlich dem unsrigen, konnte schließlich durch Beobachtungen bewiesen werden. Es ist kaum zu glauben, erst seit 60 Jahren weiß man, wo sich der Mensch im Kosmos befindet. Es war schon eine richtige Revolution in der Astronomie. Nicht einmal zehn Jahre, von 1916–1925, bedurfte es, die Sonne aus dem Mittelpunkt eines allumfassenden Sternsystems, der Milchstraße, an den Rand einer Sterneninsel unter vielen im grenzenlosen Weltraum zu verbannen.
Anscheinend war es ein schwedischer Philosoph, Emanuel Swedenborg, der als erster die Vermutung aussprach, das Sternsystem der Milchstraße sei nur eines unter den unzählig vielen Systemen dieser Art. 1734 schrieb er, die Milchstraße sei womöglich eine „Sternsphäre", und es kämen „zahllose Sphären dieser Art" vor. Das Vorhandensein anderer Galaxien im Raum wurde damals durch keinerlei Beobachtungen nahegelegt. Auch Kant und Lambert waren der Ansicht, die an manchen Stellen des Himmels sichtbaren Nebelflecken seien weit entfernte Sternsysteme, die sich nicht mehr in Einzelsterne auflösen ließen.

Wilhelm Herschel konnte mit Hilfe seiner Riesenteleskope viele dieser Nebelchen in Sterne auflösen. 1785 war er davon überzeugt, bei anderen gelänge es nur deshalb nicht, weil diese viel zu weit entfernt stünden. Als er jedoch 1795 einen planetarischen Nebel – NGC 1514 in der heutigen Bezeichnungsweise – beobachtete, fiel ihm inmitten des Nebels ein einzelner Stern auf, umgeben von nebelförmiger Materie, womit zweifelsfrei erwiesen war, daß es auch echte Nebel gibt und der Glaube, alle Nebelflecke seien entfernte Sternwölkchen, irrig war. 1820 sprach Herschel sogar davon, daß alles außerhalb der Grenzen unseres eigenen Systems im Dunkeln bliebe.

Die Astronomen des 19. Jh. zogen es vor, im Sinne einer Hypothese von Laplace, in den Nebeln, die sich nicht in Sterne auflösen ließen, sich bildende Planetensysteme zu sehen. NGC 1514 diente als Beispiel für ein weit vorangeschrittenes Stadium: der Zentralstern hat sich bereits aus dem Urnebel herausgelöst. Um die Jahrhundertmitte erhielt aber die Theorie von den „Inselwelten" Unterstützung von seiten John Herschels, der meinte, der Nebel M 51, der gleiche, an dem 1845 Lord Rosse eine Spiralstruktur bemerkt hatte, könne der Milchstraße ähnlich sein. Den 2500 Nebelflecken, die sein Vater entdeckt hatte, fügte John Herschel weitere 5000 hinzu. Ihre scheinbare Verteilung über den Himmel war lange Zeit ein gewichtiges Argument gegen die Vorstellung, es handle sich um entfernte Galaxien – die „verbotene Zone" war entdeckt worden, das fast völlige Fehlen dieser Nebelwölkchen nahe der Milchstraßenebene.

Kurze Zeit später, 1865, studierte Huggins erstmals Nebelspektren. Während die Emissionslinien des Orionnebels eindeutig von einem gasförmigen Zustand künden, ist das Spektrum des Andromedanebels (M 31) kontinuierlich wie das der Sterne. Damit hätte der Streit ein Ende haben können, aber Huggins meinte, ein solches Spektrum spräche eher für ein dichtes, undurchsichtiges Gas in M 31.

In einem Buch über die Astronomiegeschichte des 19. Jh. schrieb 1890 Agnes Clark: „Die Frage, ob die Nebel extragalaktischer Natur sein können, braucht nicht mehr erörtert zu werden; der Fortschritt der Forschung hat sie beantwortet. Man kann mit Bestimmtheit sagen, kein führender Kopf wird heute noch unter der Wucht der Tatsachen behaupten, auch nur ein einziger Nebel sei ein Sternsystem ähnlich unserer Milchstraße." Nur hinsichtlich der Magellanschen Wolken, in denen schon John Herschel Sterne und Nebel gesehen hatte, war Frau Clark im Zweifel und räumte ein, es könne sich um außerhalb der Milchstraße befindliche Objekte handeln; alle übrigen Himmelskörper, seien es Sterne oder Nebel, „gehören einer einzigen, gewaltigen Sternenansammlung an". Himmelsaufnahmen, die Keeler mit einem 90-cm-Reflektor gemacht hatte, ließen nicht weniger als 120 000 schwache Nebelwölkchen erkennen. Das sternähnliche Spektrum der Reflexionsnebel in den Plejaden schien die verbreitete Auffassung nur noch zu erhärten, die Frage nach der Natur der Nebel ließe sich mit spektroskopischen Mitteln allein nicht lösen. V. Slipher verstieg sich sogar zu der Auffassung, das Spektrum des Andromedanebels sei als Reflexionsleuchten eines Zentralsterns zu deuten.

Unter den Arbeiten, vor deren Hintergrund später der Streit zwischen Shapley und Curtis entbrannte, muß man unbedingt einen Aufsatz von Very hervorheben. Er wandte erstmals die photometrische Methode an, um die Entfernung von M 31 zu bestimmen. Außerdem ermittelte er die Distanz der 1901 aufgeleuchteten Nova Persei, indem er die Winkelgeschwindigkeit, mit der sich der leuchtende Nebel um die Nova auszudehnen schien, gleich der Lichtgeschwindigkeit setzte. (Novae sind veränderliche Sterne. Vermutlich handelt es sich um enge Doppelsternsysteme mit Massenaustausch. Eine der Komponenten erleidet einen Helligkeitsausbruch. Die Helligkeit erhöht sich um das Tausendfache und fällt nach Monaten oder Jahren wieder auf den Ausgangswert zurück. Übertroffen werden die Novae von den Supernovae. Ihre Maximalhelligkeit kommt mitunter an die Helligkeit der Galaxie heran, in der die Supernova aufleuchtet. Supernovae sind Endstadien der Sternentwicklung. Die Struktur des Sterns verändert sich völlig. Es entsteht ein Neutronenstern. Siehe auch Ju. P. Pskowski, Novae und Supernovae. Kleine Naturwissenschaftliche Bibliothek, Bd. 43. Leipzig: Teubner-Verlag 1978.) Dieser Nebel umgab die Nova wie ein leuchtender Ring. Sein Radius vergrößerte sich um 11' pro Jahr. Selbst wenn sich die Nova unter den nächsten Fixsternen befände, überträfe die sich aus dieser hohen Winkelgeschwindigkeit ergebende lineare Geschwindigkeit, mit der sich das Nebelleuchten vom Stern entfernt, die spektroskopisch gemessene Geschwindigkeit der sich aufblähenden Gashülle um ein Vielfaches. Der Schluß lag nahe, den leuchtenden Ring als Teil einer die Nova umgebenden Dunkelwolke anzusehen, die von der Nova beleuchtet wird. Wir sehen, wie der von der Nova ausgehende Lichtblitz immer entferntere Bereiche des Dunkelnebels erreicht. Ein Jahr nach dem Ausbruch gelang es, ein Spektrum des leuchtenden Rings (nach 34stündiger Belichtung) aufzunehmen, es glich dem Novaspektrum.

Bereits 1885 hatte man im Andromedanebel einen Nova-Ausbruch beobachtet (S Andromedae). Very, der die Entfernung der

Nova Persei von 1901 und folglich ihre absolute Maximalhelligkeit kannte, konnte nun nachträglich die Entfernung des Andromedanebels bestimmen: 1600 Lichtjahre. Er setzte dabei voraus, daß beide Novae zur Zeit ihres Ausbruchs gleich hell gewesen seien. Die schwächeren Spiralnebel, so mutmaßte Very, müßten folglich noch viel weiter – Millionen von Lichtjahren – entfernt sein. Alle seine Überlegungen waren richtig, mit einer einzigen Ausnahme: Der 1885 in Andromedanebel aufgeleuchtete Stern war keine Nova gewesen, sondern 10 000mal heller – eine Supernova. Die Existenz der Supernovae wurde aber erst in den 30er Jahren zweifelsfrei erwiesen.

Im Jahre 1914 maß Slipher die Radialgeschwindigkeit des Andromedanebels: 300 km/s. Das war weit mehr, als man von anderen Himmelskörpern gewohnt war. Aber schon im darauffolgenden Jahr teilte Slipher mit, einige Spiralnebel hätten Radialgeschwindigkeiten bis zu +1100 km/s. Unter den 15 von ihm untersuchten Spiralnebeln entfernten sich elf von uns. Dieses seltsame Gebahren der Spiralnebel verstärkte nur noch das Interesse, das man ihnen entgegenbrachte.

Als sich Slipher die Spektrogramme von Spiralnebeln in Kantenstellung besah, bemerkte er, daß immer dann, wenn der Spektrographenspalt längs der großen Nebelachse verläuft, die Linien geneigt erscheinen; verschiedene Teile des Nebels besitzen demnach unterschiedliche Radialgeschwindigkeiten. Slipher führte die Neigung der Spektrallinien auf eine Rotation der Nebel um ihre kleine Achse zurück. Aus den Radialgeschwindigkeitsmessungen ergab sich die Rotationsgeschwindigkeit der Spiralnebel in Kilometern pro Sekunde. Was lag näher, als zu versuchen, auch die Winkelgeschwindigkeit, mit der die Nebel rotieren, schaut man von „oben" auf die Nebel, zu bestimmen. Die jahrelange Arbeit van Maanens in dieser Richtung erwies sich jedoch leider als Hemmschuh für die Forschung, sie verzögerte die Anerkennung der Spiralnebel als extragalaktische Sternsysteme.

Van Maanen verglich die Örter auffälliger Strukturen der Spiralnebel auf Platten, die zu unterschiedlichen Zeiten von ihm und Ritchey am 1,5-m-Reflektor (erbaut 1908) der Mount-Wilson-Sternwarte aufgenommen worden waren, miteinander und kam 1916 zu dem Schluß, die von ihm untersuchten Details besäßen eine merkliche Eigenbewegung. In M 101 betrage sie ungefähr 0,02″ pro Jahr, was einer Rotationsdauer dieses Nebels von rund 85 000 Jahren entspräche. Setzt man die Winkelgeschwindigkeit und die spektroskopisch ermittelte Rotationsgeschwindigkeit von M 33 (Dreiecksnebel) in Beziehung zueinander, ergibt sich eine Nebelentfernung von nur 2000 pc.

Mit diesen Angaben van Maanens zog Shapley im April 1920 in seinen „Großen Streit" mit Curtis. Im zweiten Teil ging es um die Natur der Spiralnebel. Wie Curtis, so wandte sich auch Shapley, der auf den von ihm ermittelten riesigen Ausmaßen der Galaxis bestand, gegen die Theorie vom „Inseluniversum". Die von van Maanen angegebenen Entfernungen für die Spiralnebel waren um ein Vielfaches kleiner als das Shapleysche Milchstraßensystem. Für die außerordentliche Nähe dieser Nebel schien auch die Tatsache zu sprechen, daß sich in ihnen Eigenbewegungen feststellen ließen. (In Wirklichkeit hatte van Maanen die Eigenbewegungen um das Tausendfache überschätzt.)
Shapleys zweites Argument basiert auf der Helligkeit der Nova in M 31. Die 1885 in M 31 aufgeflammte Nova (S Andromedae) blieb lange Zeit die einzige Nova, die in einem Spiralnebel beobachtet wurde, bis 1917 Ritchey zufällig eine Nova in dem Spiralnebel NGC 6946 entdeckte. Die daraufhin einsetzende Durchsicht alter Platten erbrachte ein Dutzend Novae, darunter auch drei in M 31. Alle drei waren 10 bis 12 Größenklassen lichtschwächer als S Andromedae gewesen. Shapley glaubte nicht so recht an diesen Helligkeitsunterschied. Wäre nämlich, so Shapley, der Andromedanebel genauso groß wie seine, Shapleys Galaxis, müßte er so weit entfernt sein, daß seine Novae (selbst wenn wir von S Andromedae einmal absehen) die galaktischen Novae überträfen.
Die seit Mitte des vorigen Jahrhunderts bekannte Tatsache, daß die Spiralnebel die Milchstraßenebene meiden (die „verbotene Zone"), bestärkte Shapley in seiner Ansicht, die Spiralnebel müßten auf irgendeine Weise mit unserer Galaxis verbunden sein, sie können schon deshalb keine eigenständigen „Welteninseln" sein. Tatsächlich ist es höchst unwahrscheinlich, daß Tausende riesiger Sternsysteme gerade so im Raum verteilt sein sollten, daß sie ausgerechnet in der Äquatorialebene eines dieser Systeme – unserer Galaxis – fehlen. Durch schlechte Erfahrungen gewitzt, mißtrauen die Astronomen der nachkopernikanischen Ära allen Versuchen, unserer Heimat eine Sonderstellung im Kosmos einzuräumen.
Wenn auch Curtis auf viele Argumente Shapleys keine überzeugenden Antworten parat hatte, die „verbotene Zone" deutete er vollkommen richtig. Curtis wies darauf hin, daß wir häufig in den Spiralnebeln in Kantenstellung dunkle Streifen lichtabsorbierender Materie vorfinden. Eine solche undurchsichtige Schicht könnte auch in der Äquatorialebene unserer Milchstraße vorkommen und die „verbotene Zone" vortäuschen. Im ersten Teil des Streitgesprächs, in dem es um die Größe und Struktur des

Milchstraßensystems ging – was für Shapley die Hauptsache gewesen sein mag –, hatte Curtis im großen und ganzen unrecht; völlig falsch waren aber Shapleys Schlußfolgerungen, die er im zweiten Teil des Streitgesprächs vorbrachte, wonach die Spiralnebel „nicht aus Sternen bestehen, vielmehr in Wahrheit reine nebelförmige Objekte sind".

Der „Große Streit" vom April des Jahres 1920 hatte nichts entschieden. Wie sollte er auch, werden doch Probleme nie am runden Tisch gelöst, sondern nur durch Beobachtungen. Solche Debatten bleiben, obwohl sie recht nützlich sein können, meist ohne Wirkung. Vielleicht deshalb, weil die Gegner, sprechen die Tatsachen zu ihren Ungunsten, häufig einfach verstummen; daß sie sich öffentlich von ihren Vorstellungen lossagen, ist äußerst selten.

Jahre später erinnert sich Shapley: „Ich habe recht gehabt. Curtis irrte sich in einem entscheidenden Punkt – in der Beurteilung der Größe, im Maßstab. Unser Kosmos ist riesig, er aber hielt ihn für klein. Die Nebelentfernungen hätten nicht zum verbindlichen Themenkreis der Diskussion gehört. Hier errang Curtis den Sieg. Ich irrte mich, weil ich mich auf die von van Maanen ausgeführten Eigenbewegungsmessungen in den Spiralen berief... Ich meine, mein Fehler war, daß ich in diesem Punkte meinem Freunde van Maanen blind vertraut habe..." Shapley schuf nicht nur die Methode – sie erwies sich bald, als Hubble sie anwenden wollte, als falsch –, er ließ sich auch nicht von der Autorität Kapteyns beeindrucken. Seinem Freunde van Maanen hingegen schenkte er blindes Vertrauen...

Auch bei heutigen Streitgesprächen sind vermutlich richtige und falsche Gedankengänge ähnlich miteinander verwoben, wie dies beim „Großen Streit" der Fall gewesen ist.

Bereits 1914 hatte Eddington vorgeschlagen, das Fehlen der Spiralnebel in der Milchstraßenebene durch eine lichtschluckende Materieschicht zu erklären. Damals schrieb er: „Angenommen, die Spiralnebel befänden sich innerhalb unseres Sternsystems, so könnten wir nichts über ihre Natur aussagen. Diese Hypothese führt uns also in eine Sackgasse. Nehmen wir hingegen an, daß sich die Nebel außerhalb unseres Sternsystems befinden, Sternsysteme ähnlich dem unsrigen sind, so eröffnet sich zumindest ein Weg für neue Hypothesen, welche Licht auf die vor uns liegenden Probleme zu werfen vermögen." Man mag dies das „Eddingtonsche Prinzip" nennen: Vorzuziehen sind Hypothesen, die nicht in eine Sackgasse führen!

Die Hypothese von den „Welleninseln" stand, wie wir gesehen haben, vor der Schwierigkeit, daß sich die Entfernungen der

„Spiralnebel" nicht bestimmen ließen. (Die meisten extragalaktischen Nebel weisen eine Spiralstruktur auf. Deshalb wurde früher die Bezeichnung „Spiralnebel" für die Galaxien verwendet.) Zwar sind die Spiralarme des Dreiecksnebels (M 33) geradezu mit Sternen übersät, wie die beeindruckenden Photographien von George Ritchey am 1,5-m-Reflektor erkennen lassen, aber diese Sterne sind oft unscharf, nebulös. Es war nicht auszuschließen, daß es sich in Wirklichkeit nicht um Einzelsterne, sondern um kompakte Nebel, ganze Sternhaufen oder um sich überlappende Bilder von Sternscheibchen handelt. Als Ritchey 1910 seine Photographien publizierte, schrieb er über die großen Spiralnebel, sie „enthielten eine große Anzahl unscharfer, sternförmiger Kondensationen, die ich Nebelsterne nenne". 2400 solcher „Nebelsterne" zählte er in M 33, 1000 in M 101. Lundmark war 1920 fest davon überzeugt, daß Ritcheys Photographien (Abbn. 21 und 22) M 33 in Einzelsterne auflösen, allerdings standen ihm nur Kopien der Originalnegative zur Verfügung. Edwin Hubble, der sich ebenfalls die Ritcheyschen Photographien aufmerksam besah, meinte, die Bildchen der „Nebelsterne" seien, obzwar recht klein, dennoch deutlich unschärfer, verwaschener als die Bildchen genauso lichtschwacher Milchstraßensterne. Allerdings befanden sich diese sternartigen Kondensationen in den Zentralgebieten der Nebel vor einem dichten Hintergrund; die Kondensationen in den äußeren Nebelteilen gerieten schon zu nahe an den Plattenrand, wo die Qualität der Bilder sowieso schlechter ist. Hubble hielt es für möglich, daß der nicht völlig sternförmige Charakter der Bildchen, der Shapley veranlaßt hatte, sie nicht den Sternen zuzurechnen, ein photographischer Effekt sein könne. Hubble selbst hatte am 2,5-m-Reflektor unter besten Bedingungen kurzbelichtete Negative von den zentralen Teilen einiger Spiralnebel erhalten. Der Hintergrund störte dann weniger, und die Bildscheibchen der „Kondensationen" waren völlig sternförmig. Auch die Randgebiete der Nebel lösten sich, sofern sie in die Plattenmitte gerückt worden waren, in Einzelsterne auf, die sich überhaupt nicht von schwachen Milchstraßensternen unterschieden. Wie Hubble bemerkte, waren bereits auf Aufnahmen aus dem Jahre 1887, die I. Roberts mit Hilfe eines 50-cm-Refraktors von den Randgebieten des Andromedanebels gemacht hatte, zahlreiche Sterne zu sehen. „Die Tragweite dessen ist aber erst viele Jahre danach begriffen worden." Zwar waren Sterne zu erkennen, noch fehlte aber der Beweis, daß es tatsächlich Sterne sind. Lundmark ging davon aus, daß es sich bei den „Kondensationen" um helle Einzelsterne handelt, deren Leuchtkraft vergleichbar ist mit den absolut hellsten Sternen unserer Galaxis, und schätzte

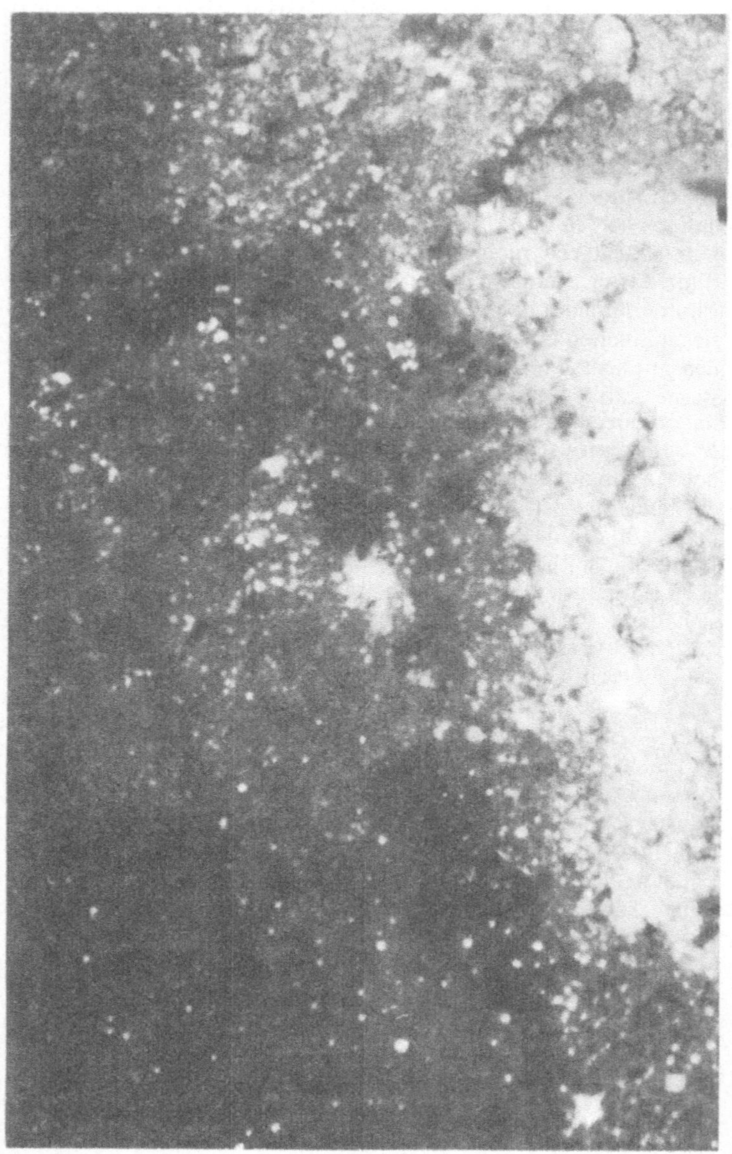

Abb. 21. Ausschnitt aus einer Aufnahme von M 33, die Ritchey am
1,5-m-Reflektor erhalten hat. Die Belichtungszeit betrug bis zu 10 Stunden

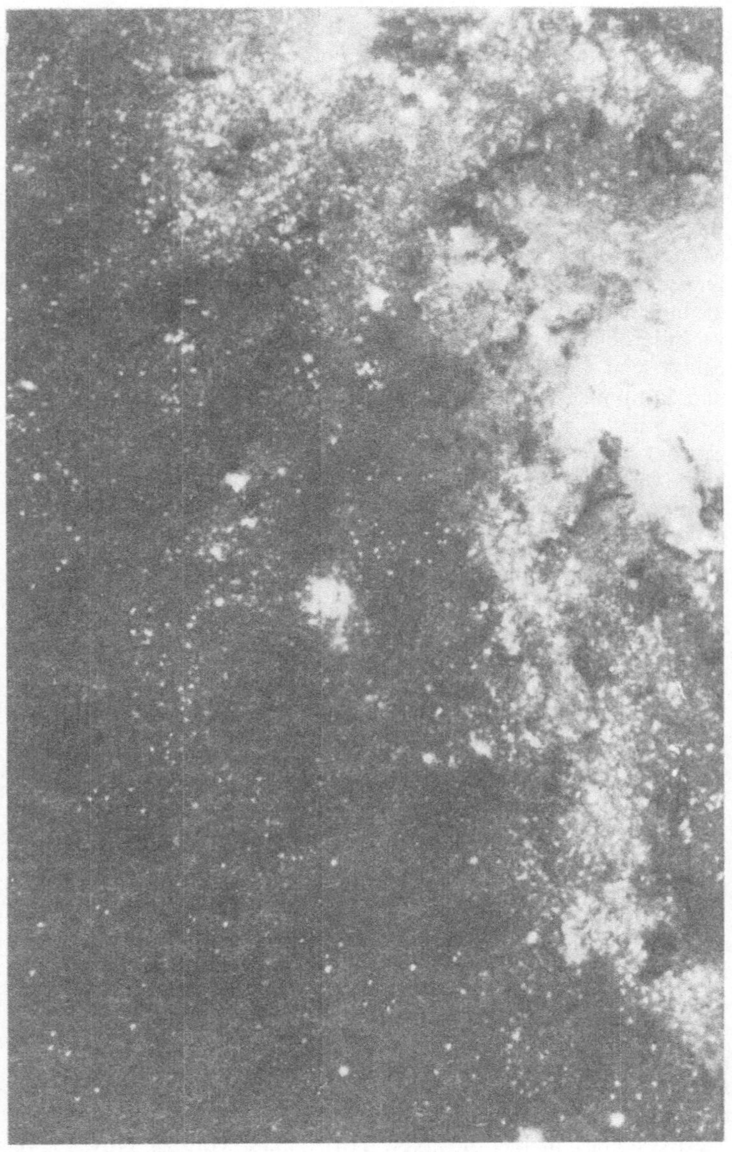

Abb. 22. Der gleiche Ausschnitt aus einer Aufnahme von M 33, die am 5-m-Reflektor nach nur halbstündiger Belichtung gewonnen wurde

1921 die Entfernung von M 33 auf 300 kpc. Er irrte sich bloß noch um einen Faktor zwei. 1922 entdeckte Duncan drei Veränderliche in M 33, untersuchte sie aber nicht weiter. Damit nähert sich der „Große Streit" seinem Ende. Der Schlichter ist ein 35-jähriger Astronom von der Mount-Wilson-Sternwarte – Edwin Hubble. Ende 1923 – er ist auf der Suche nach Novae – findet er den ersten Cepheiden in M 31.

Im Jahre 1918 war der 2,5-m-Reflektor in Betrieb genommen worden. Mit seiner Hilfe entdeckte Hubble Ende 1924 im Dreiecksnebel 47 lichtschwache veränderliche Sterne, im Andromedanebel 36. 22 der in M 33 gefundenen Veränderlichen und 12 veränderliche Sterne aus dem Andromedanebel erinnerten ihn an galaktische Cepheiden. Hubble bestimmte ihre Periodenlängen und konnte feststellen, daß sie sich hinsichtlich der Amplitude ihres Lichtwechsels in nichts von den galaktischen Cepheiden gleicher Periodenlänge unterscheiden. Damit war noch nicht bewiesen, daß die stellaren „Kondensationen", deren Winkeldurchmesser vermuten ließen, es handle sich um ganze Sternhaufen, in Wirklichkeit Einzelsterne sein müssen. Kämen sie nämlich durch Überlappung mehrerer Sternscheibchen zustande, und wäre einer der Sternchen ein Cepheid, die Lichtwechselamplitude der miteinander verschmolzenen Sternscheibchen wäre viel kleiner als im Falle eines einzelnen Cepheiden. Die Lichtkurven von Hubbles Veränderlichen unterschieden sich aber überhaupt nicht von den Lichtkurven der Cepheiden in der Galaxis oder der in den Magellanschen Wolken. Es gab keinen Zweifel: Die Veränderlichen in M 33 und M 31 sind Cepheiden. Cepheiden wurden bald darauf auch in der irregulären Galaxie NGC 6822 entdeckt. Unter Verwendung der Perioden-Leuchtkraft-Beziehung konnte Hubble nun die Entfernung von M 33 bestimmen. Seine Entfernungsangabe von 285 kpc stimmt bestens mit dem Ergebnis Lundmarks überein. Selbst wenn man die viel zu großen Shapleyschen Maße für die Milchstraße in Betracht zieht, weist diese Entfernung weit über die Grenzen unserer Galaxis hinaus. Annähernd die gleiche Entfernung ergab sich bald darauf auch für den Andromedanebel. Shapley war mit seinen eigenen Waffen geschlagen.

Obwohl die Zeitungen bereits Wind von der Hubbleschen Entdeckung bekommen hatten („E. Hubble meint, Spiralnebel seien Sternsysteme", meldet die „New York Times" vom 23. Nov. 1924), zögert Hubble noch mit der Veröffentlichung. Erst auf Drängen Russells schickt er eine Mitteilung über die Cepheiden in M 33, M 31 und NGC 6822 an die ordentliche Tagung der Amerikanischen Astronomischen Gesellschaft in Washington. Am 1. Januar

1925 verliest Stebbins die Schrift Hubbles. Allen ist sofort klar, daß damit der Streit ein Ende hat...

„Der wahre Grund meines Zögerns", schrieb Hubble im Februar 1925 an Russell, „ist – wie Sie sich vielleicht denken können – im krassen Widerspruch zu der von van Maanen gefundenen Rotation zu suchen. Die Schwierigkeit, widersprüchliche Beobachtungen miteinander zu versöhnen, übt einen großen Reiz aus. Doch unabhängig davon bin ich überzeugt, die gemessenen Rotationen kann man vergessen..."

Dank der Untersuchung der Cepheiden in M 33 und M 31 war es möglich, die Natur dieser Nebel aufzudecken und nicht einfach diese Nebel in Sterne aufzulösen. Vor Hubble gelang dies bereits Ritchey am 1,5-m-Reflektor (s. Abbn. 21 und 22), nur Ritchey konnte es nicht beweisen. Auf Reproduktionen seiner 1910 gemachten Aufnahmen des Zentralgebiets von M 31 sieht man Dutzende von Cepheiden, die später von Hubble und Baade als solche erkannt wurden. Hätte Ritchey statt einzelner Aufnahmen eine ganze Serie angefertigt und die einzelnen Platten miteinander verglichen, die Cepheiden unserer Nachbargalaxien wären vielleicht schon um 1910 entdeckt und erforscht worden. Die Perioden-Leuchtkraft-Beziehung war 1913 von Hertzsprung geeicht worden. Ritchey hätte also bereits zu diesem Zeitpunkt – zwölf Jahre vor Hubble – Galaxienentfernungen angeben können. Tatsächlich hatte Ritchey, wie er sich 1929 erinnert, schon 1919 eine Veröffentlichung geplant, in der er auf Grund seiner Photographien die extragalaktische Natur der Spiralnebel beweisen wollte. Doch aus Gründen, auf die er keinen Einfluß hatte, sei seine Publikation nie erschienen...

Nun wurde auch klar, die von van Maanen gemessenen Eigenbewegungen in den Spiralnebeln mußten instrumentell bedingt sein. Van Maanen selbst gab sich mit dieser Erklärung erst 1935 zufrieden. Baade, der sich auf Anraten Hubbles mit dieser Frage befaßt hatte, kam zu dem Schluß, der Hauptgrund sei in einer Abweichung der geometrischen Bildzentren von den Punkten maximaler Schwärzung auf Ritcheys Negativen zu suchen. Ritchey hatte nämlich die Belichtung unterbrochen, wenn sich die Bilder zu verschlechtern drohten. Van Maanen, der die Positionsmessungen mit kleiner Vergrößerung vornahm, hatte im Falle der hellen Sterne ihre geometrischen Örter bestimmt, im Falle der schwachen Sterne aber ihre Schwärzungszentren. So kam es, daß Nicholson, der ebenfalls mit geringen Vergrößerungen arbeitete, die Rotation bestätigte, während Baade und Hubble, die unter stärkeren Vergrößerungen beobachteten, keine Rotation fanden. Die verbliebenen Widersprüche konnten vollends 1934 beseitigt

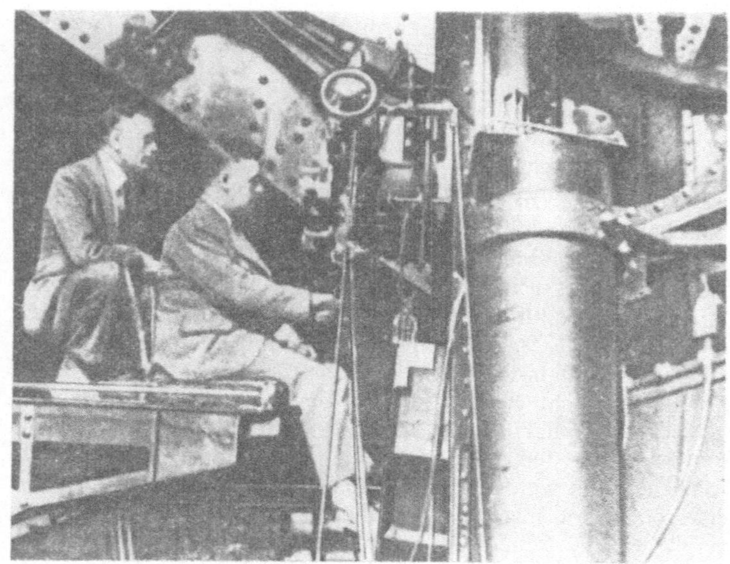

Abb. 23. E. Hubble (links) und J. Jeans am 2,5-m-Reflektor. Eine Aufnahme aus dem Jahr 1932

werden. Baade und Zwicky bewiesen in diesem Jahr das Vorhandensein von Supernovae, zu denen auch S Andromedae gehört.

Die Entfernungen noch weiter entfernter Spiralnebel und elliptischer Galaxien, die sich nicht mehr in Einzelsterne auflösen ließen, schätzte man ab, indem man ihre Winkeldurchmesser mit denen von M 33 und M 31 verglich. Es drehte sich nun schon um Tausende und Abertausende von Kiloparsec. Die Grenzen des Universums rückten in unermeßliche Fernen und schlossen Milliarden von Sterneninseln ein.

Hubble führte die Erforschung der Galaxienwelten weiter. Die Entdeckung, daß sich das Weltall ausdehnt, stellt seinen Namen in die Reihe der geachtetsten Gelehrten aller Zeiten. Er schlug auch ein noch heute weit verbreitetes Klassifikationsschema für Galaxien vor: elliptische Galaxien (von E0 bis E7, je nach dem Grad ihrer Abplattung), spiralförmige Galaxien (S und· SB, einfache Spiralen und Balkenspiralen, bei denen die Spiralarme an den Balkenenden ansetzen) und irreguläre Galaxien (Irr). Später fügte er noch einen weiteren Typ hinzu: die linsenförmigen Galaxien (S0). Diese sind flach wie Spiralen, weisen aber keine Spiralstruktur auf. Das Hubble-Schema ist einfach und bequem zu handhaben, und die Zahl der Ausnahmen läßt sich, wenn wir von Doppelgalaxien und wechselwirkenden Sternsystemen absehen, an den Fingern einer Hand abzählen, wie es Baade einmal ausgedrückt hat.

Als sich Baade 1920 in Hamburg mit Shapley traf, fragte er ihn auch, warum er nicht die Erforschung der Galaxien weiterführe. Baade erinnerte daran, daß, wie aus den eben erst veröffentlichten M 33-Aufnahmen von Ritchey ersichtlich sei, „die Sternsysteme geradezu mit Sternen übersät sind". Doch Shapley ließ sich nicht überzeugen, er meinte, die Sternbildchen seien viel zu verwaschen, nicht sternförmig. Shapley verließ im darauffolgenden Jahr die Mount-Wilson-Sternwarte und wurde Direktor an der Harvard-Sternwarte. Was er hätte leisten können, führte nun Hubble aus. Die Überzeugung Shapleys erwies sich als ein Vorurteil. Als Shapley dies erkannt hatte, stürzte er sich wieder auf die Galaxien. (Daß sich dieser Begriff einbürgerte, ist zum Teil sein Verdienst, Hubble sprach meist von „extragalaktischen Nebeln".) Aber nun war es bereits zu spät. „Die Eroberung der Nebelwelt", schrieb Hubble, „ist das Verdienst der Riesenteleskope." In Harvard, Shapleys neuem Wirkungsort, gab es kein solches.

Die Akteure dieses Dramas sind nun von der Bühne des Lebens abgetreten. Sie entdeckten dem Menschen die Welt, in der er lebt. Die Namen dieser Wegbereiter sind weniger bekannt als die drittklassiger Literaten...

Entwicklung der Sterne

I. S. Schklowski, der namhafte Astrophysiker, fragte mich vor einigen Jahren unvermittelt: „Was ist das Hauptgericht in der Astronomie?" Einige Sekunden mußte ich überlegen, was er gemeint habe, dann platzte ich heraus: „Sterne!" „Stimmt! Die Sterne", sagte Schklowski, der, wie ich merkte, etwas enttäuscht war. „Na schön, Sie sind ja ein Sternenforscher, alles klar..." Seine Mitarbeiter, die sich, wie auch er selbst, der diffusen Materie im Kosmos verschrieben haben, antworteten anders; darum wollte er prüfen, was andere darüber dächten. Er schrieb damals ein Buch über die Sterne: „Geburt und Tod der Sterne". Moskau: Verlag MIR, Leipzig/Jena/Berlin: Urania-Verlag 1988.

6–411

„Um zu erkennen, was das Weltall ist", schreibt Schklowski, „muß man sich vor allem darüber klar sein, was Sterne sind und wie sie sich entwickeln..." Deshalb wollen auch wir, bevor wir unsere Reise in die Tiefen des Weltalls fortsetzen, noch einmal auf die Sterne zurückkommen.

„Ein Stern, das ist ein räumlich begrenzter, durch die Schwerkraft zusammengehaltener, lichtundurchlässiger Materieklumpen, in dem die Wasserstoffusion zu Helium abläuft, einst abgelaufen ist oder aber noch ablaufen wird." So definiert der Leningrader Astrophysiker W. W. Iwanow den Zentralbegriff der Astronomie, der dieser auch den Namen gab. (Im Griechischen bedeutet Astronomie „Sternkunde".) Diese Definition unterscheidet sich von der üblichen: „Ein Stern ist eine leuchtende Gaskugel." Dafür ist sie aber auch einwandfrei; sie bedarf weder der Ergänzung, noch ließe sie sich kürzer fassen. Das merkt man sofort, versucht man sie abzuwandeln. Freilich sind Sterne meist kugelförmig. In engen Doppelsternsystemen oder wenn sie gerade aus einer Gaswolke auskondensiert sind, können sie aber sehr wohl von der Kugelgestalt abweichen. Es sei auch angemerkt, daß Vor-Hauptreihen-Sterne von minimaler Masse (einige hundertstel Sonnenmassen) ungewöhnlich langsam kontrahieren. Es dauert viele Jahrmilliarden, bis sich ihr Inneres so weit erhitzt hat, daß die Wasserstoffreaktionen zünden, bis sie also ihre Zugehörigkeit zu den Sternen „à la Iwanow" unter Beweis zu stellen vermögen.

Die Erforschung der Sterne ist nicht zuletzt deshalb so wichtig, weil das Leben auf der Erde auf die Sonne angewiesen ist – dem uns nächsten Stern. Sterne machen massemäßig etwa 98% der Galaxis und vermutlich des gesamten Weltalls aus. Die Entwicklungsgeschichte einer Galaxie ist recht eigentlich die Geschichte der Sternentstehung in ihr. Selbst die Bestimmung der Größe des Weltalls wäre, wie im Kapitel „Sternhaufen" erläutert, undenkbar ohne Kenntnis der Gesetze der Sternentwicklung. Mit ihnen wollen wir uns nun befassen.

Im Innern der meisten Sterne laufen thermonukleare Reaktionen ab, in deren Folge Wasserstoff sich in Helium umwandelt – vier Protonen vereinigen sich zu einem α-Teilchen. In den tiefer gelegenen Schichten sind Temperaturen von Dutzenden von Millionen Kelvin üblich. Sie stellen sich im Gefolge des gravitativen „Setzungsprozesses" ein – der Abschlußphase bei der Auskondensation eines Protosterns aus einer kosmischen Gaswolke. Mit dem Zünden des Wasserstoff„brennens" hört die Kontraktion auf. Geht der Wasserstoff im Kern zur Neige, kühlt dieser ab und beginnt erneut zu schrumpfen. Dadurch erhöht sich die Temperatur wieder, bis sich schließlich das Helium thermonuklear in

Kohlenstoff umwandeln kann. Das weitere Schicksal eines Sterns wird, je nach seiner Masse, von der Abfolge verschiedenster thermonuklearer Reaktionen bestimmt. Kohlenstoff verwandelt sich in Sauerstoff. Diese Kette exothermer Reaktionen bricht erst ab, nachdem sich schließlich Eisen gebildet hat.

Die Schwerkraft versucht, den Stoff zur Sternmitte zu zerren. Dem steht der Gasdruck entgegen – eine Folge der sehr hohen Temperatur. Er erst ermöglicht das Gleichgewicht. Die hohe Temperatur wiederum wird so lange aufrechterhalten, wie thermonukleare Reaktionen ablaufen, bis die Vorräte an Kernbrennstoff aufgebraucht sind. Danach schrumpft ein Stern nicht allzu großer Masse entweder zu einem Weißen Zwerg oder einem noch viel dichteren Neutronenstern. Beim Kollaps eines Sternkerns von mehr als 5 oder 6 Sonnenmassen gar wird der sog. Gravitationsradius unterschritten. Ist dies erst einmal passiert, können nicht einmal Photonen mehr den Stern verlassen. Er wird unsichtbar – zu einem „Schwarzen Loch".

Die Endphase der Sternentwicklung mündet zuweilen in eine Katastrophe – die Sternexplosion. (Vielleicht immer, wenn der Stern nur schwer genug ist.) Der Stern strahlt dann tagelang so hell wie eine ganze Galaxie, so hell wie Milliarden normaler Sterne! Diese Erscheinung wird als Supernova bezeichnet. Ausgelöst wird die Explosion durch den gravitativen Kollaps des Sternkerns nach dem Erschöpfen der Energievorräte. Wie sich der Übergang vom Kollaps zur Explosion vollzieht, wobei die gesamte äußere Hülle abgesprengt wird, ist durchaus noch nicht klar. Übrig bleibt ein schnellrotierender Neutronenstern (wegen der Drehimpulserhaltung) – ein Pulsar. Die interstellare Materie wird zudem mit schweren Elementen angereichert, die bei den thermonuklearen Reaktionen im Sterninnern angefallen bzw. erst während der Explosion erzeugt worden sind.

Alle diese Etappen der Sternentwicklung, die theoretisch aus der Vorstellung von thermonuklearen Reaktionen als stellare Energiequellen ableitbar sind, können durch zahlreiche Beobachtungen belegt werden. Äußerst aufschlußreich sind in dieser Hinsicht Beobachtungen an Sternhaufen. Sie sind ja Ansammlungen nahezu gleichaltriger Sterne. Auch hinsichtlich der chemischen Zusammensetzung dürfte es bei den Sternen eines Haufens keine gravierenden Unterschiede geben. Lediglich in ihren Massen und infolgedessen in ihrem inneren Aufbau unterscheiden sich die Haufenmitglieder. Schlußfolgerungen, die sich aus der Theorie des inneren Aufbaus und der Entwicklung der Sterne ergeben, können somit leicht mit Beobachtungsdaten verglichen werden.

Der Physiker lebt vom Experiment, nicht so der Astronom. Im

6*

Gegenteil: Der Bereich der Astronomie, wo heutzutage durchaus Experimente möglich sind – bei der Erforschung des Mondes und der Planeten beispielsweise –, wo also unmittelbar am zu untersuchenden Objekt gemessen werden kann, entgleitet dem Astronomen immer mehr, wird ihm allmählich fremd.
Zwar kann der Astronom mit den Strahlungsquanten, die er empfängt, experimentieren (wobei ihm heute nahezu das gesamte elektromagnetische Wellenspektrum zu Gebote steht), an den Verhältnissen, unter denen diese Strahlung entstanden ist, ändert sich deswegen keinen Deut. Ihm bleibt nur abzuwarten, bis sich entweder die Verhältnisse im Objekt selbst (bzw. auf dem Weg zu uns) ändern, oder aber von vornherein Objekte auszuwählen, deren Eigenschaften von möglichst wenigen Parametern abhängen. Das ist der Grund, weshalb Untersuchungen an Veränderlichen (bzw. anderen nichtstationären Objekten) und Sternhaufen so aufschlußreich sind. Beim Ausführen eines physikalischen Experiments ist man häufig bedacht, nur einen einzigen Parameter zu ändern, die andern aber zu belassen. An astronomischen Objekten, wo die Natur selbst derart übersichtliche Bedingungen geschaffen hat, kann der Astronom besonders viel lernen.

Die modernen Vorstellungen von der Sternentwicklung wurzeln in den 50er Jahren. Damals wurde es möglich, genaue Hertzsprung-Russell-Diagramme für unterschiedliche Sternhaufen zu erstellen und mit den Aussagen der Theorie zu konfrontieren. Ohne den Aufschwung in der elektronischen Rechentechnik und der theoretischen Kernphysik, aber auch ohne die Methoden der lichtelektrischen Photometrie und der Verfahren zur Ermittlung von Lichtextinktion und Entfernung wäre dies nicht möglich gewesen. Auf der Theorie vom inneren Aufbau und der Entwicklung der Sterne fußen unsere Vorstellungen vom Weltall. Steht sie aber auch auf festem Boden? War man nicht schon öfters davon überzeugt gewesen, das Wesen einer Erscheinung erfaßt zu haben, was sich dann später als trügerisch erwiesen hat?
Das Vertrauen, das wir heute der Theorie entgegenbringen können, hatten die Astronomen in den 20er und 30er Jahren unseres Jahrhunderts durchaus noch nicht. Damals wechselten Sternmodelle mit einer Schnelligkeit einander ab wie die Mode der Damenkleider. Man war sich allerdings recht sicher, der Lösung nahe zu sein. „Es ist nicht unsinnig zu hoffen, daß wir ein solch simples Ding wie einen Stern bald verstehen werden", schrieb 1926 A. Eddington. Und wirklich, die von ihm aufgestellten Grundprinzipien für eine Theorie des inneren Aufbaus erwiesen sich als tragfähig. 1938 bestätigte H. A. Bethe die Rich-

tigkeit der Eddingtonschen Vermutung, Kernreaktionen seien die Quellen für die Energie der Sterne.

Die Theorie vermochte nicht nur, eine ganze Reihe von astronomischen Objekten und Erscheinungen vorherzusagen, die früher noch unerforscht waren, ihr gelang es darüber hinaus sogar, vieles zu erklären, was zum Zeitpunkt der Aufstellung der Theorie noch völlig unbekannt bzw. überhaupt noch nicht benutzt worden war. Ihr Fundament bildet die Analyse von Hertzsprung-Russell-Diagrammen, von denen in den Jahren 1953 bis 1956 rund ein Dutzend aufgestellt worden waren. Heute sind die Diagramme von etwa 400 galaktischen Sternhaufen und darüber hinaus von etwa 60, die nahegelegenen Galaxien (Magellanschen Wolken) angehören, zuverlässig bekannt. Unter diesen allen ist kein einziges, das den Schlußfolgerungen aus der Theorie der Sternentwicklung widerspräche.

Für Aufregung sorgte vor einigen Jahren die Mitteilung, Experimente zur Registrierung solarer Neutrinos hätten einen deutlich geringeren Neutrinofluß ergeben, als nach der Theorie des inneren Aufbaus und der Entwicklung der Sterne zu erwarten gewesen wäre. Das muß nicht heißen, die Theorie sei falsch. Eine solche Schlußfolgerung wäre ebenso töricht wie die Behauptung, ein Elektrizitätswerk sei ausgefallen, bloß weil eine Lampe erlosch. Diese Bemerkung von D. Ja. Martynow ist zweifellos richtig.

Nach neuesten Angaben ist der solare Neutrinofluß, der seit 1968 von R. Davis gemessen wird, viermal niedriger als erwartet, wobei der theoretische Wert allerdings stark vom betrachteten Sonnenmodell abhängt. In nur 20 Jahren sank er auf ein Fünftel. Wäre es im Zentrum der Sonne um 1 bis 2 Mill. Kelvin kühler, würde die Diskrepanz verschwinden. Man müßte lediglich annehmen, das Sonneninnere sei gut durchmischt. Leider fehlt es noch an einer allgemein anerkannten Theorie dieses Vorgangs.

Das Neutrinodefizit könnte eventuell eine Hypothese von B. M. Pontekorwo aus dem Jahre 1957 erklären. Nach ihr sind Neutrinooszillationen möglich. Die Ursache für das Neutrinodefizit läge dann einfach darin, daß Davis' Apparatur lediglich Elektronenneutrinos nachweist. Nach der Pontekorwoschen Vorstellung gibt es aber noch andere Neutrinoarten, wobei sich diese ineinander umwandeln können. Das könnte sich auf dem Weg hierher mehrfach ereignen. Zwar sendet die Sonne im Einklang mit der Theorie Elektronenneutrinos aus, ein Teil von ihnen kommt aber mit geändertem Typ an! Zur Zeit kann dies aber noch nicht experimentell bestätigt werden. Neutrinooszillationen wären sehr wichtig, und das nicht nur, um Modelle des Sonneninnern zu überprüfen. Sie sind nämlich nur möglich, wenn das Neutrino eine Ruhmasse hat. Einige Experimente weisen darauf hin. Wenn dem so wäre, sollten Neutrinos die Hauptmasse des Universums stellen, ja die Stoffdichte könnte sogar den kritischen Wert übersteigen! Das Weltall wäre dann geschlossen. Darüber wird gegenwärtig heiß von Physikern und Kosmologen diskutiert. Wir kommen darauf noch zurück.

Wesentlich jedoch ist, daß die Richtigkeit der Theorie zumindest prinzipiell bestätigt wurde. „Indem R. Davis Sonnenneutrinos nachwies, machte er eine bedeutende astronomische Entdeckung und zeigte, daß die Energie der Sterne tatsächlich thermonuklearen Ursprungs ist", bemerkte Pontekorwo.

Kukarkin, ein prominenter sowjetischer Astronom, pflegte noch vor 20 Jahren zu sagen, die Begeisterung für die Schwarzschildsche Theorie sei eine Modeerscheinung, sie sei bald vergessen. In den 70er Jahren kam auch er nicht umhin, Schlußfolgerungen aus dieser Theorie für die Interpretation der Hertzsprung-Russell-Diagramme von Kugelsternhaufen zu verwenden.

M. Schwarzschild war einer der ersten, denen es gelang, die Sternentwicklung – allerdings noch ohne Masseverlust und Durchmischung – zu berechnen. Seine Entwicklungsrechnungen waren zunächst nur eine denkbare Variante unter vielen. In den 50er Jahren war das Hertzsprung-Russell-Diagramm von Entwicklungswegen geradezu übersät, die die Hauptreihe entlang und von ihr in alle Richtungen wegführten. Der Vergleich der theoretischen Entwicklungswege mit beobachteten Diagrammen von Sternhaufen ergab, daß Schwarzschilds Variante die richtige sein mußte. Die moderne Theorie der Sternentwicklung nur mit Schwarzschilds Namen zu verknüpfen wäre ungerecht. Ihre Ausarbeitung ist vielen zu verdanken: in erster Linie A. Sandage, H. Johnson, O. Eggen, F. Hoyle, G. Miczaika und E. Salpeter. Daß sich Hauptreihensterne in Rote Riesen verwandeln (die Kernaussage der modernen Theorie), das hatte bereits 1938 der estnische Astronom E. Öpik behauptet.

Von der Sternentwicklung zu berichten heißt vor allem, auf die Eigenschaften von Sternen zu sprechen zu kommen, die Sternhaufen unterschiedlichen Alters angehören. Cepheiden einmal ausgenommen, kann für einen Feldstern lediglich eine obere Altersgrenze angegeben werden, und auch das nur, wenn Leuchtkraft und Oberflächentemperatur bekannt sind. Nur wenn man außerdem noch einen Schätzwert für seine Masse hat, kann man aus dem Netz berechneter Entwicklungswege auf sein Alter schließen. Allerdings sind derartige Schlüsse höchst ungenau und häufig noch nicht einmal eindeutig.

Die allerjüngsten Sternhaufen sind die sog. Sternassoziationen. Dieser Begriff erhielt seine heutige Prägung in den Jahren 1947–1949 durch W. A. Ambarzumjan, den Präsidenten der Akademie der Wissenschaften der Armenischen SSR und Direktor des Astrophysikalischen Observatoriums Bjurakan. Die Sterne einer solchen Gruppierung sind so dünn gesät, daß sie sich auf einer Photographie nicht sogleich als Sternhaufen zu erkennen geben. Es sind Konzentrationen von Sternen, die entweder der gleichen Spektralklasse angehören (OB-Assoziationen) oder deren Helligkeitsschwankungen ähnlich sind (T-Assoziationen, bestehend aus Veränderlichen des T-Tauri-Typs). Die ersten OB-Assoziationen, die Ambarzumjan auffielen, waren Gruppierungen früher Sterne im Umfeld der offenen Sternhaufen NGC 6231 sowie h und χ Persei. Diese Sternansammlungen sind viel zu locker, als daß sie den galaktischen Gezeitenkräften lange widerstehen könnten, es sei denn, sie verfügten außerdem noch über eine beträchtliche Anzahl schwächerer Sterne. Nach höchstens 10^7 Jahren sollte sich eine Assoziation entlang ihrer galaktischen Bahn auseinandergezogen haben, da die gravitative Anziehung der Mitglieder untereinander viel zu schwach ist.

Bereits Ende der 40er Jahre konnte man das Maximalalter leuchtkräftiger Sterne abschätzen. Es ergibt sich einfach aus der Menge des Kernbrennstoffs in ihnen (d. h. ihrer Masse) und dem Tempo, mit dem dieser Vorrat aufgebraucht wird (d. h. ihrer Leuchtkraft). Diese Abschätzungen führten auf eine Lebensdauer von O-Sternen, die 10^6 bis 10^7 Jahre nicht überschreitet. Allein die Existenz solcher unbeständiger O-Assoziationen wies darauf hin, daß sie erst unlängst entstanden sein konnten, und die Schlußfolgerungen Ambarzumjans, die sich auf unabhängige kinematische Erwägungen stützten, überzeugten die Astronomen endgültig davon: Sterne entstehen auch noch gegenwärtig in der Galaxis, und zwar gruppenweise. In der Folgezeit sollte sich diese Auffassung bestätigen. Allerdings sind O-Assoziationen in der galaktischen Ebene keineswegs langgestreckt, was Ambarzumjan zu dem Schluß gelangen ließ, die Mitglieder einer Assoziation bekämen bereits zum Zeitpunkt ihrer Entstehung radial nach außen gerichtete Geschwindigkeit mit. Das erklärte auch die Zerstreuung der Sterne. Die Tatsache, daß Assoziationen gravitativ nicht gebunden sind, schien zu besagen, daß deren Mitglieder nicht aus einer diffusen Substanz haben entstehen können; deren Kondensation hätte eine gravitativ gebundene Gruppierung ergeben. 1955 stand für Ambarzumjan fest: Sterne entstehen in Assoziationen beim Zerfall überdichter protostellarer Körper. Diesen Standpunkt vertritt er noch heute. Alle theoretischen

Versuche, die Natur dieser Körper zu begreifen, ergaben, deren Massen könnten die Sonnenmasse nur dann merklich übertreffen, wenn die gängige Gravitationstheorie beachtlich modifiziert würde. Dafür gibt es aber aus heutiger Sicht keinen Grund. (Ad-hoc-Argumente sind in der Wissenschaft nicht beliebt.) Und um zu verstehen, weshalb Sterne in Assoziationen geboren werden, ist es auch nicht notwendig.

Die Sache ist die: Protosterne, die bei der Fragmentation einer anfänglich nur aus Gas bestehenden Wolke entstanden sind, ziehen sich unter der Wirkung ihres Gewichts so lange zusammen, bis die Temperatur in ihrem Innern für das Zünden der Wasserstoffreaktionen ausreicht. Ab diesem Zeitpunkt hört die Entwicklung der Sterngruppierung auf, bloß vom Verhältnis der kinetischen Energie der Sternbewegung zur potentiellen Energie ihrer gegenseitigen Anziehung abzuhängen, wie es noch Ambarzumjan geglaubt hat. Er zieht nur dieses Verhältnis in Betracht. Wie die Beobachtungen lehren, sind Sternassoziationen immer mit Wolken molekularen Wasserstoffs verbunden, deren Masse die der Sterne in der Regel um das 10- bis 100fache übertrifft. Die Strahlung heißer O-Sterne (deren Energie letztlich aus dem Wasserstoffbrennen stammt) oder erst recht die Explosion einer Supernova bewirken, daß das Gas aus der Assoziation hinweggefegt wird. Ihr Schicksal hängt dann davon ab, wie schnell dies geschieht, wie viele Sterne sich haben bilden können und wie hoch ihre Geschwindigkeitsstreuung ist. Bei schnellem Gasverlust dürfte in vielen, wenn nicht gar allen Fällen die übrigbleibende Sterngruppierung gravitativ ungebunden sein: Sterne mit überdurchschnittlich hoher Geschwindigkeit verlassen sie, der Rest könnte eine gebundene Sternanhäufung bilden.

So jedenfalls stellt sich die Mehrheit der Wissenschaftler die Natur der O-Assoziationen vor. Die gemessenen Geschwindigkeitsstreuungen belaufen sich auf 5 bis 10 km/s. Nur in wenigen Fällen dürfen sie allerdings getrost der Expansion der Gruppe zugeschrieben werden; meist sind die Radialgeschwindigkeiten und erst recht die Eigenbewegungen viel zu ungenau bekannt, als daß sich Sicheres sagen ließe. Kein Fall ist bekannt, wo die Sterne hohe radiale Geschwindigkeiten hätten.[1] Schon das allein spricht gegen die Hypothese von der Sternentstehung durch Explosion protostellarer Körper. Woher sollte er auch wissen, daß er den

---

[1] Beobachtet wird allerdings der Auswurf einzelner Hochgeschwindigkeitssterne, was mit dem sog. Schleudereffekt zusammenhängen dürfte. Jeder dieser Sterne hat vormals mit einem anderen, der später als Supernova explodiert ist, ein Doppelsternsystem gebildet.

Sternen bei seinem Zerfall Geschwindigkeiten von höchstens 5 bis 10 km/s mitgeben darf? Diese Werte sind aber typisch für die Relativbewegung von Teilen einer Riesenmolekülwolke, deren Tochter die O-Assoziation ist. Offenbar bekommen die Sterne ihre Startgeschwindigkeiten vom Gas vererbt.

Daß es tatsächlich die Strahlung der O-Sterne ist, die auf das umgebende Gas einwirkt, wird auch daraus ersichtlich, daß Hinweise auf Instabilität bei T-Assoziationen fehlen. In ihnen gibt es keine O-Sterne. Wie Cholopow bemerkt, entsprechen die hohe räumliche Dichte und die niedrige Geschwindigkeitsdispersion der Sterne (1 bis 2 km/s) von T-Assoziationen durchaus dem, was man für einen zweifellos stabilen Sternhaufen erwartet. Die Meinung, T-Assoziationen seien instabil, war darauf zurückzuführen, daß man einfach viele der rasch und unregelmäßig veränderlichen Sterne vom T-Tauri-Typ noch nicht kannte. Außerdem entziehen sich viele Sterne wegen des dem Gas beigemengten Staubs unseren Blicken. Erst seit kurzem können sie im Infraroten, wo der Staub die Strahlung weniger behindert, aufgefunden werden. Die Strahlungsleistung massearmer Sterne reicht nicht aus, umgebendes Gas hinwegzufegen.

Es sei angemerkt, daß das Fehlen massearmer Sterne in O-Assoziationen niemals streng bewiesen werden konnte. Die Schlußfolgerung, sie seien instabil, steht somit auch theoretisch auf schwachen Füßen, selbst wenn man die innere Energie der Sterne unberücksichtigt läßt. Jedenfalls enthalten alle hinreichend nahen O-Assoziationen sowohl T-Tauri-Sterne (Spektralklassen F und G) als auch Flare-Sterne (Klassen K und M). Damit dürften aber durchaus auch Sterne der Klassen A und später vorkommen. Da sie nicht veränderlich sind, ist es allerdings nahezu unmöglich, sie aus dem Heer der Hintergrundsterne herauszufischen. Die OB-Sterne im Umkreis der Haufen h und χ Persei sowie des Haufens NGC 6231 betrachtet Cholopow als Mitglieder umfangreicher Koronen dieser Haufen. Diese Koronen enthalten zweifellos (wie von ihm für nahe Haufen nachgewiesen) auch massearme Sterne. Die Dichte dürfte somit hoch genug sein, die Koronen gravitativ zu binden.

In nahen Galaxien befinden sich zweifelsfrei Gruppen von OB-Sternen, die sich von Sternhaufen durch weit größere Abmessungen (von 30 bis 200–300 pc, mitunter bis 600 pc), aber auch durch das Fehlen einer zentralen Konzentration unterscheiden, wenn auch oft ein oder mehrere Sternhaufen in ihnen vorkommen. Auch für diese Gruppen möchte der Autor den Namen Sternassoziation beibehalten wissen. Erst die Erforschung der nächstgelegenen Galaxien wird lehren, ob es in diesen Assoziationen massearme Sterne gibt und ob deren Anzahldichte ausreicht, diese gravitativ zu binden. Das hängt, wie gesagt, von den konkreten Parametern einer jeden Assoziation ab bzw., genauer formuliert: von denen der molekularen Ausgangswolke (Parameter, die den Einfluß von außen erfassen, eingeschlossen). Solche Parameter sind die Masseverteilung der sich bildenden Sterne, die Geschwindigkeitsstreuung sowie Höhe und Schnelligkeit des Gasverlustes, der nach dem Aufflammen der O-Sterne und den ersten Supernovaexplosionen einsetzt.

In den meisten Fällen sind die O-Assoziationen offenbar tatsächlich instabil, und der Anteil massearmer Sterne ist geringer als in Sternhaufen. Das heißt aber nicht, die Herkunft der Sterne beruhe auf gänzlich unbekannten Vorgängen. Der amerikanische Theoretiker B. Elmegreen merkt dazu an, O-Assoziationen entstünden aus besonders massereichen Wolken, und in ihnen würden größere Sterne geboren. Die leuchtkräftigsten und heißesten unter ihnen vertreiben mit ihrer energiereichen Strahlung sofort das Gas. Zurück bleibt eine gravitativ ungebundene Sternansammlung.

Daß junge Sterne immer mit diffuser Materie verbunden sind, sei, so die Anhänger des Bjurakaner Entwurfs, dem gemeinsamen Ursprung aus superdichten Körpern zuzuschreiben. Da sie die Möglichkeit bestreiten, das Gas könne durch die Geburt von Sternen aufgebraucht werden, sollten ältere Systeme eigentlich viel Gas enthalten – also auch Kugelsternhaufen und elliptische Galaxien. Genau das aber ist nicht der Fall: in alten Sternsystemen ist Gas, wenn überhaupt, dann nur in Spuren vorhanden. Ambarzumjan kann sich ebenfalls auf Beobachtungen berufen, wenn er feststellt, es kämen zwar oft Fälle von Masseausflüssen vor, Masseverluste also, „niemand habe aber den Kollaps eines Gasnebels zu einem Stern beobachtet".

Und in der Tat, explosionsartige Erscheinungen sind oft zu beobachten (und sie spielen eine wichtige Rolle bei der Sternentstehung, indem sie diese in benachbarten Gaswolken auslösen), radioastronomische Daten hingegen weisen auf einen gebremsten Gravitationskollaps vieler Dunkelnebel hin. Etwas aufzubauen erfordert eben mehr Zeit als etwas einzureißen. Ein Haus ist in Sekundenbruchteilen gesprengt, es zu errichten aber erfordert Monate, wenn nicht Jahre...

Im Jahre 1981 schien der Bjurakaner Entwurf von seiten der Beobachtung eine gewisse Bestätigung zu finden. In Sternentstehungsgebieten wie dem Orionnebel entfernen sich H_2O-Maser radial von einem gemeinsamen Zentrum, so fand man. Ambarzumjan schlußfolgerte, hier werde gerade der Zerfall eines protostellaren Körpers, das Ausschleudern von Gasnebeln, beobachtet. Doch bereits 1972 hatten W. S. Strelnizki und R. A. Sjunjajew das Auseinanderstreben dieser Quellen erklären können. Obwohl zu diesem Zeitpunkt· erst die Radialgeschwindigkeiten dieser Maser bekannt waren, verwiesen Strelnizki und Sjunjajew darauf, daß das gesamte System, hingen die Maser mit Sternen zusammen, zweifellos im Lichte der Bjurakaner Vorstellungen instabil erscheinen müßte. Allerdings seien die Maserquellen recht massearme Gasklümpchen – Fetzen einer einst ungleichmäßigen Gas- und Staubstruktur nahe einem vor kurzem entstandenen O-Stern, von dessen Sternenwind hinweggefegt. Danach wären Eigenbewegungen der Maser zu erwarten. Tatsächlich gelang es 1981 einer Gruppe Astronomen aus den USA und der BRD, Eigenbewegungen durch Radiointerferometrie mit großer (interkontinentaler) Basislänge nachzuweisen.

Aus dem Vergleich der Eigenbewegungen mit den Radialgeschwindigkeiten läßt sich – vorausgesetzt, es handelt sich wirklich um eine Fluchtbewegung der H_2O-Maser von einem gemeinsamen Zentrum – unabhängig die Entfernung des Orionnebels zu 480 ± 80 pc bestimmen. Das entspricht recht genau der photometrisch ermittelten Entfernung der Orion-Assoziation. Da analoge Bewegungen von Maserquellen auch in anderen Sternentstehungsgebieten untersucht werden können, ist uns unerwartet ein neues, völlig unabhängiges und zudem weitreichendes (möglicherweise bis zu nahen Galaxien) Entfernungsbestimmungsverfahren in den Schoß gefallen. Als Energiequellen für die Fluchtbewegung der Maserquellen kommt nur die Strahlung sehr massereicher und heißer Sterne in Betracht. Die damit verbundenen Masseverluste (größenordnungsmäßig 10^{-4} bis 10^{-3} Sonnenmassen pro Jahr) sind viel zu hoch, als daß diese stürmische Entwicklungsphase länger als tausend Jahre andauern könnte. Ein neugeborener massereicher Stern muß erst noch sein Gleichgewicht finden. Überschüssiger Materie entledigt er sich, indem er diese entlang der Rotationsachse ausschleudert. Das wird an einer ganzen Reihe von Objekten in Sternentstehungsgebieten beobachtet. In der Äquatorialebene des Sterns hält derweilen der Massezustrom von außen noch an.

Die Sternentstehung hat sich als wesentlich komplizierter und längst nicht so ruhig ablaufend erwiesen, als man dies noch vor wenigen Jahren dachte. Materieauswürfe kommen dabei vor. Dennoch bleibt es dabei: Sterne werden aus Gas geboren... Ist nur die Dichte hinreichend hoch und die Temperatur niedrig genug (und fehlt es an turbulenten Bewegungen), so ist eine Gaswolke von den Gesetzen der Physik verurteilt, in Protosterne zu zerbrechen. Die Voraussetzungen dafür werden von vielen, sehr vielen Molekülwolken erfüllt. Das Bjurakaner Sternbildungskonzept ist nach wie vor überflüssig.

Wenden wir uns dem wohl schönsten Wintersternbild zu, dem Orion. Unterhalb seiner drei Gürtelsterne ist eine Kette aus drei schwächeren Sternen auszumachen: das am Gürtel baumelnde Schwert des Himmelsjägers. Das mittlere dieser drei Sternchen mutet bereits dem unbewaffneten Auge verschwommen an. Und in der Tat, schon durch einen Feldstecher sieht man einen kleinen, hellen Nebel. In seinem Zentrum steht ein vierfaches Sternsystem: das Trapez. Einer dieser Sterne – er ist vom Spektraltyp O6 – ionisiert die umgebende Wasserstoffwolke. Infrarotaufnahmen haben schon vor längerem enthüllt, daß sich in diesem Nebel ein ganzer Sternhaufen verbirgt, dem auch das Trapez zugerechnet wird. Nördlich und südlich davon erstrecken sich gewaltige Ansammlungen molekularen Wasserstoffs. Nur einen kleinen Teil dieser Gasansammlung, ionisiert durch die Ultraviolettquanten bereits entstandener massereicher Sterne, bekommen wir als Orionnebel zu Gesicht.

Hier befinden sich auch zahllose veränderliche Sterne. Die Helligkeit schwankt entweder rasch und unregelmäßig (bei den T-Tauri-Sternen), oder es kommt zu kurzzeitigen Ausbrüchen. Binnen weniger Minuten erhöht sich die Leuchtkraft eines solchen Sterns um mehrere Dutzend Male, um dann allerdings innerhalb einer halben Stunde auf den Ausgangswert zurückzufallen (Sterne vom UV-Ceti-Typ). Diese Sterne sind auffallend zum Zentrum des Trapezhaufens konzentriert.

Das erste Hertzsprung-Russell-Diagramm für dieses Gebiet wurde 1954 von P. P. Parenago erstellt, dem Begründer der Moskauer stellarastronomischen Schule. In diesem Diagramm sind nur die allerhellsten Sterne des Haufens auf der Hauptreihe, die schwächeren – die veränderlichen Sterne eingeschlossen – befinden sich etwas rechts von ihr. Damit traten erstmals die wesentlichen Merkmale „blutjunger" Sternhaufen zutage, Merkmale, die erst Jahre danach eine befriedigende theoretische Erklärung finden sollten.

Je massereicher ein Stern, desto kürzer – wie bereits angeklungen – seine Verweildauer auf der Hauptreihe. Deshalb haben sich die hellsten Sterne eines Haufens bereits nach rechts von der Hauptreihe entfernt. Rechts von der Hauptreihe liegen aber auch die besonders leuchtschwachen Sterne. Genaugenommen sind es Protosterne, Sterne, deren gravitative Kontraktion noch nicht beendet ist. Sie nähern sich erst, von rechts kommend, der Hauptreihe. Ihre Veränderlichkeit hat sicherlich etwas mit ihrem

Vor-Hauptreihen-Stadium zu tun. Meistens wird sie erklärt durch die stürmische Bewegung des Gases in der tiefreichenden konvektiven Hülle eines solchen Protosterns, der sich gravitativ noch nicht „gesetzt" hat. Das gesamte Oriongebiet scheint ein einziger Sternbildungsherd zu sein. Die Sternentstehung scheint in verschiedenen Teilen des Sternbilds vor 10^7 Jahren in Gang gekommen zu sein und bis heute anzudauern. Vieles spricht jedenfalls dafür. So befindet sich am Kopf des Himmelsjägers, 12° vom Orion-Trapez entfernt, eine Sternengruppe, deren Alter auf 10^7 Jahre geschätzt wird und die heute weder Gas noch Staub enthält. Auch die beiden hellsten Sterne des Sternbilds – Rigel und der rote Überriese Beteigeuze – verdanken ihr Dasein offenbar diesem lange tätigen Sternbildungsherd. Mit einem Durchmesser von rund 150 pc ist er eine der größten galaktischen OB-Assoziationen (Orion-OB 1-Assoziation) und zugleich einer der wenigen Fälle, wo die Mehrzahl der hellen Sterne auch räumlich eng benachbart sind.

Der Sternentstehungsherd im Orion ist sicher einer der nächsten. Darüber hinaus sind noch viele andere Sternentstehungsgebiete bekannt. Sie sind meist zwischen 4 und 8 kpc vom galaktischen Zentrum entfernt und alle mit Wolken molekularen Wasserstoffs von durchschnittlich 10^5 Sonnenmassen assoziiert. Neben anderen sind als Spuren auch die Moleküle von CO, CH_3CHO, CH_3OH und NH_3 in diesen Wolken anwesend. Die Annahme, diese Wolken befänden sich in den dichtesten Teilen riesiger Wolkenkomplexe aus atomarem Wasserstoff, ist nicht von der Hand zu weisen. 25 bis 30 Masseprozent entfallen natürlich auf das unbeobachtbare Helium.

Es gibt jedoch auch solche Sterngruppen, die rein aus T-Tauri-Sternen bestehen und mit keinem einzigen unveränderlichen Hauptreihenstern aufwarten können. Diese T-Assoziationen lassen sich nur erforschen, wenn sie nicht zu weit entfernt sind, z. B. die T-Assoziation in den Sternbildern Stier und Fuhrmann. Sie befindet sich in ungefähr 200 pc Abstand von der Sonne und ist mit einem ausgedehnten Dunkelnebel verbunden.

T-Assoziationen sind größenordnungsmäßig 10^5 Jahre alt. Noch jüngere Sternhaufen lassen sich im fernen Infrarot beobachten. Es handelt sich ausschließlich um Protosterne. So befindet sich in dem Gas-Staub-Nebel im Sternbild Schlangenträger – dort, wo er besonders dicht ist – eine Ansammlung von 70 Infrarotquellen, vermutlich alles Protosterne. Die optische Extinktion ist in Richtung jeder dieser Quellen deutlich gegenüber benachbarten Himmelsgegenden verstärkt und hängt auch in einer etwas anderen Art und Weise von der Wellenlänge ab, als das normalerweise der Fall ist. Das weist auf das Vorhandensein von Staubhüllen um diese Quellen hin, wobei sich die Staubpartikel hinsichtlich ihrer Größe wie auch chemischen Zusammensetzung von denen der diffusen Gas-Staub-Wolke unterscheiden müssen. Nach der Theorie ist so etwas durchaus zu erwarten gewesen. Die Hüllen sind demnach die Überreste des Gas-Staub-Nebels, aus dem sich die Protosterne gebildet haben. Bei einem massereichen Protostern sollte sich diese Hülle, sobald er die Hauptreihe erreicht hat, schnell verflüchtigen, weil er sehr heiß wird. Der junge Sternhaufen wird dann auch im kurzwelligen Teil des Spektrums sichtbar. Hingegen bleiben bei massearmen Proto-sternen die Hüllen lange erhalten, was zumindest einen Teil der spektralen Besonderheiten bei T-Tauri-Sternen zu erklären vermag. So ist den Spektren einiger dieser Sterne zu entnehmen, daß offenbar gerade die letzten Reste der protostellaren Wolke auf den soeben entstandenen Stern herniederprasseln.

Wäre die Veränderlichkeit der UV-Ceti- und der T-Tauri-Sterne wirklich ihrem geringen Entwicklungsalter [1] anzulasten, dann müßte die Leuchtkraft der hellsten Haufenveränderlichen eigentlich vom Haufenalter abhängen: In den älteren Sternhaufen sind lediglich die sich langsam entwickelnden Sterne geringer Masse und Leuchtkraft aktiv geblieben. Eine Abhängigkeit in diesem Sinne gibt es tatsächlich (Abb. 24).

Wie wir sehen, spielt sich die Sternbildung immer im Innern von Gas-Staub-Nebeln ab. Am genetischen Zusammenhang zwischen jungen Sternen und Gas ist nicht zu zweifeln, wenn es auch Fälle geben mag, die dem auf den ersten Blick zu widersprechen scheinen. Das bekannteste Beispiel hierfür ist der Doppelstern-haufen h und χ Persei. An der Grenze zwischen den Stern-bildern Perseus und Cassiopeia gelegen, ist er nicht zu über-sehen. Schon in einem kleinen Teleskop bietet er einen prächtigen Anblick: inmitten eines Feldes heller, bläulich strahlender Sterne blitzen hier und da wahre Rubinlichter auf. Hier gibt es viele Sterne hoher Leuchtkraft, die der Spektralklasse O angehören, und einige genauso helle rote Überriesen der Klasse M. Daß O-Sterne präsent sind, deutet auf ein Haufenalter $\lesssim 10^7$ Jahre hin. Doch ungeachtet der relativen Jugendlichkeit des Haufens wird in ihm weder molekularer noch atomarer Wasserstoff gefunden. Auch H II-Gebiete – Wolken ionisierten Wasserstoffs

---

[1] Gemeint ist das Reifealter, nicht das absolute Alter in Jahren. Ein UV-Ceti-Stern kann durchaus 10^9 Jahre zählen, dennoch hält er sich wegen seiner geringen Masse immer noch im Stadium der gravitativen Kontraktion auf.

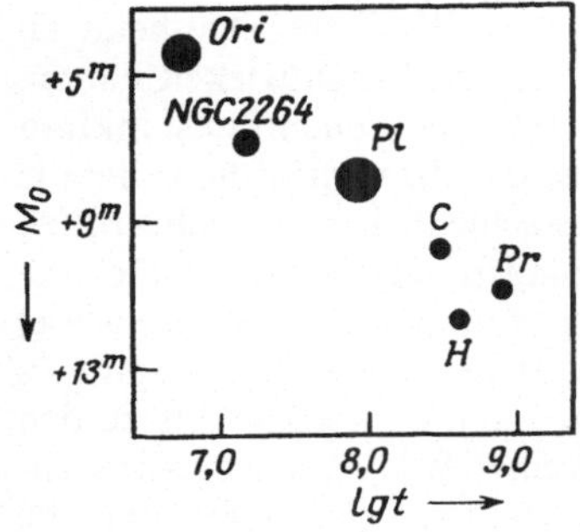

Abb. 24. Beziehung zwischen der Leuchtkraft der im Sternhaufen hellsten Flackersterne und dem Alter des Sternhaufens: Ori Orion, NGC 2264, Pl Plejaden, C Haar der Berenike, H Hyaden, Pr Krippe

wie der Orionnebel – fehlen. Das aber kann nur heißen, das gesamte Gas ist aus dem Sternhaufen entfernt worden – sei es durch die Strahlung von O-Sternen, sei es im Gefolge von frühzeitigen Supernovaexplosionen, deren Spuren sich bereits verwischt haben. Weil es an Gas fehlt, gibt es auch keine T-Tauri-Sterne in diesem Sternhaufen. Allerdings wären sie in diesem fernen Sternhaufen auch recht schwach, und eine systematische Suche nach Haufenveränderlichen in h und χ Persei steht noch aus.

Nahe dem Doppelhaufen ist ein ausgedehntes Sternentstehungsgebiet. Es fällt mit der Radioquelle W 3 zusammen. Ist dort eventuell das Gas, das aus dem Sternhaufen h und χ Persei herausgefegt worden ist? Alles in allem, Spuren einer langen und verwickelten Evolution, in deren Verlauf es mehrfach zu intensiven Sternbildungsprozessen kam, sind in diesem Gebiet unverkennbar. Und es kann durchaus sein, daß die Gasvorräte des Doppelsternhaufens erst kürzlich zur Neige gegangen sind, die Sternentstehung erlosch, die Sterne aber hatten noch keine Zeit zu altern.

Sternhaufen, älter als $2 \cdot 10^7$ bis $3 \cdot 10^7$ Jahre, fehlt gewöhnlich diffuse Materie. Die Sterne haben sich von ihrer molekularen Mutterwolke bereits gelöst. Die leuchtenden Nebel in den Plejaden sind Staubwolken. Der Staub streut das Licht der nahegelegenen Plejaden-Sterne. Der genetische Zusammenhang zu den Plejaden scheint indes fraglich; die Plejaden sind immerhin $7 \cdot 10^7$ Jahre alt.

Diesem sternarmen Haufen fehlen Rote Riesen, und es stellt sich die Frage, was eigentlich aus den Sternen geworden ist, die einst heller gewesen sein müssen als die Sterne, die sich gerade anschicken, die Hauptreihe zu verlassen? Am einfachsten (aber, wie wir noch sehen werden, falsch) wäre es, anzunehmen, es hätte sie in den Plejaden niemals gegeben. Man könnte sogar noch

weiter gehen und vermuten, hellere Sterne als die hellsten heute zu sehenden fehlten nicht deshalb, weil sie sich fortentwickelt hätten, sondern weil jeder Haufen über seine eigene Leuchtkraftfunktion (Verteilung der Sterne über der Leuchtkraft) verfüge und diese je nach Haufen bei durchaus unterschiedlichen Leuchtkräften abbräche. Eine Reihe von Erwägungen legt jedoch nahe, die anfängliche Leuchtkraftfunktion sei (zumindest näherungsweise) für alle Sternhaufen gleich gewesen. Wäre dem nicht so, sollte es wesentlich mehr Sternhaufen geben, deren Sterne alle, bis zu den allerhellsten, auf der Anfangshauptreihe im Hertzsprung-Russell-Diagramm lägen. Derartige Diagramme zeigen aber nur die wenigen Sternhaufen mit O-Sternen. Gibt es sie nicht, haben sich die hellsten Sterne immer nach rechts oben von der Anfangshauptreihe entfernt. Zu den hellsten Sternen zählen sie erst, seit für ihre massereicheren Vorgänger die Zeit gekommen war, die Hauptreihe zu verlassen. Sterne, die gerade die Hauptreihe hinter sich haben, verweilen nur kurze Zeit im Stadium eines roten Überriesen bzw. (bei weniger massereichen Sternen) in dem eines Riesen. Genau das aber ist der Grund, weshalb letztgenannte in den Plejaden nicht vorkommen. Der Haufen ist viel zu kümmerlich, als daß Aussicht bestünde, zufällig einen Stern in seinem kurzen Überriesenstadium zu ertappen. In dieser Hinsicht haben wir also mit den Plejaden kein Glück. Sterne, die dieses Stadium bereits hinter sich haben, bieten sich derzeit als Weiße Zwerge (oder Neutronensterne) an; solche geringerer Masse aber haben die Hauptreihe noch gar nicht verlassen.
Stimmt das, dann sollte es für jeden nicht gar zu jungen Sternhaufen eine gewisse, von Alter und Mitgliederanzahl abhängende Anzahl von Weißen Zwergen geben. Obzwar man seit gut einem Vierteljahrhundert nach ihnen sucht, harrt diese Aufgabe noch der Lösung. Um diese außergewöhnlich schwachen Sterne zu finden, sind die größten Teleskope im Einsatz. Zudem ist es im Einzelfall nicht eben leicht, zu beweisen, daß es sich tatsächlich um einen Weißen Zwerg handelt und dieser obendrein dem speziellen Sternhaufen angehört. Dennoch ist diese Arbeit für den Ausbau der Theorie der Sternentwicklung unumgänglich, kann sie allein doch die Frage nach dem weiteren Schicksal massereicher Sterne beantworten.
Bei Sternhaufen mittleren Alters vereinbaren sich die Hertzsprung-Russell-Diagramme recht gut mit der Theorie, wonach ein Stern, schwerer als zwei Sonnenmassen, die obere Hauptreihe geradezu „Hals über Kopf" verläßt. Hat er erst einmal die Hertzsprung-Lücke durcheilt, ist er im Reich der roten Überriesen angekommen. Das Zusammenziehen des Sternkerns, das mit dem

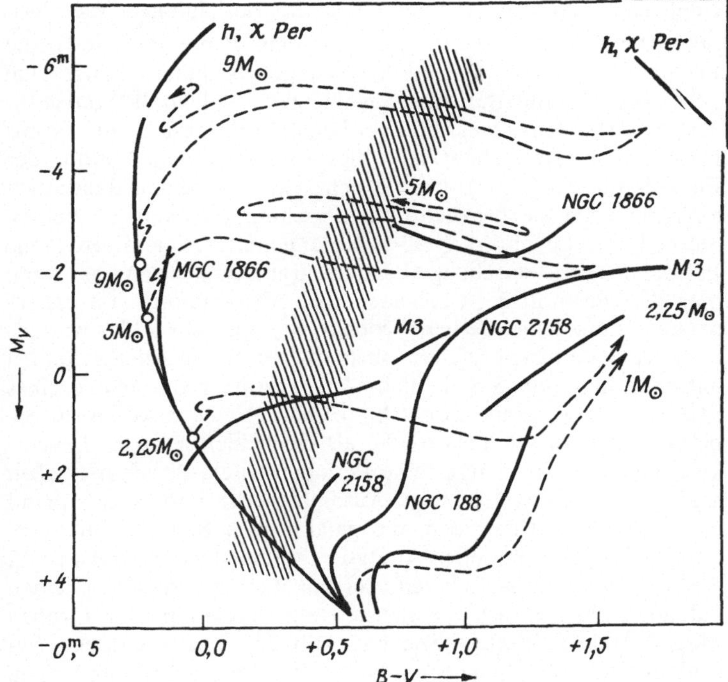

Abb. 25. Das Farben-Helligkeits-Diagramm für vier offene und einen kugelförmigen (M 3) Sternhaufen. – – – – die Entwicklungswege für Sterne unterschiedlicher Masse (nach I. Iben; umgerechnet in M_V und $B-V$). Am Anfang und am Ende des jeweiligen Entwicklungsweges sind die Massen angeführt. Schraffiert: der Instabilitätsstreifen. Sterne, die in dieses Gebiet hineingeraten, werden zu Pulsationsveränderlichen

Verlassen der Hauptreihe begonnen hat, findet nun ein Ende, die Temperatur reicht aus, die thermonukleare Verschmelzung von Helium in Kohlenstoff auszulösen. Wie Modellrechnungen zeigen, wendet sich nun der Stern nach links, dabei im Diagramm eine um so größere Schleife durchlaufend, je massereicher er ist (Abb. 25). Er kann sogar wieder in die Nähe der Hauptreihe gelangen, wie die Überriesen der Spektralklassen B und A in dem Haufen h und χ Persei demonstrieren.
Sterne, schwerer als drei, vier Sonnenmassen, durchqueren den sog. Instabilitätsstreifen, jenen Streifen im Hertzsprung-Russell-Diagramm, wo sich die Pulsationsveränderlichen, insbesondere die Cepheiden, befinden. (Deren Masse liegt zwischen 3 und 15 Sonnenmassen.)

Cepheiden befolgen zwei fundamentale Beziehungen: die Perioden-Dichte-Beziehung $P\sqrt{\rho} = Q$ (wobei P die Periode, ρ die Dichte und Q eine Pulsationskonstante bedeuten) sowie eine Masse-Leuchtkraft-Beziehung, wobei ein Cepheid bei unveränderter Masse eine weit höhere Leuchtkraft besitzt, als er als Hauptreihenstern gehabt hat (dies wird aus dem Verlauf der Entwicklungswege in Abb. 25 ersichtlich). Aus beiden Relationen folgen eine Perioden-Leuchtkraft-Beziehung (die weniger dichten Sterne hoher Leuchtkraft haben die längeren Perioden) sowie eine Perioden-Alters-Beziehung. Letztere ergibt sich zwanglos, wenn man die Herkunft der Cepheiden, ihre Abstammung von massereichen Hauptreihensternen, bedenkt, was spätestens klar war, als man den ersten Cepheiden in einem offenen Sternhaufen gefunden hatte. Je älter ein Sternhaufen, desto geringer die Masse eines Sterns, der sich gerade anschickt, die Hauptreihe zu verlassen. Sie betreten den Instabilitätsstreifen als Cepheiden geringer Leuchtkraft und Periode. Daß es eine Perioden-Alters-Beziehung geben muß, wurde zuerst 1964 vom Autor bemerkt, und zwar anhand der Daten von Cepheiden, die galaktischen Sternhaufen angehören. Das erste Perioden-Alters-Diagramm basierte auf nur 12 Sternen; 1978 konnte es bereits auf den Werten von 64 Cepheiden aufbauen, wovon sich die meisten auf Haufen in der Großen Magellanschen Wolke beziehen (Abb. 26). Die gefundene Perioden-Alters-Beziehung vereinbart sich gut mit der theoretischen, was die Richtigkeit unserer Vorstellungen über die Entwicklung massereicher Sterne bestätigt.

Hatten uns früher die Cepheiden gestattet, die Tiefen des kosmischen Raumes auszuloten, so erlauben sie uns heute darüber hinaus einen Blick in die Tiefen der Zeit: die Perioden-Alters-Beziehung kann genutzt werden, um die Vergangenheit der Sternbildungsvorgänge in den Galaxien zu erforschen. Herrscht beispielsweise irgendwo eine bestimmte Periode bei den Cepheiden vor, kann man annehmen, daß dort vor soundso viel Jahren die Sternbildung besonders rege verlief. Das Erstellen eines genauen Hertzsprung-Russell-Diagramms für die Sterne des Sternhaufens und die Bestimmung der Entfernung – beides heikle Tätigkeiten, die aber zur Altersbestimmung nötig wären – kann man sich dadurch ersparen.

Die gefundene Perioden-Alters-Beziehung für Cepheiden legt die Vermutung nahe, die Cepheiden mit den längsten Perioden (die jüngsten also) könnten O-Assoziationen angehören. Eine vorläufige Liste derartiger Cepheiden ist bereits im Sternberg-Institut erstellt worden. Unter anderem hat sich dabei folgendes herausgestellt: Lichtelektrische Messungen bestätigen die Ver-

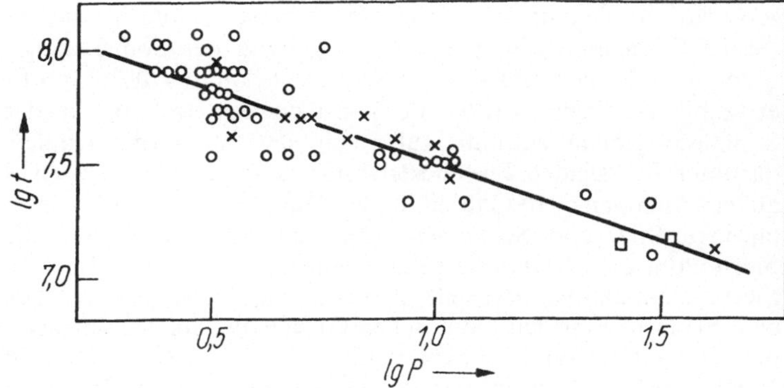

Abb. 26. Die Perioden-Alters-Beziehung für Cepheiden (nach Angaben des Autors). ○ Cepheiden der Magellanschen Wolke, □ Cepheiden des Andromedanebels (M 31), × galaktische Cepheiden

mutung, einige Cepheiden seien mit dem Haufen h und χ Persei liiert. Dieser Verdacht wurde 1943 von W. Bidelman geäußert. Ihm war aufgefallen, daß mehrere Dutzend Überriesen im Umkreis von 3° um den Doppelsternhaufen nahezu gleiche Radialgeschwindigkeiten und Entfernungen haben. Später erhielt diese Sterngruppierung den Namen Perseus-OB 1-Assoziation. Wir wollen sie näher betrachten.

Außer dem Doppelhaufen und den 60 Überriesen in seiner Umgebung zählen zur Assoziation vier Cepheiden, der Sternhaufen NGC 957 und die Zwerghaufen Cz 8 und K 4. Alle diese Objekte sind in einem Volumen von 300 bis 400 pc Durchmesser, rund 2 kpc von der Sonne entfernt, angeordnet. Die Überriesen und Cepheiden haben Radialgeschwindigkeiten zwischen -30 und -60 km/s. Das erscheint zwar für Mitglieder einer Gruppierung recht weit gefächert, deren Haufenzugehörigkeit ist aber unbestreitbar: sie sind merklich zum Haufen hin konzentriert. Nach den O-Sternen zu schließen, ist der Haufen jünger als 10^7 Jahre. Die Cepheiden hingegen sind bis zu $5 \cdot 10^7$ Jahre alt, geht man von ihren Perioden aus. Im Hertzsprung-Russell-Diagramm sind jedoch Abzweigungen von der Hauptreihe auszumachen, die in etwa dem Cepheidenalter entsprechen. Einer der Cepheiden befindet sich zudem nahe den Zwerghaufen Cz 8 und K 4, deren Alter ebenfalls mit $5 \cdot 10^7$ Jahren angegeben wird.

Große Ausmaße und eine weite Streuung der Alter und Geschwindigkeiten der Sterne sind für diese Sterngruppierung charakteristisch, die keinesfalls nur von O- und B-Sternen bevölkert ist. Schon deshalb verdient sie es eigentlich nicht, eine

7*

Assoziation genannt zu werden. Weit besser erforscht ist eine riesige Sternansammlung in der Umgebung der Sonne – längst unter dem Namen Lokales Sternsystem bekannt (700 pc groß): es zählt fast jeder dritte Stern frühen Spektraltyps in der Sonnenumgebung zu ihm, außerdem acht sternarme Haufen, darunter die Plejaden. Die ältesten unter diesen Haufen bringen es auf ein Alter von $5 \cdot 10^7$ Jahren. In den Dunkelwolken der Konstellationen Stier und Schlangenträger hält, wie wir wissen, die Sternbildung noch an. (Sie gehören offenbar auch dem Lokalen Sternsystem an.) Die Existenz dieses Lokalen Sternsystems bietet eine Erklärung für den Gouldschen Gürtel, also für die Tatsache, daß die helleren (und im Schnitt näheren) Sterne eben nicht zur Milchstraße hin konzentriert sind, sondern auf einen Gürtel zu, der gegen die Milchstraßenebene um 17° geneigt ist. Ausgehend von der Ähnlichkeit der Raumbewegungen, ordnet O. Eggen fünf Überriesen dem Lokalen Sternsystem zu, darunter die Cepheiden δ Cephei, den Polarstern und (mit Vorbehalt) RT Aurigae. In der Tat, das Lokale Sternsystem hat durchaus Ähnlichkeit mit der Sternansammlung h und χ Persei, wenn es auch weit ärmer an Sternen ist.

Offenbar gibt es in der Galaxis sehr viele solcher nicht allzu jungen Sterngruppierungen riesigen Ausmaßes (man könnte sie auch als Sternkomplexe bezeichnen). Übergangsformen kommen natürlich auch vor – Gruppierungen, wo die Sternbildung zwar noch andauert, aber bereits langperiodische Cepheiden aufgetaucht sind.

Aus der Existenz von Sternkomplexen, die zweifellos das Gros der jungen Sterne einschließen, ergibt sich, daß die Sternentstehungsregionen offenbar weit ausgedehnter sein müssen als Sternhaufen und sogar Assoziationen. „Wie OB-Assoziationen mit ihren Riesenmolekülwolken oder Gebiete, in denen es zur Bildung gebundener Sternhaufen kommt, erweisen sich auch die individuellen Sternentstehungsherde nur als kleine, vergängliche Kerne von Sternkomplexen", schreiben B. und D. Elmegreen, damit dem Autor beipflichtend, der diese Schlußfolgerung bereits vor Jahren gezogen hatte. Erst jetzt beginnen die Theoretiker Hinweise ernstzunehmen, wonach sich Sterne in riesigen Komplexen und über lange Zeiträume hinweg bilden.

Cepheiden lassen sich leicht nachweisen, ihre Entfernungen sind hinreichend genau bekannt. Sie eignen sich daher bestens, wenn es darum geht, Sternkomplexe, die offenbar auch viele Hauptreihensterne enthalten, herauszuarbeiten. Im Einzelfall die Zugehörigkeit eines Sterns zu einem Komplex zu beweisen ist bei weitem schwieriger als das Ermitteln der Mitglieder einer Assoziation.

Daß derart umfangreiche Sternkomplexe wahrhaftig existieren, wird von Sterngruppierungen in den Magellanschen Wolken und im Andromedanebel bewiesen, deren Mitglieder offenbar jeweils dem gleichen Riesenmolekülwolkenkomplex entstammen.
Kommen wir zu den älteren unter den offenen Sternhaufen. Das ist freilich ein dehnbarer Begriff: Die Hyaden beispielsweise sind 10mal älter als die Plejaden, aber 10mal jünger als der alte offene Sternhaufen NGC 188. Je älter ein Sternhaufen, desto größer im Schnitt die Anzahl seiner Sterne. Schon die sog. Haufen mittleren Alters (etwa 10^9 Jahre) wurden früher (bevor ihre Hertzsprung-Russell-Diagramme bekannt waren) für sternarme Kugelstern-haufen gehalten. Solche Haufen wie NGC 2158 und NGC 7789 verfügen über einen ausgeprägten Riesenast, der durch eine kleine Lücke von der sich ihm zuwendenden Hauptreihe getrennt ist (s. Abb 25). Daß alte Haufen meist sehr sternreich sind, ist zum einen einem Selektionseffekt zuzuschreiben – sternarme Haufen ohne leuchtstarke Sterne blieben einfach unentdeckt, wenn sie weit von der Sonne entfernt sind –, zum anderen der Tatsache, daß sie beim Vorübergang an Riesenmolekülwolken leicht zerstört werden. Damit hängt auch zusammen, daß alte offene Sternhaufen in der Regel weit von der galaktischen Ebene entfernt (bis 1 kpc) entdeckt werden. Ihre Bahnen um das galaktische Zentrum sind dann stark gegen die Symmetrieebene der Galaxis geneigt, was die Wahrscheinlichkeit einer Begegnung mit Riesenmolekülwolken verringert.
Es ist an dieser Stelle anzumerken, daß weder in der Sonnennach-barschaft noch anderswo Sterne bekannt sind, die im Hertz-sprung-Russell-Diagramm rechts unterhalb des Riesenastes von NGC 188 liegen. Das aber kann nur heißen, die Sterne der galaktischen Scheibe sind nicht älter als NGC 188. Das Alter dieses Sternhaufens ist deshalb von besonderem Interesse. Bis vor kurzem wurde es mit ungefähr 10^{10} Jahren angegeben, was dem Alter von Kugelsternhaufen nahekäme. Überraschenderweise ist die chemische Zusammensetzung dieses Haufens normal. Ja, vermutlich ist der Metallgehalt sogar noch höher als der der Sonne. Nun ist aber der Metallgehalt von Kugelsternhaufen 10- bis 100mal niedriger als der der Sonne. Wären die ältesten offenen Sternhaufen tatsächlich nahezu gleichaltrig mit den Kugelstern-haufen (oder höchstens $5 \cdot 10^8$ Jahre jünger), so müßte sich das interstellare Medium recht schnell mit schweren Elementen angereichert haben. Man ging daher davon aus, daß zu diesem Zeitpunkt sehr viele Sterne der ersten Generation ihr Dasein beendeten, und zwar als Supernovae, wobei die in ihrem Innern synthetisierten Elemente nach außen gelangten.

Die neuesten Schätzungen legen jedoch für NGC 188 ein Alter von „nur" $5 \cdot 10^9$ Jahren nahe. Damit vergrößerte sich die Spanne zwischen den ältesten offenen Sternhaufen und den Kugelsternhaufen auf einige Milliarden Jahre. Nachdem sich die galaktische Scheibe gebildet hatte, unterblieb eine weitere systematische Erhöhung des Metallgehalts. Dennoch unterscheiden sich die offenen Sternhaufen hinsichtlich ihres Metallgehalts beträchtlich voneinander, außerdem verringert sich der Metallgehalt im Mittel mit zunehmender Entfernung vom galaktischen Zentrum.

Kommen wir nun zu den Kugelsternhaufen. Was die Einschätzung ihres Alters angeht, so schwanken die Angaben darüber beträchtlich (der Autor kann das bezeugen): von $5 \cdot 10^9$ Jahren bis $25 \cdot 10^9$ Jahren. Es ist vor allem die Tatsache, daß die Entwicklung eines Sternhaufens empfindlich von seiner chemischen Zusammensetzung abhängt (vermutlich sogar vom Heliumgehalt, worüber man sich bis heute nicht im klaren ist), die einer genauen Altersbestimmung entgegensteht. Nur von rund einem Dutzend Kugelsternhaufen sind überhaupt die Hauptreihen im Hertzsprung-Russell-Diagramm bekannt. Und selbst bei diesen ist das beobachtbare Stück viel zu kurz, als daß sich die Haufenentfernungen und damit die Leuchtkräfte der Sterne, die gerade die Hauptreihe verlassen, einschätzen ließen.

Moderne Altersangaben für Kugelsternhaufen bewegen sich zwischen $13 \cdot 10^9$ und $18 \cdot 10^9$ Jahren. Die Altersstreuung ist somit relativ gering. Bei offenen Sternhaufen streuen die Alter um vier Größenordnungen! Einige Autoren meinen, relativ metallreiche Kugelsternhaufen seien im Mittel jünger als Haufen, denen es an „Metallen" mangelt.

Eine Besonderheit der Hertzsprung-Russell-Diagramme von Kugelsternhaufen stellt der sog. Horizontalast dar (s. Abb. 25). Ansätze für einen solchen sind bereits bei den ältesten offenen Sternhaufen zu bemerken. Allerdings liegt er bei ihnen deutlich niedriger. Die Besatzung des Horizontalastes wie auch einige andere Besonderheiten der Hertzsprung-Russell-Diagramme von Kugelsternhaufen werden stark von der chemischen Zusammensetzung beeinflußt: bei ausgesprochen metallarmen Haufen ist der blaue Teil des Astes stark entwickelt, bei relativ metallreichen hingegen jener Teil, der sich dem Riesenast anschließt.

Über die Natur des Horizontalastes gehen die Meinungen noch auseinander. Bei Kugelsternhaufen liegen rechts von der Hauptreihe Sterne von einer Sonnenmasse oder knapp darunter. Sie wandern so lange den Riesenast hinauf, bis die Heliumreaktionen im Zentrum eines solchen Sterns zünden. Nun begibt sich der Stern offenbar recht schnell zum Horizontalast, wo er sich

entsprechend seiner Masse (die allerdings nur wenig streut) und
seiner chemischen Zusammensetzung einordnet. Eine Entwicklung längs des Astes findet anscheinend nicht statt. So gesehen
ähnelt der Horizontalast der Hauptreihe: auf ihm befinden sich
heliumbrennende Sterne mit Massen nahe der Sonnenmasse.
Der Horizontalast wird vom Instabilitätsstreifen durchschnitten.
Auf ihm befinden sich diejenigen Sterne, deren Hüllen, begünstigt
durch das Temperatur-Leuchtkraft-Verhältnis, pulsationsinstabil
sind. Alle Sterne im Bereich der Schnittstelle sind RR-Lyrae-
Veränderliche. Die Schwingungsperioden liegen zwischen 0,3 und
0,7 Tagen. Ihre mittlere Dichte muß also viel höher sein als die
eines Cepheiden. Einige Kugelsternhaufen enthalten sogar cephe-
idenähnliche Sterne mit Perioden bis zu 30 Tagen. Im Hertzsprung-Russell-Diagramm liegen sie oberhalb des Horizontalastes. Diese Sterne befolgen ebenfalls eine Perioden-Leuchtkraft-Beziehung, nur daß bei gleicher Periode ihre absolute
Helligkeit um 0,7 bis 2,4 mag. niedriger ist als bei einem
„richtigen" Cepheiden. Weil man diese Sterne irrtümlich den
Cepheiden gleichgestellt hatte, kam es dazu, daß man generell die
Cepheidenleuchtkräfte unterschätzt hatte, ein Irrtum, der erst von
Baade aufgedeckt und später durch die Erforschung der
Haufencepheiden bestätigt werden konnte.
Gerät ein Stern in den Instabilitätsstreifen, wird er unweigerlich
zu einem Pulsationsveränderlichen. Untersuchungen an RR-
Lyrae-Sternen haben uns gelehrt, daß die Streifenbegrenzung
außerordentlich scharf ist. Bereits eine Änderung des Farbenindex
um nur zwei oder drei hundertstel Größenklassen entscheidet
darüber, ob ein Horizontalaststern nahe dem Instabilitätsstreifen
pulsieren muß oder nicht. Die Anzahl der Haufenveränderlichen
richtet sich empfindlich nach der Besetzungsdichte des Horizontalastes in diesem kritischen Gebiet. Der sternreiche Kugelhaufen 47 Tucanae hat nur zwei RR-Lyrae-Veränderliche. Sein
Horizontalast besitzt keinen blauen Teil. Ganz anders im
Kugelhaufen M 3. Sein Horizontalast ist voll entwickelt, und er
enthält etwa 200 solcher Sterne.
In den Hertzsprung-Russell-Diagrammen einiger Kugelsternhaufen, darunter auch in dem von M 3, sind noch oberhalb des
Abknickpunktes der Hauptreihe Sterne auszumachen, die es
offenbar bislang versäumt haben, sich nach rechts von der
Hauptreihe abzusetzen. Sie werden mit dem Fachbegriff
„Straggler" belegt, was im Englischen soviel wie „Nachzügler"
bedeutet. Darf man einer Hypothese glauben, handelt es sich um
Sterne der zweiten Generation. Sie wären erst kürzlich entstanden
und hätten noch keine Zeit gehabt, sich von der Hauptreihe

wegzuentwickeln. Doch in den Kugelsternhaufen ist nichts vorhanden, woraus sie hätten entstehen können. Es gibt faktisch keinen interstellaren Wasserstoff, und nichts deutet auf das Vorhandensein von Staub hin. Möglich, daß die „Straggler" engen Doppelsternen angehören mit einem regen Stoffaustausch zwischen den Komponenten. Vermutet wird auch, daß es sich um Sterne handelt, die von dem Kugelsternhaufen beim Passieren dicht besiedelter Gebiete der galaktischen Ebene eingefangen worden seien. Erst eingehende spektroskopische Untersuchungen werden uns Auskunft über die Natur der „Straggler" geben können.

Daß sich die Hertzsprung-Russell-Diagramme von (nicht zu alten) offenen Sternhaufen und Kugelsternhaufen so drastisch voneinander unterscheiden, ist einzig und allein dem Altersunterschied anzulasten. Cholopow hebt die Einheitlichkeit ihres Aufbaus (Vorhandensein eines Kerns und einer Korona bei allen Sternhaufen) hervor und führt gewichtige Argumente dafür ins Feld, daß sich die Hertzsprung-Russell-Diagramme der Kugelsternhaufen, als diese noch jung waren, in nichts von denen offener Sternhaufen unterschieden hätten. So gibt es in den Magellanschen Wolken Sternhaufen, deren Mitgliederanzahlen denen von Kugelsternhaufen entsprechen, ihre Hertzsprung-Russell-Diagramme hingegen legen ein geradezu jugendliches Alter nahe.

Offenbar müssen in Kugelsternhaufen die Überreste all jener Sterne noch vorhanden sein, die einst den heute verschwundenen oberen Teil der Hauptreihe bevölkerten, und zwar in Gestalt von Neutronensternen oder gar Schwarzen Löchern. Die Tatsache, daß in Kugelsternhaufen starke, mitunter veränderliche Röntgenquellen beobachtet werden, spricht für diese Annahme. Ergebnisse, die mittels des „Einstein"-Satelliten erhalten wurden, zeigen, daß sich diese Röntgenquellen nahe dem Zentrum des jeweiligen Kugelsternhaufens aufhalten. Dort offenbar sammeln sich die „Stummel" dieser verloschenen Sterne.

Die Milchstrasse

Nun, da wir wissen, wie sich unser Sternsystem, die Milchstraße, in das große Ganze einfügt, können wir uns seiner Beschreibung zuwenden.

Die Erforschung des galaktischen Systems wird dadurch erschwert, daß sich die Sonne an einem wenig günstigen Ort befindet – fast genau in der galaktischen Ebene. Wäre sie ein Stern des galaktischen Halos, könnten wir das großartige Bild der Spiralarme unmittelbar „unter" uns sehen; statt dessen verschmelzen die Spiralarme zum amorphen Band der Milchstraße. Hinzu kommt noch, daß die interstellare Materie, das Gas und der das Sternenlicht verschluckende Staub, zur galaktischen Ebene konzentriert sind.

In Riesenmolekülwolken kann die Lichtextinktion (A_V) bis zu 30 mag. erreichen. Was dahinter ist, ist optisch nicht auszumachen. Die Winkeldurchmesser dieser Wolken sind meist nicht groß. Aber Gebiete geringerer Extinktion nehmen am Himmel beachtliche Flächen ein. Hinter ihnen befindliche Objekte zu entdecken und zu untersuchen ist schwierig, wenn nicht gar unmöglich. Die Extinktion erschwert, wie wir im Kapitel „Interstellare Extinktion" erfahren haben, die Entfernungsbestimmung und verwehrt uns den Blick ins galaktische Zentrum und dahinter befindliche Gebiete. Es nimmt daher nicht wunder, wenn viele Vorstellungen über den Aufbau der Galaxis auf das Studium anderer Galaxien zurückgehen. Im Grunde genommen begann die Erforschung unserer Galaxis – eines Sternsystems unter vielen – erst, nachdem die Existenz anderer Galaxien zweifelsfrei erwiesen war.

In den 40er Jahren hatte sich herausgestellt: Die Galaxis besitzt einen Kern, eine scheibenförmige Sternansammlung, die den Kern umgibt, und einen ausgedehnten Halo, ein nahezu sphärisches und wenig bevölkertes Untersystem. Von der Seite gesehen, sollte unsere Galaxis Spiralgalaxien wie NGC 4594 im Sternbild Jungfrau, NGC 4565 im Sternbild Haar der Berenike oder NGC 4631 im Sternbild Jagdhunde ähnlich sein. Diese drei Galaxien zeigt Abb. 27. Die erste Galaxie läßt die Aufteilung in ein flaches und in ein sphärisches System sowie die Konzentration des Staubs zur Äquatorialebene erkennen. Die vielen sternförmigen Objekte, die außerdem noch zu sehen sind, sind Kugelsternhaufen dieser Galaxie. Die relative Größe des Kerngebiets („bulge") nimmt beim Übergang von den Sa- zu den Sc-Spiralen stetig ab. In Galaxien später Typen fehlt das Kerngebiet völlig.

Hinsichtlich ihrer Größe, ihrer Masse und ihres Rotationsverhal-

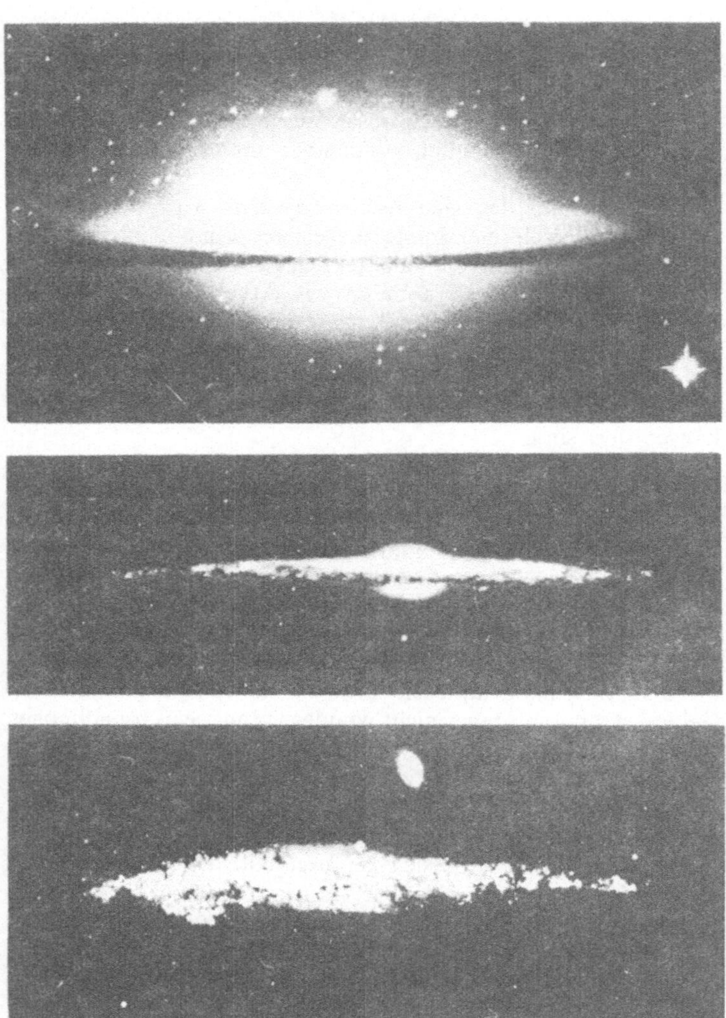

Abb. 27. Spiralgalaxien NGC 4594 (Sab, „Sombrero") oben, NGC 4565 (Sb) in der Mitte und NGC 4631 (Sc) unten

tens erinnert unsere Galaxis an den nahegelegenen Andromedanebel. So war es nur natürlich, auch in unserer Galaxis Spiralarme zu vermuten.
Den Schlüssel zum Verständnis der galaktischen Spiralstruktur verdanken wir wiederum der Erforschung der extragalaktischen

Sternsysteme. Baades Hauptbeschäftigung am 2,5-m-Spiegel galt in den Jahren 1945–1949 den Spiralarmen des Andromedanebels. Er wies nach, daß in den Spiralarmen die heißen Sterne hoher Leuchtkraft und die Emissionsnebel konzentriert sind. Auch Gas und Staub befinden sich bevorzugt in den Spiralarmen. Kugelsternhaufen, die wir durch die Staubarme durchschimmern sehen, haben einen deutlich größeren Farbenexzeß, scheinen röter als andere Kugelsternhaufen, wie Baade bemerkte. Auch das Fehlen von Emissionsnebeln außerhalb der Spiralarme ist nun verständlich: Nicht nur die heißen Sterne, auch das Gas ist in den Armen konzentriert. (Emissionsnebel sind Gebiete ionisierten Wasserstoffs – H II-Gebiete –, die durch die Ultraviolettstrahlung eingebetteter heißer Sterne zum Leuchten angeregt werden. In den Spektren der Emissionsnebel herrschen Emissionslinien vor.)
Die erste Untersuchung über die Spiralstruktur unserer Galaxis fußte gerade auf der Beobachtung galaktischer Emissionsnebel und vermochte die Baadeschen Ergebnisse zu erhärten. 1952 erschien eine Arbeit von Morgan, Sharpless und Osterbrock, in der die Anordnung der Emissionsnebel in der galaktischen Ebene bestimmt wurde: In der Verteilung der Nebel sind deutlich armähnliche Strukturen zu erkennen. Genau zu demselben Ergebnis kamen bald darauf W. F. Hase in Simeis und 1958 I. M. Kopylow. Kopylow hatte die Entfernungen von Gruppierungen heißer Sterne ermittelt. Diese Arbeiten erbrachten den Nachweis, daß die Spiralarme unserer Galaxis rotieren, sie werden „nachgeschleppt".
B. Je. Markarjan konnte dies 1959 bestätigen. Danach konzentrieren sich die allerjüngsten Sternhaufen auf drei Spiralarmteilstücke. Die alten Objekte hingegen seien ziemlich gleichmäßig über die galaktische Scheibe verteilt.
Das wichtigste Ergebnis der Markarjanschen Untersuchungen, wonach die Spiralarme Entstehungsorte massereicher Sterne sind, blieb indes unbeachtet. 1963 kam W. Becker zur gleichen Überzeugung. Er wies nach, daß nur Sternhaufen, die über frühe Sterne der Typen O bis B2 verfügen, in den Spiralarmteilstücken konzentriert sind. Die Neigung der Arme (gegen einen um das galaktische Zentrum geschlagenen Kreisbogen) beträgt etwa 25°. Seitdem wird von allen optischen Untersuchungen die Existenz dieser drei Teilstücke bestätigt (Abbn. 28 und 29). Nach den Sternbildern, auf die sie sich hauptsächlich projizieren, heißen sie Perseusarm, Orion-Cygnus-Arm (auch lokaler Spiralarm genannt, weil sich die Sonne nahe seinem Innenrand befindet) und Sagittarius-Carina-Arm. Letzterer kann in Richtung des Stern-

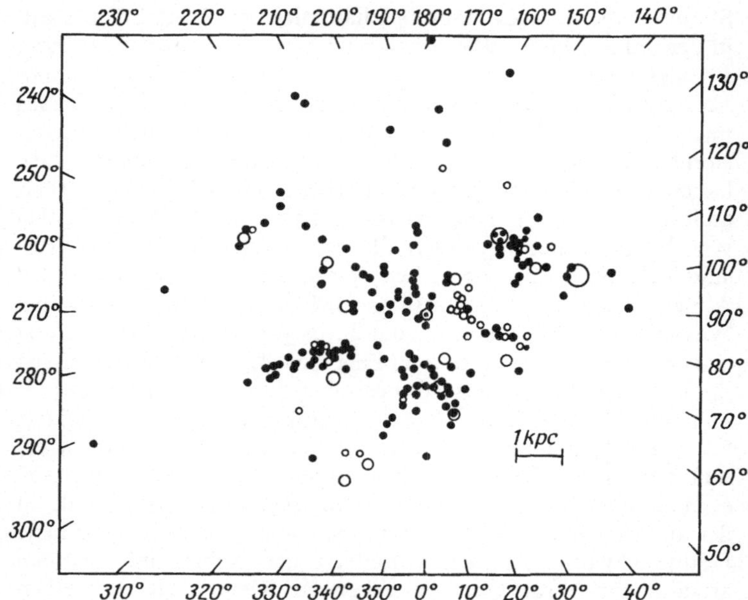

Abb. 28. Die Verteilung junger Sternhaufen (●) und O-Assoziationen (○) in der Umgebung der Sonne (☉). Der Orion-Cygnus-Arm, an dessen Innenkante wir uns befinden, ist anscheinend eine Abzweigung vom Sagittarius-Carina-Arm (nach R. Humphreys)

bildes Kiel (Carina) auf Grund jüngster Untersuchungen recht gut verfolgt werden. Dieses besonders lange Armstück hat einen Neigungswinkel von nur 10°, was gut zu radioastronomischen Beobachtungen paßt. Wir kommen darauf noch zurück.

Der Perioden-Alters-Beziehung für Cepheiden ist zu·entnehmen, daß die Cepheiden mit den längsten Perioden etwa genauso alt sind wie die ältesten Sternhaufen, die gerade noch deutlich in den Spiralarmen konzentriert sind (d. h. 10^7 bis $2 \cdot 10^7$ Jahre). Cepheidenentfernungen lassen sich genauso gut messen wie die Entfernungen von gutbekannten Sternhaufen. Man kann sie daher ebenfalls zur Erforschung der Spiralstruktur heranziehen. Das wird von zahlreichen Untersuchungen – beginnend mit dem Jahr 1963 (als erstmals eine hinreichende Anzahl photoelektrischer Beobachtungen vorlag) – bestätigt. Wie die neueste Untersuchung, die der Verfasser zusammen mit den bulgarischen Astronomen G. R. Iwanow und N. S. Nikolow 1980 durchgeführt hat, ergab, hebt sich lediglich der Sagittarius-Carina-Arm durch seine erhöhte Dichte von Cepheiden aller Perioden deutlich ab.

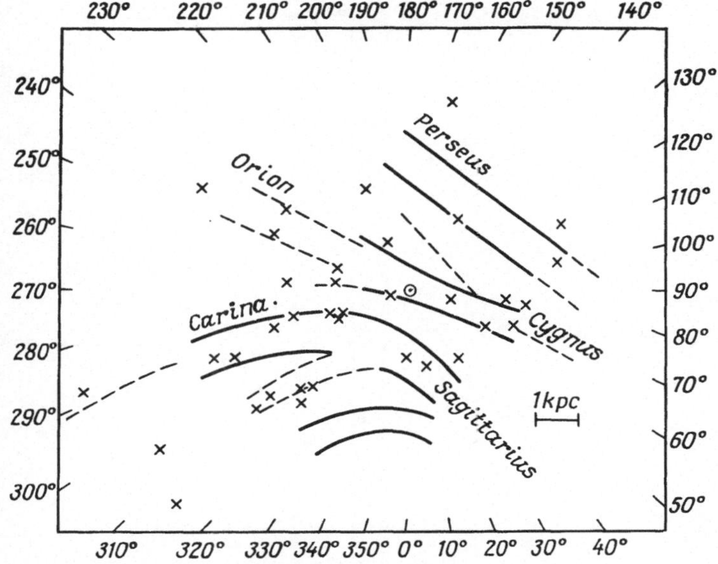

Abb. 29. Der Verlauf der Spiralarme in der Sonnenumgebung, abgeleitet aus Überriesenbeobachtungen. Die Positionen von Cepheiden mit Perioden länger als 15 Tage sind eingezeichnet (nach R. Humphreys)

Die übrigen Arme machen sich lediglich durch eine geringfügige Konzentration kurzperiodischer Cepheiden bemerkbar (Abb. 30). Ihre Lokalisierung allein anhand von Cepheiden wäre nicht möglich. Der Sagittarius-Carina-Arm ist vermutlich tatsächlich der gewaltigste von allen Armen, die sich optisch verfolgen lassen. Allerdings mußten wir feststellen, daß das Bild von der Spiralstruktur im Umkreis der Sonne nicht unwesentlich von den Sichtverhältnissen verzerrt wird. So ist hinter Staubkomplexen die Cepheidendichte einfach deshalb geringer, weil die Helligkeit der Sterne herabgesetzt und mithin die Entdeckung von Cepheiden erschwert ist. In Richtung auf den Carina-Arm ist der Blick kaum getrübt; wir haben hier ein „Fenster" guter Durchsicht. Des weiteren hat sich herausgestellt, daß bereits in einem Abstand von nur 2 bis 3 kpc von der Sonne die Hälfte der dort befindlichen Cepheiden vermutlich unentdeckt bleibt. Zwischen 3 und 4 kpc wird gar nur jeder dritte Cepheid gefunden! Ein ähnlicher Auswahleffekt macht sich auch bei anderen Spiralarmindikatoren bemerkbar: zwar lassen sich vereinzelt Cepheiden, Wolf-Rayet-Sterne (das sind heiße, leuchtstarke Sterne mit starken Masseverlusten, was heißt, daß sie jung sein müssen) und H II-Gebiete mit

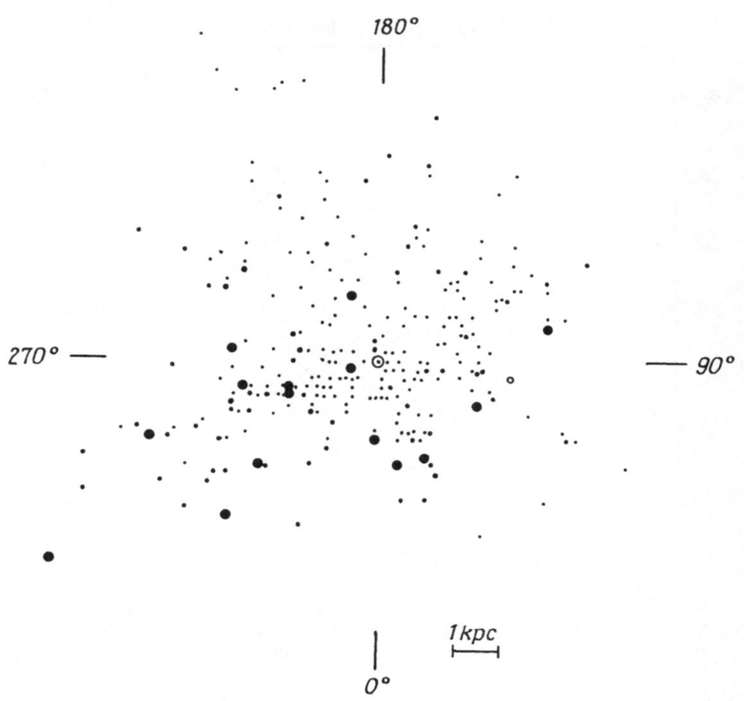

Abb. 30. Verteilung der Cepheiden in der Sonnenumgebung. ● Perioden länger als 20 Tage, · Periodenlänge unter 10 Tagen

ihren O-Sternen noch in 7 bis 10 kpc Abstand von der Sonne auffinden, einigermaßen vollständig sind sie allerdings nur bis zu Entfernungen von 3, höchstens 5 kpc bekannt. Eine Extrapolation der Angaben über ihre Verteilung auf die Galaxis als Ganzes wäre sicherlich mehr als gewagt (Abbn. 31 und 32). Diesbezüglich können nur Messungen der Verteilung neutralen Wasserstoffs weiterhelfen. Für dessen 21-cm-Linienstrahlung ist nämlich das interstellare Medium durchsichtig.
Auch an der Entwicklung dieser Forschungsrichtung haben sowjetische Astronomen einen bedeutenden Anteil. Interessante Anmerkungen dazu finden sich bei I. S. Schklowski.
Nach Berechnungen des damals jungen holländischen Astronomen H. van de Hulst sollte der interstellare Wasserstoff auf einer Wellenlänge von 21 cm senden, d. h. im Radiobereich. Das wurde im Jahre 1947 bekannt. Im darauffolgenden Jahr wies Schklowski nach, daß diese Radiolinie bereits mit dem damaligen Entwicklungsstand der Radiotechnik hätte beobachtet werden

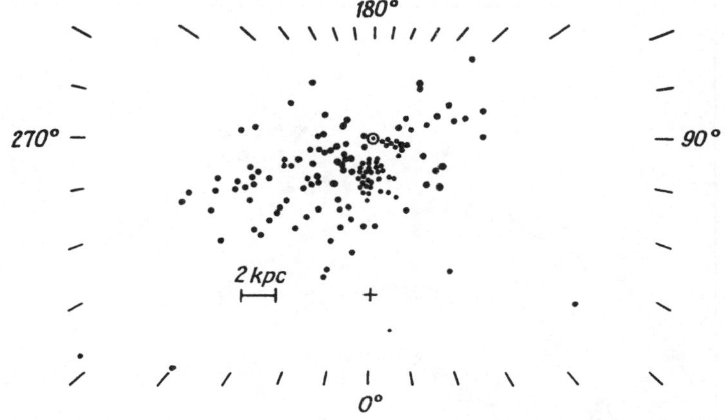

Abb. 31. Die Verteilung von Wolf-Rayet-Sternen in der Sonnenumgebung (nach B. Hidayat, K. Supelli und K. van der Hucht). Das Fehlen einer ausgeprägten Spiralstruktur erklärt sich aus Ungenauigkeiten bei der Ermittlung der Sternentfernungen sowie aus der ungleichförmigen Verteilung der Gas-Staub-Wolken, die das Sternenlicht schwächen. Das erklärt auch, warum die Sterne (und andere Objekte) Strukturen bilden, die auf die Sonne ausgerichtet erscheinen

können. „Diese Berechnungen", so erinnert er sich, „wurden 1949 veröffentlicht. Ich ließ nichts unversucht, damit diese 21-cm-Linie in unserem Lande entdeckt würde. Ich sparte nicht mit Worten, um die Experimentatoren dafür zu begeistern und ihre Anstrengungen in diese Richtung zu lenken." Doch dies gelang nicht...
Im Jahre 1951 wurde schließlich die 21-cm-Linie der galaktischen Radioemission in den USA und in Australien entdeckt. 1954 haben dann Oort, van de Hulst und Mueller erstmals die Verteilung des neutralen Wasserstoffs in der Galaxis dargestellt. Für jedes Intervall der galaktischen Länge leiteten sie das Linienprofil ab – die Abhängigkeit der Strahlungsintensität von der Wellenlänge. Infolge des Dopplereffekts – die Wolken bewegen sich u. a. auch in Richtung der Sichtlinie (Radialgeschwindigkeit) – weicht die gemessene Wellenlänge maximaler Strahlungsintensität normalerweise von 21 cm ab. Nimmt man nun weiterhin an, es handle sich bei diesen Radialgeschwindigkeiten um die Projektion der Kreisbahngeschwindigkeiten dieser Wolken um das galaktische Zentrum auf die Sichtlinie, ist man im Prinzip in der Lage, die Entfernung der Wolken zu ermitteln und sich damit ein Bild von der Wasserstoffverteilung in der gesamten Galaxis zu machen.
Die galaktische Länge liege fest. Gemäß Abb. 33 verfügt dann

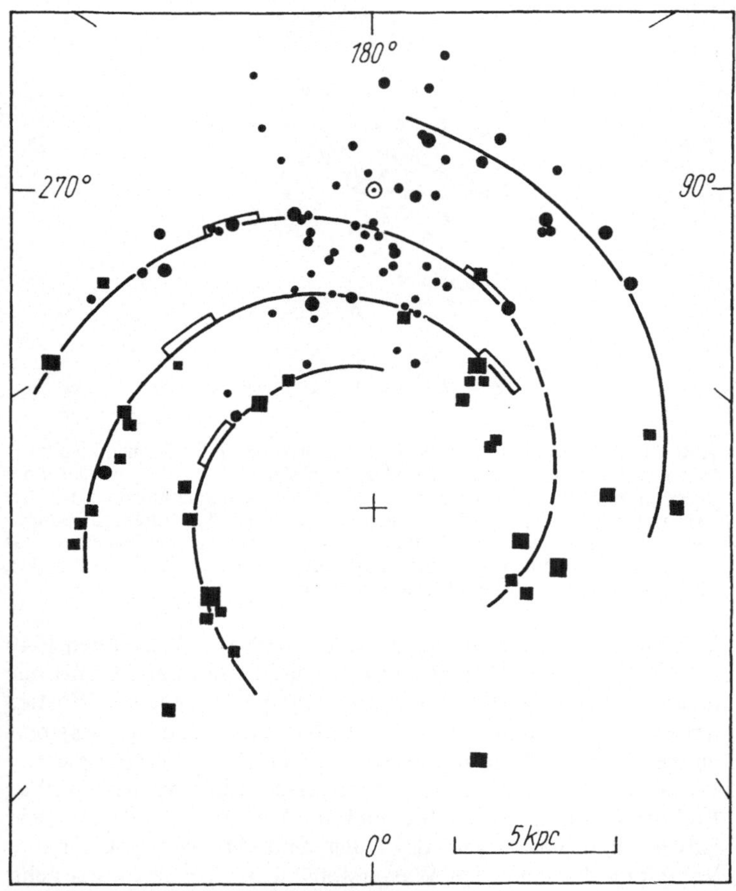

Abb. 32. Die Verteilung von H II-Gebieten in der Galaxis nach Untersuchungen von Y. P. und Y. M. Georgelin. Die Distanzen der weit entfernten Gebiete, erreichbar nur im Radiobereich, sind aus ihren Radialgeschwindigkeiten und einem Rotationsmodell der Galaxis berechnet. Rechtecke markieren Gebiete, in denen die Sichtlinie die Spiralarme nahezu tangiert (bei diesen galaktischen Längen ist die Flächendichte des neutralen Wasserstoffs besonders hoch). + Lage des galaktischen Zentrums. Andere Autoren bauen aus den gleichen Daten ein zweiarmiges Modell der galaktischen Spiralstruktur auf, wobei sie Abweichungen von der reinen Kreisbahnbewegung berücksichtigen. Solche systematischen Abweichungen werden von der Dichtewellentheorie gefordert

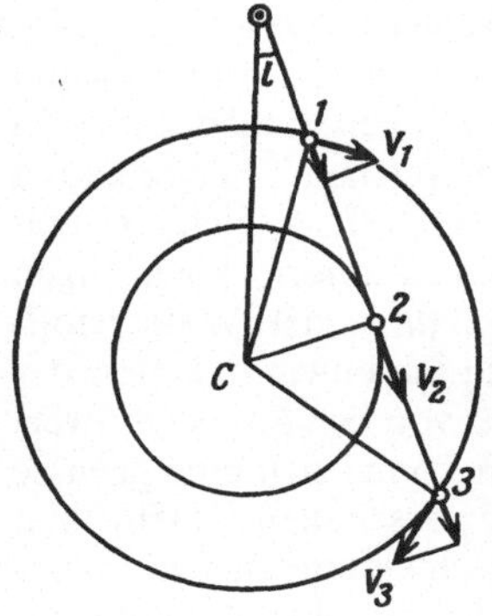

Abb. 33. Von drei Objekten, die auf dem gemeinsamen Sehstrahl liegen (galaktische Länge l) und mit den Geschwindigkeiten v_1, v_2 und $v_3 = v_1$ um das galaktische Zentrum rotieren, hat das mittlere die höchste Radialgeschwindigkeit. Es ist dem galaktischen Zentrum (C) am nächsten. ⊙ Sonne

dasjenige Gas über die höchste Radialgeschwindigkeit, das sich dem galaktischen Zentrum am nächsten befindet. Ist der Abstand Sonne–galaktisches Zentrum bekannt, so kann die Entfernung dieses Gases mit maximaler Radialgeschwindigkeit sowohl von uns als auch vom galaktischen Zentrum leicht ermittelt werden. Dabei muß natürlich vorausgesetzt werden, daß dort, wo die Sichtlinie dem Zentrum am nächsten kommt, auch tatsächlich Wasserstoffgas vorhanden ist. Das ist freilich nicht immer der Fall. Allein das reicht aus, zu erklären, warum sich die von verschiedenen Forschern erhaltenen Bilder der Wasserstoffansammlungen in Kreisbogensegmenten (oder, falls das mehr zusagt, in Segmenten von Spiralarmen mit kleinen Neigungswinkeln) wenig ähneln. Auch über die aus den Messungen folgende Rotationskurve der Milchstraße–die Abhängigkeit der Rotationsgeschwindigkeit vom Zentrumsabstand–gehen die Meinungen auseinander.
Leider sind die vielversprechenden Ergebnisse radioastronomischer Untersuchungen prinzipiell nicht eindeutig. Die Mehrdeutigkeit ist nur schwer auszuräumen. Die Maxima in den Linienprofilen–unter einem Linienprofil versteht man die Strahlungsintensität, aufgetragen über der Radialgeschwindigkeit (bei gegebener galaktischer Länge)–, die bislang durch isolierte Wasserstoffwolken erklärt worden sind, träten sogar dann auf, wenn das Wasserstoffgas völlig gleichmäßig über die galaktische Scheibe verteilt wäre, seine Strömungsbewegung aber von einer Kreisbahn abwiche. Bei galaktischen Längen, wo sich die Radialgeschwindigkeit kaum mit der Entfernung ändert, kommen die Maxima eventuell auch dadurch zustande, daß sich mehrere Linien mit fast gleichen Radialgeschwindigkeiten zu einem einzigen Linienmaximum überlagern. Wie W. Burton in den Jahren

1971–1974 nachwies, reichen bereits Abweichungen von 5 bis 10 km/s von der galaktischen Rotationskurve aus, um rein theoretisch die bei verschiedenen galaktischen Längen aufgenommenen Linienprofile auch bei einer völlig homogenen Gasverteilung wiederzugeben. Sicherlich ist das Wasserstoffgas nicht gleichmäßig über die galaktische Scheibe verteilt. Radiobeobachtungen naher Galaxien lassen deutlich eine Zunahme der Wasserstoffdichte in den Spiralarmen erkennen. Die Geschwindigkeiten der Wasserstoffwolken können aber durchaus von den Kreisbahnwerten abweichen. Burton meint sogar, man könne sich eine gewisse Vorstellung vom Verlauf der Spiralarme verschaffen, indem man den Abweichungen vom mittleren Geschwindigkeitsfeld nachspürt: Nach der Dichtewellentheorie – das ist eine Theorie der Spiralstruktur, die in den Spiralarmen die Maxima ,von Dichtewellen sieht – müssen sogar zwangsläufig Geschwindigkeitsgradienten zwischen Arm- und Zwischenarmgebiet auftreten. Daß großräumige Abweichungen von der Kreisbahnbewegung tatsächlich nicht zu vernachlässigen sind, zeigen die beobachteten Rotationskurven. Hinzu kommt noch, daß die einzelnen Gaswolken beachtliche Pekuliargeschwindigkeiten haben können.
Wir müssen uns wohl oder übel eingestehen, daß die Vorstellungen, die wir uns über die „Architektur" der Galaxis gemacht haben, in den letzten Jahren ins Wanken geraten sind. Doch auch Enttäuschungen und Rückschläge können heilsam sein. Traurig ist nur, daß in unserem Fall zwar neue Einsichten in die Probleme gewonnen werden konnten, der erwünschte Durchbruch auf seiten der Beobachtung aber bislang ausblieb. Der Verdacht, daß die mittels der Radialgeschwindigkeiten errechneten Wolkenentfernungen nicht eindeutig sind, ist fast 20 Jahre alt, trotzdem hat man sich bisher kaum mit der Untersuchung der Problematik befaßt.
Gab es auch bei der Erkundung der galaktischen Spiralstruktur Rückschläge, so war doch die radioastronomische Beobachtung extragalaktischer Sternsysteme in den letzten 20 Jahren überaus erfolgreich. Ihr gelang es zu zeigen: Der neutrale Wasserstoff ist in den anderen Galaxien in Spiralarmen angeordnet.
Mit Hilfe des Westerborker Syntheseteleskops konnten die Holländer 1972 die Auflösung der Radiobilder auf 24 bis 32 Bogensekunden verbessern, und das Problem war gelöst. Zunächst hatte man ein Radiobild von M 51 im kontinuierlichen Spektrum bei 21 cm Wellenlänge erhalten. Auf ihm war eine prächtige Spiralstruktur zu erkennen; die Radioarme decken sich mit den Staubbändern an den Innenkanten der optischen Spiralarme. Daß das Maximum der Synchrotronstrahlung mit den

114

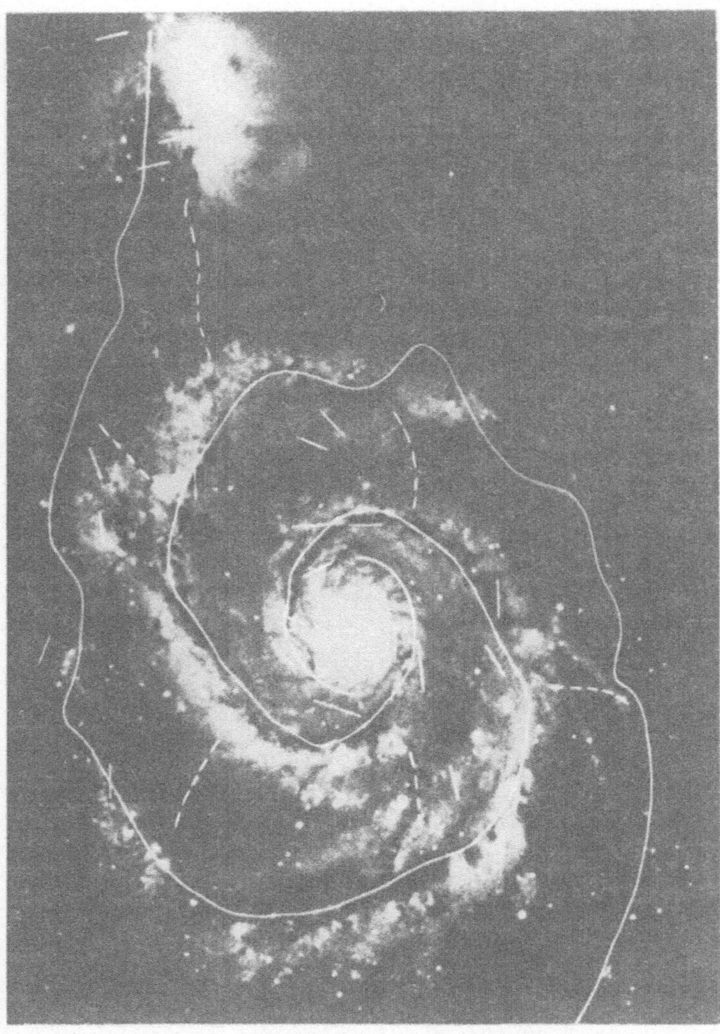

Abb. 34. Eingezeichnet in eine Photographie der Spiralgalaxie M 51 sind Linien maximaler Synchrotronemission. Dort ist das interstellare Medium besonders dicht, die magnetische Feldstärke besonders hoch

Staub„armen" zusammenfällt, spricht für eine Kompressionswelle längs der Arme (Abb. 34). Mit der Verdichtung der interstellaren Materie geht eine Verstärkung des Magnetfeldes einher. (Die Synchrotronstrahlung entsteht durch die Wechselwirkung schnel-

115

Abb. 35. Eine Aufnahme der Spiralgalaxie M 81, gewonnen am 5-m-Spiegel

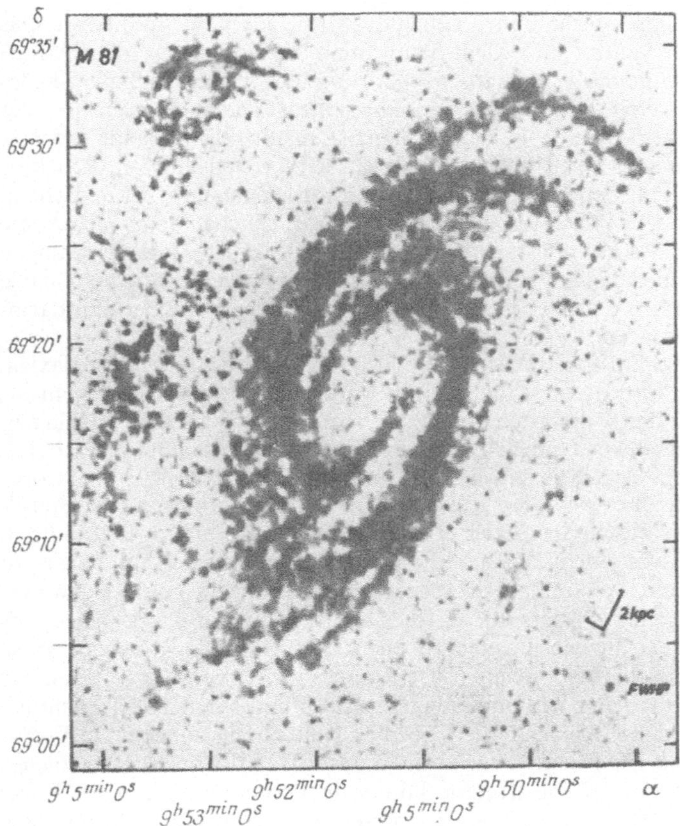

Abb. 36. Das „Radiobild" von M 81 im Lichte der 21-cm-Linie des neutralen Wasserstoffs, aufgenommen in Westerbork. Wie der Vergleich mit der optischen Aufnahme (s. Abb. 35) erkennen läßt, erstrecken sich die Wasserstoffarme viel weiter als die optischen Spiralarme. Wie in unserer Galaxis meidet jedoch der neutrale Wasserstoff die Zentralregion. Anscheinend wurde er dort bei der Bildung der Population-II-Sterne längst aufgebraucht

ler Elektronen mit dem Magnetfeld.) Bald darauf gelang es auch, Radiobilder der Spiralstrukturen von M 51, M 101 und M 81 im Lichte der 21-cm-Linie des neutralen Wasserstoffs zu erhalten (Abbn. 35 und 36).
Die Spiralarme extragalaktischer Sternsysteme werden markiert durch heiße Sterne, die gewöhnlich in Emissionsnebel (H II-Gebiete) eingehüllt sind, junge Sternhaufen und Sternassoziationen,

einzelne Sterne hoher Leuchtkraft (die alle jung sind) sowie Gas und Staub. Außerdem kann man noch die mit den Armen verbundene systematische Störung des Geschwindigkeitsfeldes den Spiralarmindikatoren zurechnen. Die Gesamtmasse der jungen Objekte in den Armen ist relativ klein. Baade erzählte einmal, Mayall habe, als er sich seine ersten am 5-m-Reflektor gewonnenen Photographien des Andromedanebels besah, treffend bemerkt: „Die Sterne der Population II gleichen dem Gebäck, die Spiralstruktur ist bloß die Glasur darauf." Wie Messungen ergeben haben, stammen 85% des Gesamtlichtes dieser Galaxie von den Scheibensternen, nur wenige Prozent von der Spiralarmpopulation.

Die Spiralstruktur ist eine markante Eigenschaft vieler Galaxien. Die Enträtselung ihrer Natur wird daher schon seit langem als eine der wichtigsten Aufgaben bei der Erforschung der Galaxien angesehen. Lediglich das Problem der Aktivität galaktischer Kerne ist jenem hinsichtlich der Wichtigkeit vergleichbar, wobei einige Forscher den Kernen sogar das Hervorbringen der Spiralarme zuschreiben. Der erste war J. Jeans. Im Jahre 1928 schrieb er: „Mit jedem neuen Mißerfolg, die Herkunft der Spiralarme zu deuten, verstrickt sich auch die Vermutung in immer schwererwiegende Widersprüche, die Arme seien Ausdruck eines uns bisher gänzlich unverständlichen Kraftfeldes, das möglicherweise metrische Eigenschaften des Raumes widerspiegle, von denen wir bislang keine Ahnung haben." Jeans räumt ein, daß sich eventuell aus den Galaxienkernen, „bedingt durch eine unbekannte Eigenschaft des Raumes", Materie in unser Weltall ergösse. Ein solches Ausströmen von Materie könnte in Verbindung mit einer Rotation des Kerns bzw. der Galaxis durchaus Spiralarme hervorbringen.

Wir sind heute nicht mehr darauf angewiesen, obskure Kräfte für die Erklärung der Spiralstruktur bemühen zu müssen. Allein die Tatsache, daß sich die Sterne nahezu auf Kreisbahnen um das galaktische Zentrum bewegen und es keine Stoffbewegung entlang der Arme gibt, entzieht derartigen „Erklärungen" den Boden. Zudem setzen die Arme in der Regel nicht unmittelbar am Kern an, sondern beginnen mehrere Kiloparsec von ihm entfernt. In einem Punkt ist Jeans jedoch zuzustimmen: „Solange wir die Spiralarme nicht erklären können, müssen wir auch allen anderen Mutmaßungen und Hypothesen mißtrauen, die Wesensmerkmale der Nebel [Galaxien] zum Gegenstand haben, die sich scheinbar leichter verstehen lassen."

In den meisten Fällen werden die Spiralarme durch junge, leuchtstarke Sterne und durch die von ihnen erzeugten Gebiete ionisierten Wasserstoffs „markiert". Damit wird die Frage nach der Herkunft der Spiralstruktur zugleich zu einer Frage nach der Herkunft jener massereichen Sterne – einem Schlüsselproblem der Evolution der Sterne wie auch der Galaxien.

Nur auf den ersten Blick wird das Problem durch die differentielle Rotation der Spiralgalaxien gelöst. Die zentrumsnahen Gebiete rotieren zwar noch wie ein starrer Körper, weiter außen nimmt jedoch die Winkelgeschwindigkeit mit wachsendem Abstand vom Zentrum ab. Eine hinreichend ausgedehnte, gravitativ nicht gebundene Sternansammlung muß somit im Laufe der Zeit auseinandergezogen, zu einem Fragment eines Spiralarms werden. Es leuchtet jedoch ein, daß ein solches Bruchstück binnen weniger Umläufe praktisch zu einem Kreisring verschmilzt. Lange zuvor werden allerdings die Sterne hoher Leuchtkraft bereits erloschen und das Bruchstück nicht mehr zu sehen sein. Andererseits wird jede bereits bestehende Spiralstruktur durch die differentielle Rotation binnen weniger Umläufe zerstört.

Im Jahre 1976 haben Mueller und Arnett gezeigt, wie es im Verein mit der differentiellen Rotation zum Entstehen von recht langen, wenn auch nicht sehr regelmäßigen Spiralarmen kommen kann: einfach dadurch, daß Sternentstehungsprozesse, einmal entfacht, auf Nachbargebiete übergreifen. Die entstehenden Spiralmuster sind kurzlebig; sie tauchen immer neu auf und verschwinden auch wieder. Daß die Bildung massereicher Sterne einer Epidemie gleiche, hatte bereits Baade vermutet. Die Bildung solcher Sterne erfolgt wesentlich intensiver, ist die Gaswolke einem äußeren Druck ausgesetzt – beispielsweise durch eine Kompressionswelle, die von einer nahegelegenen Supernova ausgeht, oder einfach durch die Wirkung benachbarter O-Sterne mit ihrer intensiven Strahlung. H. Gerola und P. Seiden haben dieses Modell weiter ausgebaut. Sie ordnen der stimulierten Sternbildung in einem Nachbarvolumenelement eine gewisse Wahrscheinlichkeit zu und erzielen damit Computerbilder von Galaxien, die wirklichen täuschend ähneln. Ihre Vorstellungen finden durchaus Anklang, zumal es zur Erklärung der Spiralstruktur neben der differentiellen Rotation und der Tatsache, daß Sternbildung „ansteckt", keiner weiteren Erscheinungen oder Vorgänge bedarf.

Wachsender Beliebtheit erfreut sich jedoch auch eine andere Theorie: die Dichtewellentheorie der Spiralstruktur. Von B. Lindblad aus der Taufe gehoben, wurde sie 1964 von C. Lin und F. Shu neu belebt und weiterentwickelt. Seinerzeit stießen Lindblads Ideen auf Ablehnung, weil sich die Spiralen nach Lindblad „abwickeln" sollten. Das Gegenteil war aber schon längst bewiesen: Die Spiralarme werden „nachgeschleppt", sie „spulen" sich auf. Im Sinne der Dichtewellentheorie ist ein Spiralmuster ein Wellenphänomen. Die Anzahldichte der Sterne wie auch die Gasdichte ist in den Armen erhöht. Die Welle rotiert um das galaktische Zentrum wie ein starrer Körper; Sterne wie auch das Gas bewegen sich durch einen Spiralarm hindurch. Unterschreitet der Zentrumsabstand den sog. Korotationsradius (s. S. 154), bewegen sich die Sterne und das Gas schneller als die Dichtewelle. Jenseits der Korotation ist es umgekehrt. Die Sterndichte selbst ist in einem Arm nur unbedeutend erhöht, nicht so jedoch die Gasdichte. Sie ist dort um ein Vielfaches höher als im Mittel. Es ist dieser enorme Anstieg der Gasdichte, die die Sternbildung anregt. Die allerjüngsten Sterne sind somit an der Arminnenkante zu erwarten (sofern wir uns innerhalb des Korotationsradius bewegen). Sie „markieren" die Spiralstruktur. Die Sterne an der Außenkante haben die Welle bereits hinter sich gelassen, sie sind schon gealtert. Dieser Altersgradient quer zum Arm ist die prägnanteste Vorhersage der Dichtewellentheorie. Unmittelbar an der Innenkante sind Gas- und Staubdichte am höchsten. Hieran schließt sich die Zone der Sternbildung an. Außen stößt man nur noch auf Sterne der älteren Sternpopulation, die zu den Armen hin konzentriert sind. Jenseits der Korotation sollte dieser Altersgradient allerdings sein Vorzeichen wechseln: nun kommen die jüngsten Sterne an den Außenrand zu liegen. Nach Ansicht vieler Autoren reicht das Spiralmuster jedoch gar nicht bis in diesen zentrumsfernen Bereich.

Dem Verfasser kam die Dichtewellentheorie in den Sinn, als er Ameisen eine Rinne überwinden sah, die ihren Pfad querte. In Rinnennähe kam es bald zu einem Stau mit deutlich erhöhter Ameisendichte. Obwohl ständig Ameisen aus der Rinne herauskrabbelten, der Bestand also wechselte, blieb die Zone erhöhter Dichte. Stellt man sich nun noch vor, die Rinne verschöbe sich entlang des Ameisenpfades, wird die Analogie zur Dichtewellentheorie noch augenscheinlicher.

Wie aber kommt es überhaupt zu einer spiralförmigen Störung im Gravitationspotential einer Galaxie? Als Ursachen käme ein hinreichend naher Begleiter in Frage oder aber eine Abweichung von der Axialsymmetrie im Zentralbereich, wobei letztere so geringfügig sein könnte, daß sie unbemerkt bliebe.

Die Dichtewellentheorie kann auf überzeugende Beobachtungen verweisen, die sie bestätigen: darunter die drastische Zunahme der Gas- und Staubdichte vor der Innenkante eines stellaren Spiralarms sowie großräumige Abweichungen von der reinen Kreisbahnbewegung, wie sie offenbar vom Gravitationsfeld der Arme erzwungen werden. Solche Abweichungen werden in der Tat beobachtet, sowohl in unserer eigenen Galaxis (in den Radialgeschwindigkeiten leuchtstarker Sterne) als auch in M 81 (anhand des neutralen Wasserstoffs). Offensichtlich vermag nur die Dichtewellentheorie die Existenz jener seltenen Galaxien verständlich zu machen, die zwar über langgestreckte strukturlose Arme verfügen, Anzeichen für Sternentstehung in ihnen jedoch vermissen lassen. Außerdem kann auch nur sie erklären, warum anscheinend auch die alten Sterne – wenn auch nur geringfügig – in den Spiralarmen konzentriert sind.

Das Vorhandensein einer spiralförmigen Dichtewelle schließt das Entstehen von Sternen in einer Kettenreaktion keineswegs aus. So ist es durchaus denkbar, daß die erste Generation massereicher Sterne, in einer Dichtewelle entstanden, anschließend in nahegelegenen Gaswolken weitere Sterngeburten veranlaßte. Die Aufgabe besteht nun darin, Galaxien zu identifizieren bzw. in Galaxien Gebiete zu identifizieren, wo der eine oder der andere Mechanismus vorherrscht, und herauszufinden, warum die Spiralstruktur einmal auf das Konto einer Dichtewelle geht, ein andermal aber dem Zusammenwirken von differentieller Rotation und „Aufsteckung" zuzuschreiben ist. Entsprechende Untersuchungen liegen bereits vor. Zahlreiche kürzere Spiralarmsegmente, wie sie in manchen Galaxien vorkommen, werden dabei dem letztgenannten Mechanismus zugeschrieben, die regulären zweiarmigen Spiralmuster jedoch der Wirkung einer Dichtewelle.

Es bietet sich an, nach Altersgradienten quer zum jeweiligen Spiralarm zu suchen. Bei entfernten Galaxien führt dies jedoch zu nichts – vor allem wohl wegen der Schwierigkeit, Integralphotometrien zu interpretieren. In unserer Galaxis wiederum wirken sich Selektionseffekte und Ungenauigkeiten in der Entfernungsbestimmung verheerend aus, so daß bislang nur Andeutungen für einen solchen Gradienten zu sehen sind. Uns geht es wie dem Wanderer in einem dichten Wald, der vor lauter Bäumen den Wald nicht sieht. Betrachten wir eine ferne Galaxie, so fliegen wir zwar – um im Bilde zu bleiben – hoch über den Wald hinweg, können aber weder Baumarten noch das Bodenrelief bestimmen. Erfolg versprechen hier nur nahegelegene Galaxien. Nur in ihnen sind noch Einzelsterne auszumachen, deren Eigenschaften wir mit ihrem Ort in der Galaxie in Beziehung setzen können. Daß die Erforschung der Nachbarn in vielerlei Hinsicht nützlich ist, das bezeugt die gesamte Astronomiegeschichte des 20. Jh.

Wenden wir uns nun einem weiteren Rätsel unserer Galaxis zu – ihrem Kern. Bis vor kurzem haben wir kaum etwas über ihn gewußt. Optisch kann das galaktische Zentrum auf $1{,}5°$ genau lokalisiert werden. Es liegt im Sternbild des Schützen, einer

Milchstraßengegend, in der nichts Ungewöhnliches zu bemerken ist. Nördlich davon stoßen wir auf eine helle Milchstraßenwolke, südlich des Zentrums fand man in den Jahren 1947–1949 ein im nahen Infrarot helles Gebiet, das auf gewöhnlichen Photographien wegen der hohen Extinktion nicht sichtbar ist. Das Milchstraßenzentrum selbst verbirgt sich hinter dichten Staubwolken, wie wir das auch von anderen Galaxien her kennen. Die Infrarotbeobachtungen zeigen uns nur das Zentralgebiet unserer Galaxis, jedoch noch nicht den eigentlichen Kern – in benachbarten Sternsystemen ein verwaschener Lichtfleck. Der Kern des Andromedanebels gleicht einem überdimensionalen Kugelsternhaufen von etwa 10 pc Durchmesser und ist um drei Größenklassen heller als ein gewöhnlicher Kugelsternhaufen.

Vor 40 Jahren ist in Richtung auf das galaktische Zentrum eine starke Quelle kosmischer Radiostrahlung gefunden worden: Sagittarius A (Sgr A). Es lag nahe, sie mit dem eigentlichen Kern der Milchstraße in Zusammenhang zu bringen. Damals war die Position dieser Radioquelle auf $0{,}1°$ genau bekannt. Baade versuchte daraufhin, den Kern zu photographieren. Zunächst hatte er das Sternenfeld um Sgr A mit der 1,2-m-Schmidt-Kamera auf rotempfindlichen Photoplatten aufgenommen, später arbeitete er auch am 5-m-Teleskop. Er entdeckte aber nur einige im Blauen und im Visuellen wegen der starken Extinktion nicht sichtbare Kugelsternhaufen. „Ich zweifle nicht daran, daß die Extinktion vor dem galaktischen Zentrum neun bis zehn Größenklassen ausmacht, und ich bin überzeugt, wir werden auch mit unseren modernen Mitteln nicht weiterkommen", äußerte Baade 1958.

Es sollte noch schlimmer kommen: Zehn Jahre nach Baade registrierten Becklin und Neugebauer bei 2,2 μm eine punktförmige Infrarotquelle im Sgr-A-Gebiet. Dabei zeigte sich, daß sich die visuelle Extinktion in Richtung auf das galaktische Zentrum auf ungefähr 27 Größenklassen beziffert! Der Infrarotkern selbst weist eine Feinstruktur auf, wie 1973 Rieke und Low bei Beobachtungen zwischen 4 und 20 μm nachweisen konnten. In einem Gebiet von nur 16″ Durchmesser, das entspricht 0,8 pc in der Entfernung des galaktischen Zentrums, entdeckten sie insgesamt fünf Infrarotobjekte, wovon eines mit der Becklin-Neugebauer-Quelle übereinstimmt.

Die westliche Komponente von Sgr A dürfte mit dem eigentlichen Milchstraßenzentrum zusammenfallen. Von dieser kompakten Quelle geht nichtthermische Radio- und Infrarotstrahlung aus. Die östliche Komponente hingegen stellt einen jungen Supernovaüberrest dar. Im Umkreis von 300 pc um das galaktische Zentrum ist anscheinend die Bildung massereicher Sterne voll im

Gange: dort gibt es Infrarotquellen – vermutlich leuchtstarke, von Staub eingehüllte Sterne –, Riesenmolekülwolken, viel Staub und kompakte H II-Gebiete. Nach den hohen Relativgeschwindigkeiten der letzteren zu urteilen, umschließt eine Kugel von 3 pc Durchmesser um das galaktische Zentrum 50 Mill. Sonnenmassen. Hier können sich demnach Millionen von Sternen aufhalten. Nicht auszuschließen ist jedoch, daß ein gehöriger Teil dieser Masse auf das eigentliche Zentralobjekt selbst entfällt. Dessen Natur ist nach wie vor rätselhaft. Nach R. Browns Meinung verläßt jährlich eine tausendstel Sonnenmasse mit einer Geschwindigkeit von etwa 300 km/s dieses Objekt in Richtung seiner Rotationsachse, wobei diese Achse um 41° gegen die Rotationsachse der Galaxis geneigt ist und mit einer Periode von etwa 2300 Jahren präzessiert. Der Materieverlust wird offenbar durch Aufsammeln von Materie – man spricht von Akkretion – in der Äquatorialebene dieses Objekts wieder wettgemacht. Dessen Ausmaße dürften etwa 10 AE betragen. Wie Brown anmerkt, ist das Symmetriezentrum der Radio- und Infrarotstrahlung um 3″ dagegen versetzt, so daß Sgr A (West) vielleicht nur ein Begleiter dieses obskuren massereichen Körpers ist.

Offenbar vermag ein solches Modell – Akkretion von Materie in einer schnell rotierenden Gasscheibe und Ausschleudern von Materie mit hoher Geschwindigkeit in Richtung der Rotationsachse – eine ganze Reihe von Phänomenen zu erklären, angefangen von der Fluchtbewegung von Maserquellen in Sternentstehungsgebieten über die riesigen Gasgeschwindigkeiten in dem einzigartigen Doppelstern SS 433 bis hin zur Aktivität von Galaxienkernen und Quasaren. Anscheinend haben wir es mit einem außerordentlich wirksamen Mechanismus zu tun, wobei Gravitationsenergie, die beim Einströmen von Materie in einer Akkretionsscheibe freigesetzt wird, in Strahlung bzw. kinetische Energie umgewandelt wird.

Innerhalb von 2 kpc Zentrumsabstand haben H. Liszt und W. Burton eine balkenähnliche Struktur entdeckt – eine um 24° gegen die galaktische Rotationsachse geneigte Gasscheibe. Schon möglich, daß sie bereits ausreicht, spiralförmige Dichtewellen in der Galaxis zu erregen. Das galaktische Zentrum weist mithin Merkmale auf, wie sie für Galaxien mit mäßig aktivem Kern typisch sind.

Heute kennen wir die Entfernung zum Milchstraßenzentrum auf 1 kpc genau. Eine Methode, die es gestattet, diesen Abstand zu messen, beruht auf der Beobachtung von kernnahen RR-Lyrae-Sternen in „Fenstern" geringer Extinktion. Bereits Baade hatte drei „Fenster" nahe dem galaktischen Zentrum ausfindig gemacht, aber erst 1975 konnten diese aufwendigen Arbeiten, die Suche nach Pulsationsveränderlichen und die Auswertung der Beobachtungen, abgeschlossen werden. Daran waren vor allem holländische Astronomen beteiligt. Sie haben diese Untersuchungen anhand von Plattenmaterial ausgeführt, das mittels der 1,2-m-Schmidt-Kamera der Mount-Palomar-Sternwarte gewonnen worden war. Im Mittel sind die RR-Lyrae-Sterne absolut gleich hell. Als Mitglieder der Population II sind sie außerdem stark zum galaktischen Zentrum konzentriert. Wird die Anzahl der RR-Lyrae-Sterne über ihrer scheinbaren Helligkeit aufgetragen, ergibt sich ein deutliches Maximum. Die Erklärung dafür ist einfach: Durch die „Fenster" sehen wir unmittelbar am galaktischen Zentrum vorbei. Dem beobachteten Häufigkeitsmaximum entsprechen die RR-Lyrae-Sterne der Kernregion. Ihre Entfernung ist praktisch mit der Entfernung zum galaktischen Zentrum identisch. Ausgehend von einer absoluten photographischen Helligkeit der RR-Lyrae-Sterne von $M_{\mathrm{pg}} = 0^{\mathrm{m}}\!,70$, konnten 1975 Oort und Plaut die Entfernung zum galaktischen Zentrum angeben: $R_0 = 8,7 \pm 0,6$ kpc. R_0 läßt sich auch radioastronomisch bestimmen, dazu ist allerdings zusätzlich die Kenntnis der Oortschen Rotationskonstanten A erforderlich. (A folgt aus Radialgeschwindigkeitsmessungen von Cepheiden und offenen Sternhaufen bekannter Entfernung.) Mit $A = 16,9$ km/(s·kpc) und dem radioastronomisch ermittelten Produkt AR_0 $= 120 \cdots 150$ km/s findet man $R_0 = 7,1 \cdots 8,9$ kpc. Diese und andere Bestimmungen von R_0 führen auf einen kleineren Wert als den bisher verbindlichen Standardwert von 10 kpc.

Die Frage nach der Ausdehnung unseres Sternsystems ist noch schwieriger zu beantworten. Objekte, die Spiralarmen oder der Scheibenpopulation angehören, werden noch in Entfernungen von etwa 10 kpc entgegengesetzt zur Richtung auf das galaktische Zentrum beobachtet; Haloobjekte sind im allgemeinen noch weiter von uns entfernt. 1963 hatte eine Gruppe von Lick-Astronomen unter der Leitung von T. Kinman nach schwachen RR-Lyrae-Sternen gesucht. Selbst bei Helligkeiten von 18. bis 20. Größe hatten sie noch Erfolg. Diese extrem lichtschwachen RR-Lyrae-Sterne sind zwar sehr selten – ein Objekt auf $6 \cdot 10^{-4}$ bis $9 \cdot 10^{-4}$ Steradiant –, dafür befinden sie sich aber in Entfernungen, die mit denen der Magellanschen Wolken, den Begleitern unserer Galaxis, vergleichbar sind. Für den Kugelsternhaufen NGC 2419 wurde kürzlich ein Abstand von 90 kpc von der Sonne (100 kpc vom galaktischen Zentrum) ermittelt. Er scheint aber noch der Galaxis anzugehören, die er vermutlich auf einer langgestreckten Ellipsenbahn umläuft (Abb. 37).

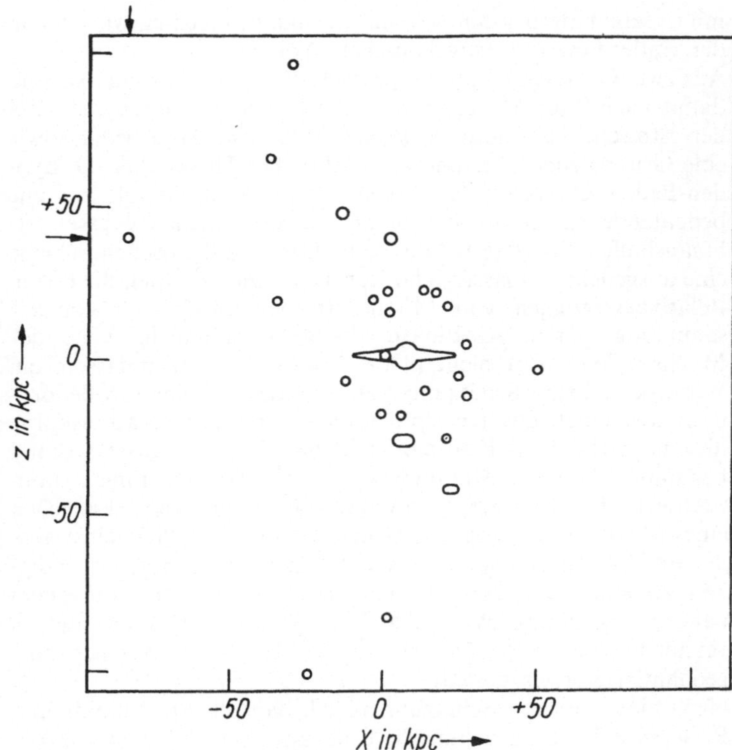

Abb. 37. Die nähere Umgebung der Galaxis. Eingezeichnet sind Kugelsternhaufen (o), die weiter als 20 kpc entfernt sind, elliptische Zwergsysteme (O) und die beiden Magellanschen Wolken (Ellipsen)

Dem fast schon in Vergessenheit geratenen Ergebnis Kinmans könnte eine entscheidende Bedeutung bei der gegenwärtigen Diskussion über die mögliche Existenz massereicher Halos zukommen. Auf die Frage, ob die RR-Lyrae-Sterne in Entfernungen von über 25 kpc noch der Galaxis zugerechnet werden müssen oder nicht, können Radialgeschwindigkeitsmessungen eine Antwort geben. Sollte sich dabei herausstellen, daß diese weit entfernten Sterne tatsächlich noch Mitglieder des galaktischen Sternsystems sind, muß die Gesamtmasse unserer Galaxis beträchtlich größer sein, als gemeinhin angenommen wird.

Die Ausdehnung einer Galaxie ist ein etwas verschwommener Begriff. Viele Galaxien scheinen von schwach leuchtenden Halos umgeben zu sein, vielleicht auch unsere eigene. Wasserstoffwolken, die über eine Gasbrücke (eventuell sogar eine Sternbrücke?)

mit unserem Sternsystem verbunden sind, beobachten wir noch in der Entfernung der Magellanschen Wolken!

Aus zwei Gründen ist die Frage nach der Größe der Galaxis und damit nach ihrer Masse wieder aktuell: Erstens führen seit 1974 der estnische Astronom Ja. Einasto und seine Mitarbeiter sowie eine Gruppe englischer und amerikanischer Theoretiker (D. Lynden-Bell, J. Ostriker u. a.) Argumente ins Feld, die alle auf eine bedeutende Anhebung des bislang angenommenen Massewerts hinauslaufen. So wäre für die Stabilität der galaktischen Scheibe eine ausgedehnte, massereiche Korona vonnöten. Auch die hohen Relativbewegungen von Mitgliedern der lokalen Galaxienansammlung wären, so Einasto, kaum verständlich, wöge das Milchstraßensystem nicht $(900 \cdots 2100) \cdot 10^9$ Sonnenmassen, ein Wert, der frühere Schätzungen um mindestens eine Größenordnung übersteigt. Zweitens spricht der Verlauf der Rotationskurve für eine massereiche Korona. Sie ist bis 18 kpc Zentrumsabstand bekannt. Wäre die Hauptmasse der Galaxis im Innern konzentriert, die Rotationsgeschwindigkeit müßte nach Erreichen eines Maximalwerts wieder abfallen, so wie es im Planetensystem der Fall ist. Tatsächlich aber verharrt die Rotationsgeschwindigkeit ab einem Zentrumsabstand von 6 oder 7 kpc auf einem nahezu konstanten Wert: 220 bis 250 km/s! Das ist nur zu verstehen, wird die Hauptmasse der Galaxis von einer ausgedehnten Korona gestellt.

Nach einer neueren Schätzung von J. Bahcall, M. Schmidt und R. Soneira halten sich innerhalb 60 kpc Abstand vom galaktischen Zentrum $600 \cdot 10^9$ Sonnenmassen auf, wobei 99% davon allein auf die Korona entfallen! Da weder im sichtbaren noch im Radiobereich Kandidaten für diese „verborgene" Masse zu entdecken sind, finden die Diskussionen über deren Natur kein Ende. Am plausibelsten wären „ausgebrannte" Sterne (erkaltete Weiße Zwerge, Schwarze Löcher). Es kämen aber auch massearme Objekte in Frage, denen es nicht beschieden war – „laut Iwanow" –, zu richtigen Sternen zu werden. Diskutiert werden aber auch Neutrinos mit Ruhemasse, falls sie eine solche überhaupt haben. Das Problem, um das es hier geht, betrifft nicht unsere Galaxis allein, es ist allgemeiner Natur.

Innerhalb der Umlaufbahn der Sonne, d. h. innerhalb von etwa 9 kpc Zentrumsabstand, entfallen 40 bis 50% der Milchstraßenmasse auf die Objekte der galaktischen Scheibe.

Molekülwolken, massereiche Sterne, die aus ihnen hervorgegangen sind, und H II-Gebiete häufen sich – sehen wir einmal vom Zentralgebiet der Galaxis ab – in einem Gürtel mit Zentrumsabständen zwischen 4 und 8 kpc. Atomarer Wasserstoff ist bei den innersten 4 kpc ausgesprochen selten. In den Außenbezirken der Galaxis verringert sich seine Dichte mit zunehmendem Zentrumsabstand merklich langsamer als die des molekularen Wasserstoffs. Daß die Flächenhelligkeit von Spiralgalaxien zum Zentrum hin wächst, hängt mit dem gleichfalls wachsenden Anteil von Population-II-Sternen zusammen. Zu ihrer Bildung ist vorzeiten viel Gas verbraucht worden. In den Scheiben dieser Galaxien (vom Typ Sa und Sb) fällt die Wasserstoffdichte sowohl zum Zentrum zu als auch nach außen ab.

Die Magellanschen Wolken

Verlassen wir nun unsere Galaxis. Unsere nächsten Nachbarn sind zwei kleine irreguläre Galaxien – die Magellanschen Wolken. Sie ähneln isolierten Milchstraßenwolken, z. B. der Sternwolke im Sternbild Schild. Die Große und die Kleine Wolke bilden mit dem Himmelssüdpol ein nahezu gleichseitiges Dreieck. Ihre Namen verdanken sie dem Weltumsegler Magalhães. Pigafetta, ein Begleiter Magalhães' auf seinen Reisen, hat sie erstmals beschrieben. Die Große Wolke ist etwa 8° groß, die Kleine 4°. Während seines Aufenthaltes am Kap der Guten Hoffnung (1838) zählte John Herschel Hunderte von Einzelsternen sowie Dutzende von Sternhaufen und Nebeln in den Wolken. In den 70er Jahren des vergangenen Jahrhunderts kam der Direktor des Meteorologischen Dienstes der USA, Abbé, bei der Durchsicht der Herschelschen Daten zu dem Schluß, daß die Magellanschen Wolken zweifellos extragalaktischer Natur sind, keine Teile der Milchstraße. Hätte es sich bei den Magellanschen Wolken um Spiralnebel gehandelt und nicht um irreguläre Sternsysteme, die Frage nach der Natur der Spiralnebel wäre schon 80 Jahre früher gelöst worden!
Die Magellanschen Wolken spielten beim „Großen Streit" keine Rolle, obwohl Hertzsprung bereits 1913 die Perioden-Leuchtkraft-Beziehung geeicht und mit Hilfe der Leavittschen Cepheiden die Entfernung der Wolken bestimmt hatte: 33 000 Lichtjahre. Das war zur damaligen Zeit ein Rekord. Nur die Hyadenparallaxe (130 Lichtjahre) war mit vergleichbarer Genauigkeit bekannt.

Bis vor wenigen Jahren behinderte die südliche Lage der Magellanschen Wolken ihre Erforschung. 90% der Teleskope befanden sich auf der Nordhalbkugel. Wegen der geringen Entfernung der Wolken ist ein 50-cm-Teleskop genauso effektiv wie der 5-m-Spiegel beim Andromedanebel. Mit einem 5-m-Teleskop wären Sterne von der Leuchtkraft der Sonne in den Wolken erreichbar.
Heute hat sich die Situation verbessert. Allein in Chile gibt es drei große Sternwarten. Eine Vereinigung amerikanischer Universitäten betreibt seit 1974 ein 4-m-Teleskop. Von einigen Staaten Westeuropas wurde 1976 ein 3,6-m-Teleskop in Betrieb genommen. Hinzu kam noch ein 2,5-m-Teleskop, eine Außenstation der Hale-Sternwarten. In Australien wurden seit 1974 auch schon erste Ergebnisse mit dem anglo-australischen 3,9-m-Teleskop erhalten. Zwei große Schmidt-Kameras begannen den Südhimmel zu kartographieren. Sie ergänzen damit die photographische Erfassung des Nordhimmels, die vor 30 Jahren von der Mount-Palomar-Sternwarte in Angriff genommen worden war. Die heute auf der Südhalbkugel der Erde installierten Teleskope stehen denen auf der Nordhalbkugel in nichts nach. Sie dienen u. a. der Erforschung der Magellanschen Wolken.
Die Tiefenerstreckung der Wolken ist gegenüber ihren Entfernungen vernachlässigbar. Man kann daher davon ausgehen, daß die Differenz der scheinbaren Helligkeit zweier Wolkenobjekte (bis auf einen Fehler, der aber 0,1 mag. nicht übersteigt) gleich der Differenz ihrer absoluten Helligkeiten ist. Das ist sehr wichtig. Wir verdanken dieser Tatsache die Entdeckung der Perioden-Leuchtkraft-Beziehung der Cepheiden. Andererseits sind die Magellanschen Wolken nahe genug, so daß Einzelobjekte in ihnen untersucht werden können. Ein weiterer Vorzug ist die außerordentlich geringe interstellare Extinktion in Richtung der Wolken. Beide haben eine hohe galaktische Breite, so daß die Sichtlinie nur ein kurzes Stück innerhalb der galaktischen Staubschicht verläuft. In den Wolken selbst ist die Extinktion gering, sie liegt unter 0,3 mag. Diese Vorzüge haben Shapley in den Wolken ein weites Experimentierfeld für astronomische Beobachtungsmethoden sehen lassen.
Obwohl sie „irregulär" aussehen, sind sie doch recht einfach gebaute, flache Sternsysteme, offenbar rotierende Scheiben. Davon zeugen die Radialgeschwindigkeiten der in den Wolken sichtbaren Sterne und Nebel, aber auch Vergleiche mit irregulären Galaxien, die wir von der Seite sehen. Wir blicken nahezu senkrecht von „oben" auf die Große Wolke. Die Radialgeschwindigkeiten der H I-Gebiete und der planetarischen Nebel lassen vermuten, daß die Kleine Magellansche Wolke in Wirklichkeit

aus zwei Galaxien besteht, die sich aufeinander projizieren, tatsächlich aber einen Abstand von einigen Kiloparsec haben. De Vaucouleurs meint, beide Wolken, mindestens aber die Große, ließen Andeutungen von Spiralarmen erkennen; die Balkenstruktur der Großen Wolke ist recht deutlich auszumachen.

Betrachtet man Aufnahmen der Großen Magellanschen Wolke, so fallen ein massiger, langgestreckter Balkenkörper, bestehend aus unzähligen schwachen Sternen, eine Population heißer, blauer Sterne, Gasnebel sowie zahlreiche Sternhaufen ins Auge (Abb. 38). Die Große Wolke ist außerordentlich reich an Sternhaufen, heute kennen wir bereits über 1600. Das ist das 1,5fache der Sternhaufendichte der Sonnenumgebung. Darunter befinden sich auch Kugelsternhaufen. Einige stehen den reichsten Kugelsternhaufen der Galaxis – Omega Centauri und 47 Tucanae – kaum nach. Andere Sternhaufen sind kaum als solche auszumachen. Trotzdem sind sie keineswegs arm an Sternen. Die Plejaden beispielsweise, in die Entfernung der Großen Magellanschen Wolke versetzt, hätten, wie B. Bok einmal bemerkte, eine integrale Helligkeit $V = 15^m$ bei einem Durchmesser von 15″. Auf Schmidt-Aufnahmen oder durch ein Maksutow-Teleskop photographiert, hätten sie einen Durchmesser von wenigen Zehntel Millimetern und wären schwerlich als Sternhaufen auszumachen. Große Reflektoren mit kleinem Gesichtsfeld sind für eine vollständige Durchmusterung nach Sternhaufen ungeeignet. Stichproben anhand kleiner Felder lassen für die Große Magellansche Wolke 5000 bis 6000 Sternhaufen erwarten. Die hellsten Sterne der einzelnen Sternhaufen, unterscheiden sich sehr stark in ihren scheinbaren Helligkeiten, was auf ein unterschiedliches Alter der Haufen hindeutet.

Erstaunlicherweise ist die Mehrzahl der Kugelsternhaufen der Großen Magellanschen Wolke verhältnismäßig jung. Im Gegensatz dazu sind die Kugelsternhaufen unserer Galaxis alte Objekte, wie man aus ihren Farben-Helligkeits-Diagrammen ersieht: Die Hauptreihe ist nur noch mit Sternen etwa 0,8 bis 1,0 Sonnenmassen besetzt, der obere Teil der Hauptreihe fehlt gänzlich, was für ein hohes Alter spricht (s. Abb. 25). Die hellsten Sterne in galaktischen Kugelsternhaufen sind Rote Riesen. Die Kugelsternhaufen der Großen Magellanschen Wolke hingegen enthalten viele helle, blaue Sterne, denn sie lassen sich auf Blauaufnahmen besser in Einzelsterne auflösen als auf Rotaufnahmen. Das spricht für viele blaue Sterne und ein geringes Alter. Hinsichtlich der Leuchtkraft unterscheiden sich diese „blauen" Haufen nicht von den „roten".

Ein gutes Beispiel für einen solchen „blauen" Haufen ist

9–411

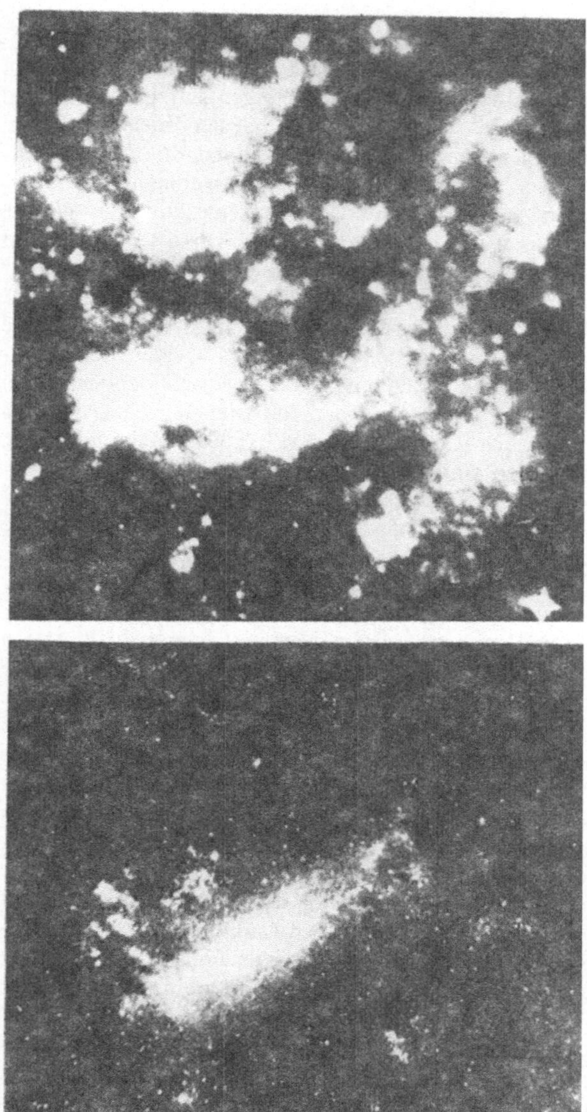

Abb. 38. Die Große Magellansche Wolke. Oben: im kurzwelligen
Ultraviolett (photographiert von der Apollo-16-Besatzung während ihres
Mondfluges); unten: im blauen Spektralbereich. Im Ultravioletten sind 8
bis 10 riesige Gebiete junger heißer Sterne auszumachen; im blauen
Spektralbereich sind sie kaum noch zu sehen, im Gegensatz zum „Balken",
der aus älteren Sternen besteht. Über dem linken Balkenende: der
Tarantelnebel

NGC 1866 im nördlichen Teil der Großen Magellanschen Wolke. Nach Thackeray stehen die blauen Sterne in NGC 1866 den roten hinsichtlich ihrer Helligkeit nicht nach, und das, obwohl es sich nach Meinung Thackerays zweifellos um einen Kugelsternhaufen handelt. Baade bemerkte dazu, daß der von Herschel eingeführte Begriff des Kugelsternhaufens zunächst nichts über das Farben-Helligkeits-Diagramm aussagt. Für das geringe Alter von NGC 1866 sprechen auch die Cepheiden, mehr als zehn in diesem Haufen gehören zur Population I. Auffällig ist, daß sich die Perioden aller dieser Cepheiden zwischen 2,5 und 3,5 Tagen bewegen. Diese Periodenhäufung wurde bereits 1951 von Shapley und McKippen-Nail festgestellt, aber noch nicht verstanden. Beide waren auf der Suche nach RR-Lyrae-Sternen, wie sie in klassischen Kugelsternhaufen in großer Zahl vorkommen. Erst am Anfang der 60er Jahre, als man erkannte, daß Cepheiden aus massereichen Hauptreihensternen hervorgehen, begann man sich wieder diesem Kugelsternhaufen zuzuwenden. Da die Periode eines Cepheiden seiner Masse proportional ist und alle Cepheiden in NGC 1866 nahezu die gleiche Masse haben, sind ihre Perioden auch nahezu gleich.

Erst 1967 veröffentlichten Arp und Thackeray das Farben-Helligkeits-Diagramm dieses Haufens (Abb. 39). In diesem Diagramm, das das geringe Alter des Haufens verdeutlicht, besetzen die Cepheiden nur das linke Ende des Überriesenastes. Hier liegen etwa 40 Sterne – viel mehr als in jedem beliebigen anderen Haufen. Das linke Ende des Überriesenastes reicht in die Instabilitätszone. Alle Sterne, die sich in diesen Streifen des Hertzsprung-Russell-Diagramms aufhalten, müssen pulsieren. (Ein Beispiel dafür sind auch die RR-Lyrae-Veränderlichen des Horizontalastes gewöhnlicher Kugelsternhaufen.)

Bis vor kurzem glaubte man, diese Art von Kugelsternhaufen käme nur in den Magellanschen Wolken vor, doch zeigte eine Integralphotometrie von Sternhaufen in M 31, die von van den Bergh publiziert wurde, daß mindestens sieben davon Farben und Leuchtkräfte besitzen, die denen der „blauen" Kugelsternhaufen in der Großen Magellanschen Wolke entsprechen. Bisher ist das noch offen, ob es sich um Kugelsternhaufen, also kompakte Objekte, handelt. Einer von ihnen, der dritthellste Sternhaufen in M 31 überhaupt, ist sogar noch blauer als NGC 1866. In seiner unmittelbaren Nähe befindet sich der Cepheid H 40 mit einer Periode von 34 Tagen, der sicherlich mit dem Sternhaufen physisch verbunden ist. Vielleicht ist die O-Assoziation Cygnus II (Cyg OB 2) in unserer Galaxis ein Analogon zu den „blauen" Kugelsternhaufen in den Magellanschen Wolken, wie die schotti-

9*

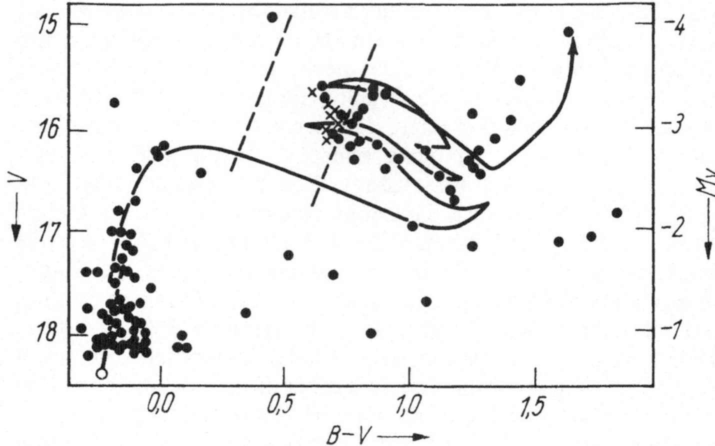

Abb. 39. Das Farben-Helligkeits-Diagramm des jungen Kugelsternhaufens NGC 1866. Auf dem Instabilitätsstreifen (– – – –) befinden sich Cepheiden (×)

schen Astronomen Reddish, Lourent und Pratt vermuten. Außer den einigen Dutzend OB-Sternen, derentwegen man dieses Sternaggregat als O-Assoziation einordnet, fanden sie auf Rotplatten noch mehr als 3000 Sterne heller 20. Größe. Wegen der hohen Extinktion waren diese Sterne früher übersehen worden. Der Sternhaufen ist 29 pc × 17 pc groß, was in etwa der Größe der Sternhaufen in der Großen Magellanschen Wolke entspricht, seine Masse dürfte 10^5 Sonnenmassen erreichen. Möglicherweise verstecken sich auch andere junge Kugelsternhaufen der Galaxis hinter Staubkomplexen. Junge Kugelsternhaufen gibt es auch im Dreiecksnebel (M 33).

Nebenbei bemerkt, galaktische Sternhaufen wie h und χ Persei sind ärmer an Sternen als die jungen Kugelsternhaufen der Großen Magellanschen Wolke, obwohl sie hinsichtlich ihrer Leuchtkräfte miteinander durchaus vergleichbar sind. Daß h und χ Persei heute so hell sind, ist auf die leuchtstarken blauen und roten Sterne dieses jungen Doppelsternhaufens zurückzuführen. Seine Leuchtkraft klingt jedoch rasch ab. Wenn er erst einmal so alt ist wie heute NGC 1866, wird er bereits wesentlich lichtschwächer sein als dieser.

Auf die Frage, warum in der Großen Magellanschen Wolke Sternhaufen vorkommen, die hinsichtlich ihrer Größe und Konzentration mit den galaktischen Kugelsternhaufen vergleichbar sind, aber so jung sind wie die offenen Sternhaufen, gibt es zur

Zeit noch keine befriedigende Antwort. Möglicherweise kommen wir der Lösung näher, wenn wir uns fragen, weshalb diese Sternhaufen in Spiralgalaxien nur selten auftreten. Vielleicht vermag uns auch hier die Dichtewellentheorie weiterzuhelfen: Galaktische Stoßfronten, die mit Dichtewellen verbunden sind, oder auch Supernovae produzieren lockere, ausgedehnte Sternassoziationen, keine zum Zentrum hin konzentrierten Kugelsternhaufen. Diese entstehen vermutlich nur, wenn eine große Gaswolke – unbeeinflußt von äußeren Störungen – Zeit hat, unter ihrer eigenen Schwerkraft zu kollabieren.

In der Großen Magellanschen Wolke ist bisher nur relativ wenig Gas für Sternentstehungsvorgänge verbraucht worden; ihr Gasanteil ist deshalb einige Male höher als in unserer Galaxis. Vermutlich ist das der Grund dafür, daß wir in der Großen Magellanschen Wolke leichter Sternentstehungsprozesse beobachten können als in unserer eigenen Galaxis.

Die Magellanschen Wolken mit ihrer reichhaltigen Kollektion an Sternhaufen und Assoziationen sind der Beweis dafür, daß die Sternentstehung durchaus in unterschiedlichem Milieu ablaufen kann: Wir beobachten sowohl stark zum Zentrum hin konzentrierte dichte Sternhaufen von einigen Dutzend bis zu Hunderttausenden von Sternen als auch lockere Ansammlungen junger Sterne in Gebieten von 10 bis 100 pc Durchmesser.

Gruppen heißer blauer Sterne sind meist eingebettet in Emissionsnebel. Davon enthält die Große Magellansche Wolke viele. Loucka und Hodge zählten insgesamt 122 Emissionsnebel mit Durchmessern zwischen 15 und 150 pc (mit einem Mittelwert um 78 pc). Sie zeigen keinerlei Konzentration zum Zentrum und ähneln normalen Sternassoziationen. Die größten Sternansammlungen dieser Art, mit einem mittleren Durchmesser von 225 pc, fand Shapley bereits 1953; er prägte dafür den Begriff der Sterngruppen. Ein Beispiel hierfür ist der Tarantelnebel, die größte Sterngruppe dieser Art. Die Form des Nebels erinnert an eine Spinne. In seinem Zentrum befindet sich eine Ansammlung heißer Sterne (Abbn. 40 und 41).

Aus der Anordnung der Sternhaufen und Cepheiden in der Großen Magellanschen Wolke ergaben sich in den vergangenen Jahren wichtige Hinweise auf die Geschichte der Sternentstehung in dieser Galaxie. Es wird immer deutlicher, daß der Prozeß der Sternentstehung gleichzeitig große Gebiete erfaßt. Das wurde bereits von Baade vermutet und 1964 von B. Westerlund bestätigt. 1973 fand Hodge, daß in einem Gebiet von 1 kpc Durchmesser die meisten Sternhaufen gleich alt sind. Später hat der Autor darauf hingewiesen, daß es Gebiete von 300 bis 900 pc

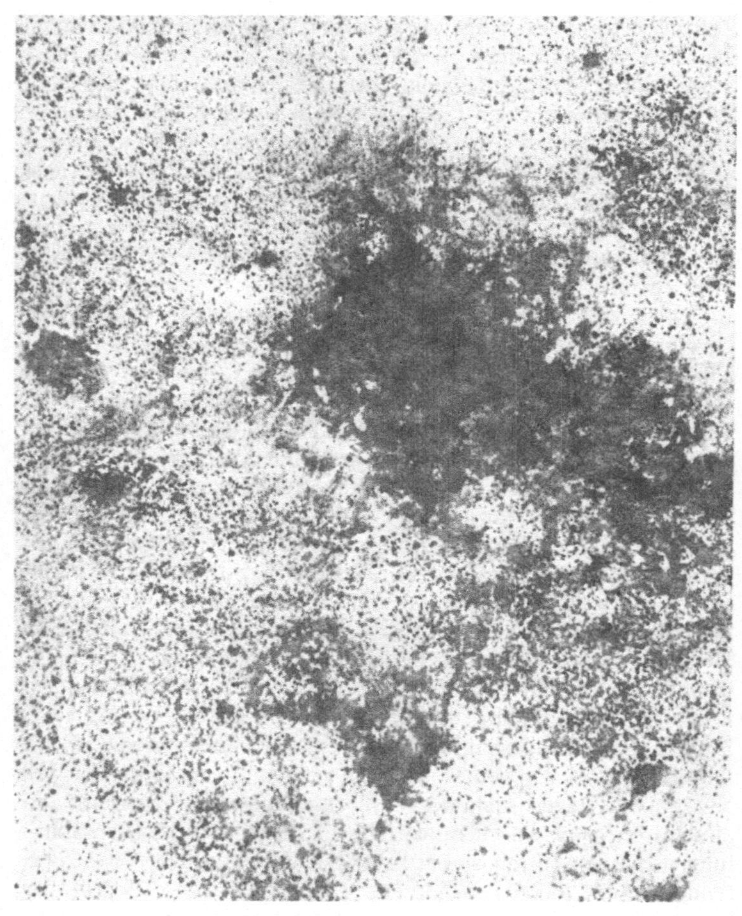

Abb. 40. Der Tarantelnebel (30 Doradus). Hier entstehen Sterne. Im Zentrum befindet sich ein sehr junger Kugelsternhaufen. Rechts oberhalb und unterhalb des Tarantelnebels sind umfangreiche Sternassoziationen auszumachen, am linken Bildrand der junge Kugelsternhaufen NGC 2100

Ausdehnung gibt, in denen die Cepheiden nahezu die gleichen Periodenlängen (und folglich auch gleiches Alter) besitzen. Sternhaufen, die sich gleichfalls in diesen Gebieten befinden, weisen in der Regel das gleiche Alter wie die Cepheiden auf. Nach der Streuung der Periodenlängen zu urteilen, wurden die Sterne in diesen „Keimzellen der Sternentstehung" innerhalb weniger Zehnmillionen Jahre geboren. Auffallend ist auch, daß in einigen Gebieten Cepheiden völlig fehlen. Der Grund dafür könnte sein,

daß diese Gebiete entweder jünger als 10^7 Jahre oder aber älter als 10^8 Jahre sind. (10^7 Jahre alte Cepheiden haben Perioden um 50 Tage, 10^8 Jahre alte Perioden um 2 Tage.) Beispielsweise werden weder in dem Gebiet des Tarantelnebels (600 pc Durchmesser), dessen heiße blaue Sterne und dessen Gas für ein äußerst geringes Alter dieses Wolkenkomplexes sprechen, noch um den alten Sternhaufen NGC 1783 Cepheiden gefunden.
Obwohl die Anzahl der Sternhaufen und Assoziationen in der Kleinen Magellanschen Wolke deutlich geringer ist als in der Großen, steht sie dieser hinsichtlich der Anzahl der Cepheiden jedoch nicht nach. In jeder der beiden Wolken sind bisher etwa 1200 Cepheiden gezählt worden. Die Erforschung der Cepheiden der Magellanschen Wolken ist eines der am längsten während der Forschungsvorhaben der modernen Astronomie. Bereits 1895 begann auf der Außenstation der Harvard-Sternwarte in Peru die photographische Überwachung der Magellanschen Wolken. Trotz der Anstrengungen Shapleys und seiner Kollegen konnte bisher nur etwa ein Drittel aller Veränderlichen in den Wolken genauer untersucht werden. Shapley schätzt, daß in der Großen Magellanschen Wolke 0,5 bis 4% aller Sterne der 13. bis 16. Größenklasse Cepheiden sind. Der Anteil der Cepheiden wächst außerdem mit zunehmender Sterndichte. 1966 veröffentlichten C. Payne-Gaposchkin, S. Gaposchkin und ihre Mitarbeiter die Untersuchungsergebnisse, z. T. bis ins Jahr 1953 zurückreichend, über 1493 Sterne der Kleinen Magellanschen Wolke. Eine analoge Bestandsaufnahme der Großen Magellanschen Wolke wurde sogar erst 1971 abgeschlossen. Dazu mußten rund 4000 Platten durchgesehen und mehr als 2 Mill. Helligkeitsschätzungen an veränderlichen Sternen vorgenommen werden.
Lange schon ist bekannt, daß die mittlere Periodenlänge der Cepheiden der Großen Magellanschen Wolke kleiner ist als die galaktischer Cepheiden. Wie sich nun herausstellte, ist die mittlere Periodenlänge der Cepheiden der Kleinen Magellanschen Wolke noch geringer. Möglicherweise ist diese Verkleinerung der mittleren Periodenlänge auf eine Abnahme des Metallgehalts zurückzuführen. Dazu müßten sich metallarme Sterne geringer Masse (und folglich kleiner Periodenlänge) länger im Instabilitätsstreifen des Hertzsprung-Russell-Diagramms aufhalten als metallreiche Sterne gleicher Masse. Doch die Perioden-Alters-Beziehung gibt uns eine einfachere Erklärung in die Hand. Möglicherweise fand die Epoche intensiver Sternbildung in der Kleinen Magellanschen Wolke früher statt als in der Großen Magellanschen Wolke. (Erinnern Sie sich: das Alter der Cepheiden beträgt 10^7 bis 10^8 Jahre.) Schwieriger ist indes zu verstehen,

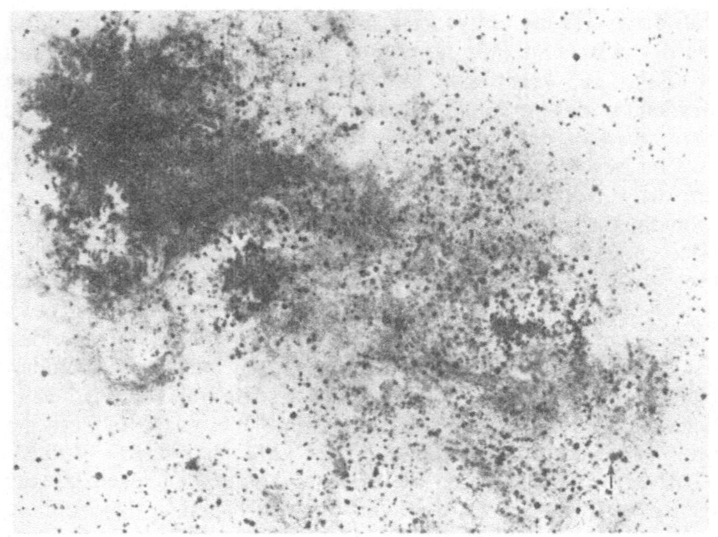

Abb. 41a. Detail der Superassoziation 30 Doradus (Tarantelnebel). Diese riesige H II-Region erscheint dem bloßen Auge als schwaches Sternchen (30 Doradus). Rechts die OB-Assoziation HL 90, an derem Rand sich der blaue Überriese Sk – 69°202 befindet (befand!), der im Februar 1987 als Supernova explodierte. Die Aufnahme ist am 70-cm-Astrographen der chilenischen Außenstation des Pulkowo-Observatoriums erhalten worden. Die Supernova ist mit dem Pfeil (rechts unten) markiert. Der Kugelsternhaufen im Zentrum des Tarantelnebels ist auf dieser Blauaufnahme vom Leuchten des ionisierten Wasserstoffs überstrahlt. Rechts von der Supernova – 5 bis 10 pc entfernt – ein Doppelsternhaufen. Sk – 69°202 dürfte das hellste Mitglied seiner Korona gewesen sein

wieso in der Kleinen Magellanschen Wolke die Anzahl der Cepheiden pro Flächeneinheit drei- bis viermal größer ist als in der Großen Magellanschen Wolke und in dieser wiederum etwa um eine Größenordnung größer als in unserer Galaxis und M 31. In M 31 findet man sieben bis zehn Cepheiden pro kpc^2. Die hohe Cepheidendichte in der Kleinen Magellanschen Wolke könnte mit der großen Tiefenerstreckung dieser Wolke entlang der Sichtlinie zusammenhängen, aber auch mit den großen Amplituden kurzperiodischer Cepheiden, die man deswegen leichter findet. Es wäre interessant, die räumlichen Dichten der Cepheiden mit denen ihrer Vorläufer (B-Sterne) in verschiedenen Gebieten dieser Galaxien miteinander zu vergleichen. Eine zeitlich und örtlich variable Sternentstehungsrate in den Galaxien könnte für die beobachteten Unterschiede hinsichtlich der Sternpopulation und der chemischen Zusammensetzung usw. entscheidend sein. Die

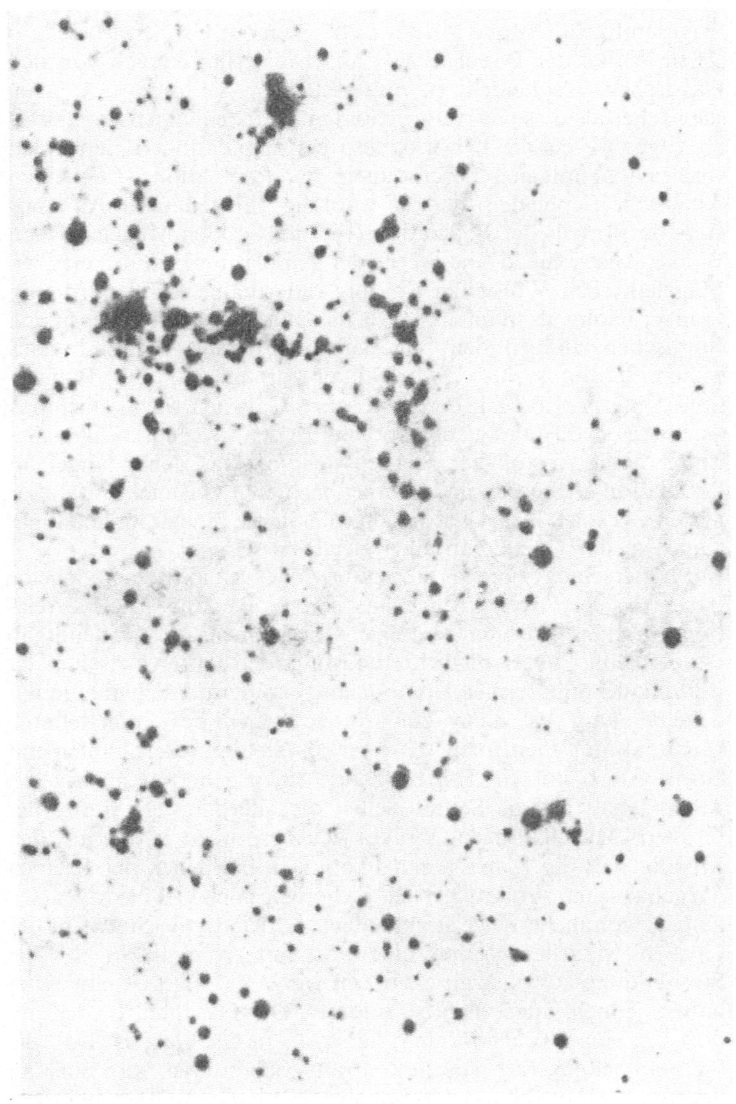

Abb. 41b. Ein Teil der in Abb. 41a dargestellten Superassoziation

Sternentstehungsrate ihrerseits hängt vom physikalischen Zustand der gasförmigen Materie ab, ihrer Dichte, ihrer Temperatur, den Bewegungsverhältnissen im Gas, dem Staubgehalt, dem Magnetfeld u. dgl. m.

Insgesamt gehören nur 1% der Cepheiden der Großen Magellanschen Wolke der Population II an. (Diese sind einfach von den klassischen Cepheiden zu unterscheiden – sie sind 2,4 mag. schwächer als diese bei vergleichbaren Periodenlängen von 20 bis 30 Tagen.) Falls die Lebensdauern der Population-II-Cepheiden vergleichbar mit den Lebensdauern der Population-I-Cepheiden (klassische Cepheiden) sind, so wäre dies die genaueste Abschätzung des Anteils der Population II in der Großen Magellanschen Wolke. Anscheinend sind Sterne der Population II in der Großen Magellanschen Wolke um eine bis anderthalbe Größenordnung weniger häufig als in unserer Galaxis. Offensichtlich kam es in den elliptischen und in den Spiralgalaxien bereits während eines frühen Stadiums ihrer Entwicklung zur Bildung der Population-II-Sterne. Im Falle der elliptischen Galaxien war danach das Gas bereits vollständig aufgebraucht. In den irregulären Galaxien fehlte dieser Anstoß zur Sternentstehung, was den Mangel an Population-II-Sternen und den beobachteten Gasreichtum dieser Systeme erklärt. Das Alter der ältesten Sterne scheint, unabhängig vom Typ der Galaxie, in allen gleich zu sein.

Im Unterschied zu den Sternhaufen der galaktischen Scheibe lassen die der Großen Magellanschen Wolke eine gute Korrelation zwischen Alter und Metallgehalt erkennen. Anscheinend gab es dort keine Pause von mehreren Milliarden Jahren zwischen der Bildung der sphärischen Komponente und der der Scheibe. In der Scheibe kam es dann zur Anreicherung des interstellaren Mediums mit Elementen schwerer als Helium. Sternhaufen mit einem Alter von 10^9 Jahren haben einen zehnmal niedrigeren Metallgehalt als die Sonne. Selbst die allerjüngsten Sterne der Großen Magellanschen Wolke scheinen nicht ganz an den Metallgehalt der Sonne heranzukommen. Bei denen der Kleinen Magellanschen Wolke ist er mit Sicherheit noch viel niedriger. Da ganz gewöhnliche Kugelsternhaufen und RR-Lyrae-Sterne in der Großen Magellanschen Wolke vorkommen, muß in ihr die Sternbildung etwa zur gleichen Zeit wie in der Galaxis eingesetzt haben, jedoch längst nicht so intensiv. Der Gasanteil ist deshalb dort um eine Größenordnung höher als in der Galaxis. Daß die Sternentstehungsrate nahezu konstant geblieben ist, wird auch an der großen Anzahl von Sternhaufen mittleren Alters ersichtlich. Ihre Farben-Helligkeits-Diagramme weichen jedoch von denen gleichaltriger galaktischer Sternhaufen ab, des deutlich geringeren Metallgehalts wegen.

Aufschlußreich sind auch die beiden RR-Lyrae-Sterne im sternarmen Haufen HS 83. Sie weisen auf das gesetzte Alter dieses Haufens hin. Ihn als Kugelsternhaufen zu bezeichnen geht kaum an, er ist nur ein blasser Fleck. Selbst die ärmsten galaktischen Kugelsternhaufen sind eine Größenordnung heller. Er muß, nach der Helligkeit der RR-Lyrae-Sterne zu schließen, viel näher sein als die zentralen Teile der Großen Magellanschen Wolke. Dieser Distanz zum Wolkenzentrum hat es HS 83 wohl zu danken, daß er unbeschadet seiner Kümmerlichkeit noch existiert. In der Galaxis fehlen derart arme Kugelsternhaufen – vermutlich, weil nur reiche Haufen den zerstörenden Gezeitenkräften des galaktischen Zentralkörpers haben widerstehen können. So die Schlußfolgerung des Moskauer Astronomen W. G. Surdin.

Der Sternhaufen NGC 2070 – er befindet sich im Zentrum des Tarantelnebels – ist sicherlich der jüngste Haufen massereicher Sterne, den wir kennen. Er ist nur in jenen Wellenlängenbereichen zu sehen, in denen der gigantische Emissionsnebel, der ihn umgibt, nicht so intensiv leuchtet. Der Nebel ist sogar dem unbewaffneten Auge zugänglich. Seine scheinbare Helligkeit kommt an die des Orionnebels heran, und das, obwohl er rund 100mal weiter entfernt ist als dieser. Seine Leuchtkraft muß folglich $100^2 = (2,512)^{10}$mal die des Orionnebels übertreffen. Bei gleicher Entfernung wäre der Tarantelnebel um 10 Größenklassen heller als der Orionnebel! Er wäre so hell wie die Venus und so groß wie das gesamte Sternbild Orion! Nach der Masse wie auch nach der starken Konzentration der Sterne zum Zentrum zu urteilen, verdient es der Sternhaufen im Innern des Tarantelnebels, als Kugelsternhaufen angesprochen zu werden. Er dürfte damit der weitaus jüngste unter den bekannten Kugelsternhaufen sein – höchstens $3 \cdot 10^6$ Jahre alt.

Der Tarantelnebel wird im wesentlichen von einem einzigen heißen Stern zum Leuchten angeregt. Er übertrifft alle anderen um zwei Größenklassen und trägt nach dem Katalog des Radcliff-Observatoriums die Katalognummer R 136. Das Spektrum vereint gleichermaßen Merkmale eines O-Sterns wie eines Wolf-Rayet-Sterns in sich. Die wahre Natur des Sterns ist unbekannt. Es gibt Hinweise, wonach es sich bei R 136 um einen extrem engen Haufen heißer Sterne handelt, das Herzstück von NGC 2070. Dafür spricht auch seine zentrale Stellung im Haufen. Der Annahme, es könne sich um einen Einzelstern von rund 3000 Sonnenmassen handeln, wurde inzwischen der Boden entzogen. Interferometrisch gelang es, R 136 aufzulösen.

Der „Stern“ ist hochgradig labil, wie das Spektrum vom Wolf-Rayet-Typ erkennen läßt. Es kommt zu Materieauswürfen. Außer R 136 enthält NGC 2070 noch zwölf andere Wolf-Rayet-Sterne. Acht weitere finden sich in der Korona dieses Sternhaufens. Das ist sehr viel. In der gesamten Großen Magellanschen Wolke – auf

einer Fläche also, die tausendmal größer ist als die des Sternhaufens – gibt es nur 101 Sterne dieses Typs. Das Studium gerade
dieses Sternhaufens ist außerordentlich wichtig, will man begreifen, wie massereiche Sterne entstehen und sich anfänglich
entwickeln.
Ein jüngstes Ereignis bestätigt dies. In der Superassoziation
30 Doradus, die den Sternhaufen NGC 2070 umgibt, kam es am
24. Februar 1987 zu einer Supernovaexplosion, der ersten nach
Kepler, die noch heute (Oktober 1987) mit bloßem Auge zu sehen
ist. Sie ist dem Typ II zuzurechnen. Als Typ-II-Supernovae enden
laut Theorie massereiche Sterne, nachdem ihre thermonuklearen
Energiequellen versiegt sind. Die Superassoziation 30 Doradus
kennt neben den bereits erwähnten Wolf-Rayet-Sternen noch
andere massereiche heiße Sterne. So nimmt es nicht wunder, daß
es gerade hier (wenn auch in der Randzone, s. Abb. 41) zu einem
Ausbruch kam. Nach der Anzahl der Supernovaüberreste und
ihrer Lebensdauer zu schließen, flammt in der Großen Magellanschen Wolke im Schnitt aller 300 Jahre eine Supernova auf. Daß
gerade wir das erleben durften, ist ein wahrer Glücksfall.
Unmittelbar nach dem Ausbruch konnte von mehreren Obser-
vatorien, darunter auch vom Sternberg-Institut, erstmals der
Stern namhaft gemacht werden, der als Supernova explodiert ist.
Es war ein blauer Überriese (B 3 I). Das warf die Erwartungen der
Theoretiker über den Haufen, die eher mit einem Wolf-Rayet-
Stern oder einem roten Überriesen als Präsupernova gerechnet
hatten.
Die Große Magellansche Wolke hat damit erneut bewiesen,
welche Rolle den nächstgelegenen Galaxien als Prüfstein für die
astronomischen Verfahren wie für die Theorie zukommt.

Der Andromedanebel

Der Andromedanebel (M 31) ist die einzige Galaxie des Nordhim-
mels, die mit bloßem Auge gesehen werden kann. Sie ist 2 300 000
Lichtjahre von uns entfernt; viele der hellen Überriesen, die in den
Spiralarmen des Andromedanebels zu sehen sind, sind schon
längst erloschen. Als ihr Licht ausgestrahlt wurde, waren die
Menschen gerade im Begriff, das Tierreich zu verlassen.

Leider hindert uns die starke Neigung von M 31 (der Winkel zur Sichtlinie beträgt nur etwa 15°), die Struktur dieser Galaxie unmittelbar zu erfassen. Am auffälligsten sind auf Photographien die Spiralarme. Versuchen wir das Bild der Spiralstruktur anhand der Emissionsnebel (es sind ungefähr 1000 bekannt) zu entzerren, wie es Arp getan hat, so zeigt sich, daß viele H II-Gebiete auf einem Ring von etwa 10 kpc Durchmesser liegen. Innerhalb und außerhalb des Rings markieren die Emissionsnebel Teile der Spiralstruktur.

M 31 hat wahrscheinlich zwei Spiralarme mit vielen Abzweigungen. Baade, der 30 Jahre lang den Andromedanebel, zuerst mit dem 2,5-m-Spiegel, später mit dem 5-m-Spiegel, untersucht hat, glaubte zu beiden Seiten des Kerns, sowohl nördlich als auch südlich von ihm, bis zu sieben Schnittpunkte der Spiralarme mit der großen Halbachse gezählt zu haben. Ob es sich bei entfernten Spiralarmstückchen um ein und denselben Arm oder um mehrere Arme handelt, konnte er nicht entscheiden. Verfolgen wir die Spiralarme, vom Zentrum beginnend, nach außen, so bemerken wir eine Veränderung im Charakter der Arme. Zunächst erblicken wir in der Hauptachse Staubarme, wie Baade schreibt, weiter außen überwiegen helle Überriesen (unter diesem Begriff wollen wir im folgenden auch die hellen blauen Hauptreihensterne einordnen), der Staubanteil verringert sich. In 10 kpc Abstand vom Zentrum erreicht die Dichte der Überriesen ein Maximum. In noch größeren Entfernungen verschwindet zunächst der Staub, später auch die Population blauer Sterne. Gruppen blauer Sterne lassen sich noch in 25 kpc Abstand vom Zentrum nachweisen, Kugelsternhaufen sind noch in 30 kpc Abstand vorhanden, wie A. S. Scharow gezeigt hat.

Auf Photographien von M 31 (Abb. 42) fallen außer den Spiralarmen vier helle Gebiete auf: der Galaxien„bulge" (der Zentralkörper), zwei elliptische Begleitsternsysteme (M 32 und NGC 205) und die auffällige Sternwolke NGC 206 im südwestlichen Teil der Galaxie. Der Spiralast S4, in dem NGC 206 liegt, und die beiden benachbarten inneren Spiralarmabschnitte im südlichen Teil von M 31 sind in Richtung von M 32 verschoben: Die Gezeitenkräfte, die vom Begleitsternsystem des Andromedanebels ausgehen, beeinflussen offensichtlich die Spiralstruktur. NGC 205 ähnelt auf Aufnahmen, die mit lichtstarken Teleskopen gewonnen wurden, einer Balkenspirale. Ihre Sternpopulation zählt aber zweifellos zum Typ II (Abb. 43). Von NGC 205 erstreckt sich eine Ausbuchtung in Richtung auf den M 31-Kern; es scheint sich um einen durch Gezeitenkräfte hervorgerufenen Spiralarmast zu handeln. NGC 205 kann demnach als an-

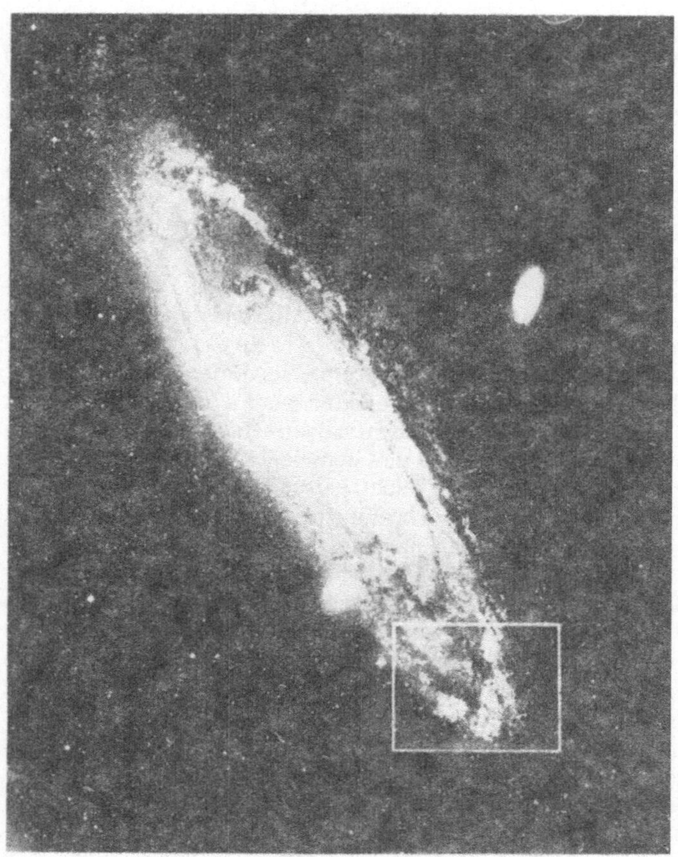

Abb. 42. Der Andromedanebel (M 31) mit zwei seiner Begleiter: NGC 205 (oben) und M 32 (unterhalb des Zentralteils von M 31). Das Rechteck markiert das auf den Abbn. 44 und 45 vergrößert wiedergegebene Gebiet des Spiralarms S4

schauliches Beispiel für die Hypothese dienen, wonach Spiralarme beim nahen Vorübergang zweier Galaxien entstehen. Astronomen des Andromedanebels könnten bestimmt ebensolche Brücken beobachten wie die, die unsere Galaxis mit den Magellanschen Wolken verbindet. Wir können unsere Kollegen in M 31 nur um diesen Anblick beneiden, haben sie doch unmittelbar vor ihrer Haustür zwei elliptische Galaxien und etwas weiter entfernt die wohlgeformte Spirale M 33 im Sternbild Dreieck. Sicherlich ist ihnen dieses Bild schon zur Gewohnheit geworden, und sie würden sich gerne unsere beiden irregulären Begleiter aus der

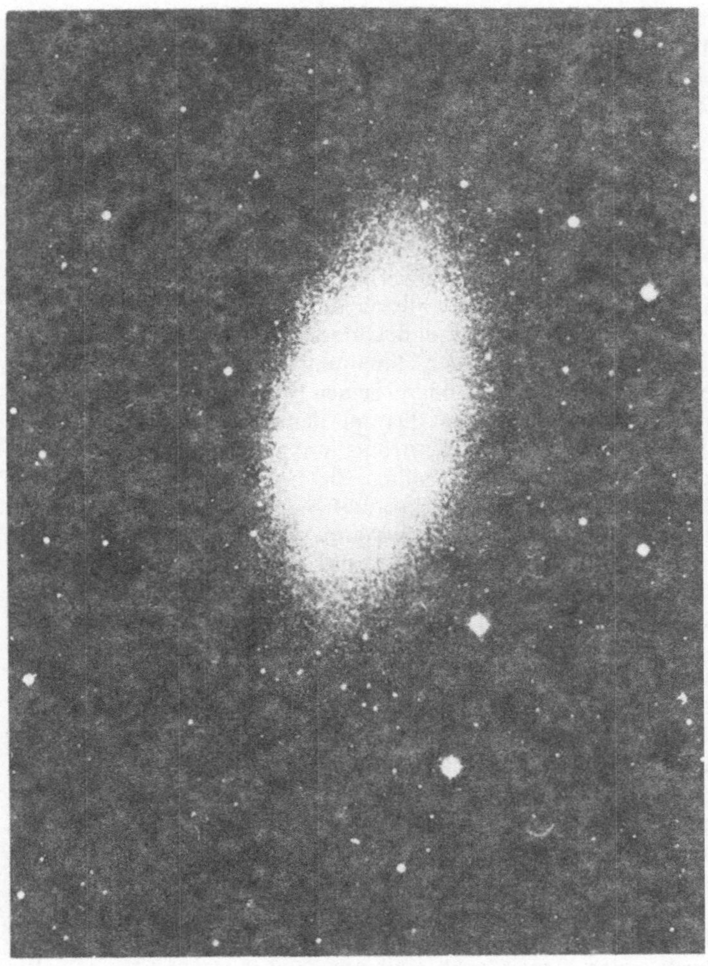

Abb. 43. NGC 205 – der pekuliare elliptische Begleiter von M 31, aufgenommen am 5-m-Teleskop. Die Galaxie ist in Sterne aufgelöst: Rote Riesen der Population II

Nähe betrachten. Es wäre aufschlußreich, einmal zu hören, wie Beobachter im Andromedanebel unsere Galaxis beschreiben.

Trotz zahlreicher Versuche war es Hubble nicht möglich gewesen, den hellen Zentralteil von M 31 in Einzelsterne aufzulösen. Noch 1929 vermutete er – im Sinne der damals weitverbreiteten Jeansschen Anschauungen über die Natur der Spiralnebel –, daß nur die Randgebiete der Galaxie in Sterne auskondensiert seien, ihr Zentralgebiet hingegen noch aus Gas bestehe. In dieser Hinsicht ähneln die beiden Begleitsternsysteme, die uns am nächsten stehenden elliptischen Sternsysteme überhaupt, dem Zentralgebiet des Andromedanebels. Auch in ihnen fanden Beobachter lange Zeit keine direkten Anzeichen für das Vorhandensein einer Sternpopulation. Im Gegensatz dazu ließen sich die äußeren Teile der Spiral- und irregulären Galaxien verhältnismäßig leicht mit Hilfe des 2,5-m-Teleskops in Sterne auflösen. (Wie wir gesehen haben, hatte dies bereits Ritchey mit dem 1,5-m-Reflektor erfolgreich vermocht.) Andere elliptische Galaxien verhalten sich, wie Untersuchungen ergaben, ähnlich. Viele Astronomen vermuteten, daß Unterschiede in den Sternpopulationen für diese seltsame Trennung verantwortlich sind: Im zentralen Teil von M 31 und in seinen beiden Begleitern fehlen die leuchtkraftstarken Sterne. Darauf deuten auch die spektralen Eigenschaften des M 31-Zentrums hin: Sein Spektrum entspricht dem eines dG 5-Sterns. Sollten die hellsten Sterne tatsächlich Hauptreihensterne vom Spektraltyp G 5 sein – mit einer absoluten Helligkeit von $+5^M$ –, so bestand wahrlich keine Hoffnung, Einzelsterne auszumachen. Doch als sich 1942 Baade (1893–1960) Platten von M 31 besah, um die Helligkeitsstandards in der Galaxie zu überprüfen, fielen ihm auf einigen unter besten Bedingungen aufgenommenen Platten Anzeichen für eine Auflösung des Zentralgebiets auf. („Überall war diese zweifellos vorhandene Struktur zu sehen, aber kein einziger Stern", schrieb Baade.) Baade besaß noch zu Beginn des 2. Weltkriegs seine deutsche Staatsangehörigkeit, obwohl er seit 1929 an der Mount-Wilson-Sternwarte tätig war, und wurde am Arbeitsort interniert. Er bedauerte die Entscheidung der amerikanischen Behörden keineswegs, wurde er doch nicht wie viele seiner Kollegen zum Kriegsdienst verpflichtet, auch mußte er nicht an Rüstungsaufgaben arbeiten. Er genoß vielmehr den Vorteil, fast allein über das 2,5-m-Teleskop verfügen zu dürfen. Begünstigt wurde seine Arbeit auch dadurch, daß Los Angeles, die benachbarte Großstadt, verdunkelt war und er selbst im blauen Spektralbereich bis zu 90 Minuten lang belichten konnte. Baade sah den günstigsten Zeitpunkt für die entscheidende Arbeit über den Andromedanebel gekommen.

Auf blauempfindlichen Emulsionen hatte er keine Chance, den Zentralteil von M 31 in Einzelsterne aufzulösen. Kamen also nur noch rotempfindliche Photoplatten in Frage, die sich acht bis neun Stunden belichten ließen. Wegen der längeren Belichtungszeit und des im Roten schwächeren Himmelshintergrundes ergab sich für A0-Sterne, ungeachtet der geringeren Empfindlichkeit der Rotplatten, ein Verlust von ganzen 0,4 mag. relativ zu Blauaufnahmen. Bei einem Farbenindex von $+0,9$ mag. für den Zentralteil des Andromedanebels ließen Rotaufnahmen einen Reichweitengewinn von 0,5 mag. erwarten. Darauf setzte Baade, als er die Arbeiten begann.

Für die praktische Tätigkeit am Teleskop brauchte er nicht nur beste Beobachtungsbedingungen, auch die Platten mußten über mehrere Stunden genau in der Brennebene des Spiegels gehalten werden. Das war überaus schwierig, war doch der Spiegel des 2,5-m-Teleskops aus gewöhnlichem Glas mit einem hohen Ausdehnungskoeffizienten gefertigt. Der Brennpunkt konnte sich im Laufe einer Nacht um mehrere Millimeter ändern. Die von Foucault eingeführte Fokussierungstechnik kam für Baade nicht in Frage, sie hätte Unterbrechungen der Belichtung zur Einstellung eines hellen Sterns zur Folge gehabt.

Baade entwickelte im Verlaufe eines Jahres eine völlig neue Technik: Er betrachtete den Leitstern mit 2800facher Vergrößerung und konnte aus der Veränderung der durch Abbildungsfehler hervorgerufenen „Koma" die jeweilige Brennweitenkorrektur angeben. Mit diesem Verfahren gelang es ihm im August und September 1943, zunächst den Zentralteil des Andromedanebels und schließlich auch die beiden Begleiter von M 31 in Sterne aufzulösen.

Baades Nebelaufnahmen waren übersät von Tausenden „roter Sterne". Was sind das für Sterne? Selbstverständlich mußte es sich um Riesensterne handeln. Aber die Riesen, die im Hertzsprung-Russell-Diagramm offener Sternhaufen vorkommen, sind 0. Größe und viel zu lichtschwach, als daß sie 1943 im Andromedanebel zu sehen gewesen wären. Da erinnerte sich Baade an die Roten Riesen der Kugelsternhaufen, die gewöhnlich um drei Größenklassen heller sind als die der offenen Sternhaufen. Um diese mußte es sich auf seinen Aufnahmen handeln. Bestärkt wurde Baade in seiner Auffassung, als es ihm gelang, auch die 12° von M 31 entfernten elliptischen Galaxien NGC 147 und NGC 185 in Einzelsterne aufzulösen. Beide sind leuchtkraftschwächer als M 32 und NGC 205 und müssen als Übergangstyp zwischen den M 31-Begleitern und den 1938 von Shapley entdeckten Zwerggalaxien im Sculptor und im Fornax angesehen werden.

Die Zwerggalaxie im Sternbild Sculptor ist nach Shapley ein Sternschwarm von rund 75′ Durchmesser. Die Sternchen sind schwächer als 17^m8. Ihm ähnlich ist das Fornax-System, nur daß die Sterne noch schwächer sind. Auf Aufnahmen mit kleinen Astrographen liegen diese Sterne bereits jenseits der Plattenreichweite, die Galaxie ist nicht sichtbar. Hingegen ist sie als diffuses Wölkchen auf Aufnahmen mit lichtstarken Kameras mit kleinem Abbildungsmaßstab zu sehen. Von gewöhnlichen elliptischen Galaxien unterscheiden sich die Zwergsysteme nur hinsichtlich ihrer geringen Sterndichte und ihrer winzigen Abmessungen. Hubble und Baade fanden sowohl im Fornax- als auch im Sculptor-System RR-Lyrae-Veränderliche, die wie in den Kugelsternhaufen etwa 1,5 mag. schwächer als die hellsten Sterne sind. Damit war klar, es muß von den Kugelsternhaufen zu den Begleitern des Andromedanebels einen kontinuierlichen Übergang geben: Die auf den Platten sichtbaren Einzelsterne sind Rote Riesen, wie sie in den Kugelsternhaufen vorkommen.

Die offenkundigen Unterschiede zwischen den Sternpopulationen in elliptischen Galaxien, den Zentralteil des Andromedanebels eingeschlossen, sowie der Sternpopulation im äußeren Teil des Andromedanebels und der der Sonnenumgebung deutete Baade 1944 als einen Hinweis auf zwei Populationstypen mit unterschiedlichen Farben-Helligkeits-Diagrammen. Prototyp für die Population II sind die Kugelsternhaufen, Population-II-Sterne kommen sowohl in Kugelsternhaufen als auch in elliptischen Galaxien vor. Gemischt mit Population-I-Sternen, bilden sie die Zentralgebiete der Spiralgalaxien. Die Population I, deren Farben-Helligkeits-Diagramm wir bereits kennengelernt haben, bevölkert die Spiralarme der Galaxien. Wir finden sie auch in der Sonnenumgebung. Die Objekte der Population I sind stark zur galaktischen Ebene konzentriert, während die Population II sphärisch um das Zentrum angeordnet ist.

Nachdem Baade sein Zwei-Populationen-Konzept entwickelt hatte, bemerkte er, daß Oort bereits 1926 ähnliche Beziehungen zwischen räumlicher Anordnung und physikalischen Eigenschaften der Sterne aufgezeigt hatte. In die gleiche Richtung zielten auch die Untersuchungen Bottlingers. Er hatte 1933 vorgeschlagen, die Sterne entsprechend ihrer Konzentration zur galaktischen Scheibe in drei Gruppen einzuteilen.

Im Jahre 1943 teilte Kukarkin auf Grund seiner Untersuchungen über die räumliche Anordnung veränderlicher Sterne die Sternbevölkerung der Galaxis in drei Untergruppen ein: eine flache Scheibenpopulation, die Zwischenpopulation und die sphärische Population. Ihre kinematischen Unterschiede wurden später von Parenago herausgearbeitet. Wesentlich für das Verständnis der unterschiedlichen Sternpopulationen ist der Gehalt an schweren Elementen. Er liegt bei Objekten der Population II um eine bis zwei Größenordnungen unter dem der Sonne bzw. anderer Population-I-Sterne. Unter den Population-II-Objekten kommen anscheinend keine jungen Sterne vor. Die Sterne der Population II

146

haben sich offenbar unmittelbar aus der sphärischen Gaswolke der Protogalaxis gebildet; sie spiegeln damit die ursprüngliche Verteilung des protogalaktischen Gases und seine Kinematik wider. Die Objekte der Population I haben sich hingegen aus Gas gebildet, das sich bereits in der galaktischen Ebene gesammelt hatte und mit schweren Elementen angereichert gewesen ist. Die Anreicherung des interstellaren Gases mit schweren Elementen haben Supernovae besorgt. Auch in der Scheibe gibt es sehr alte Sterne. Außerdem enthält die galaktische Scheibe noch heute Gas, aus dem (in den Spiralarmen) immer neue Sterne hervorgehen.

Alle diese Einsichten verdanken wir der Auflösung des Zentralgebiets von M 31 in Einzelsterne. Wie Baade später dazu bemerkte, brachte seine Entdeckung nur den Stein ins Rollen. Shapley hatte schon vor 1920 auf die offensichtlichen Unterschiede der Farben-Helligkeits-Diagramme von offenen Sternhaufen und von Kugelsternhaufen hingewiesen. In allen Kugelsternhaufen sind die hellsten Sterne Rote Riesen. Ihre Leuchtkraft wächst mit zunehmendem Farbenindex. Selbst nachdem Lundmark und andere die Ähnlichkeiten hinsichtlich Struktur und Farbe zwischen Kugelsternhaufen, elliptischen Galaxien und den Zentralgebieten der Spiralnebel hervorgehoben hatten, kam niemand auf die Idee, diese richtigen Beobachtungen zu verallgemeinern und mit den „anomalen" Farben-Helligkeits-Diagrammen der Kugelsternhaufen in Verbindung zu bringen. Doch ist es müßig, diesen Gedanken weiter nachzuhängen.

Im Herbst 1949 begannen nach einer zweijährigen Erprobung die photographischen Arbeiten im Primärfokus des 5-m-Hale-Teleskops auf dem Mount Palomar. Baade setzte mit diesem Teleskop seine M 31 betreffenden Untersuchungen fort. Eines der ersten Ergebnisse war die Neubestimmung des Nullpunktes der Perioden-Leuchtkraft-Beziehung der Cepheiden, wovon wir bereits berichtet haben. Baade hatte vier Felder im südlichen Teil der Galaxie, 15 bis 96 Bogenminuten vom Zentrum entfernt, ausgewählt. Das Gesichtsfeld des 5-m-Teleskops hat nur 16 Bogenminuten Durchmesser, M 31 ist aber etwa $245' \times 75'$ groß, es konnte also nur ein verschwindender Teil der sichtbaren Galaxienfläche überdeckt werden. Diese Gebiete wurden über Jahre hinweg systematisch photographiert und später neben Baade auch von H. Swope und S. Gaposchkin gemeinsam ausgewertet. Die Ergebnisse konnten teilweise erst nach Baades Tod 1960 veröffentlicht werden. Insgesamt wurden über 600 Cepheiden gezählt. Sie machen in dem in Zentrumsnähe gelegenen Feld etwa ein Drittel aller Veränderlichen aus und in den beiden anderen, in hellen Spiralarmpartien befindlichen Feldern rund zwei Drittel

10 *

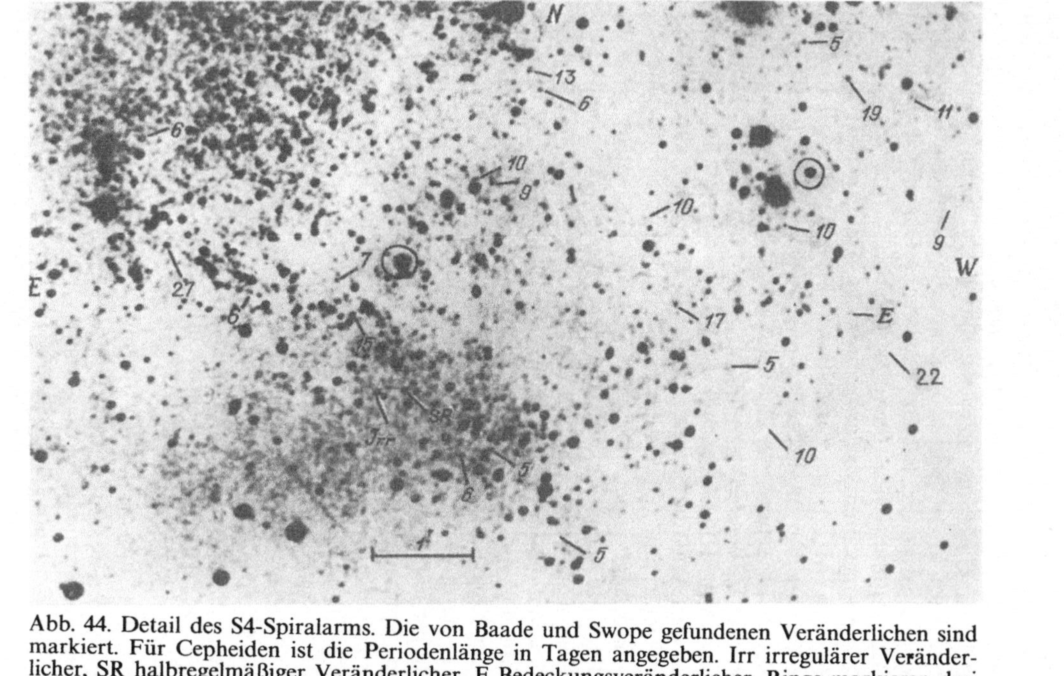

Abb. 44. Detail des S4-Spiralarms. Die von Baade und Swope gefundenen Veränderlichen sind markiert. Für Cepheiden ist die Periodenlänge in Tagen angegeben. Irr irregulärer Veränderlicher, SR halbregelmäßiger Veränderlicher, E Bedeckungsveränderlicher. Ringe markieren drei unaufgelöste Sternhaufen. Die Sterndichte und die Helligkeit der Sterne nehmen nach links, gegen die Innenkante des Spiralarms, zu. Eine Aufnahme mit dem bulgarischen 2-m-Spiegel

(Abb. 44). Diese Cepheiden erwiesen sich bei der Erforschung der Armstruktur als außerordentlich nützlich.

Bis heute ist nicht nur die Anzahl der Arme in M 31 umstritten, auch der Windungssinn ist es. Der Verfasser meint allerdings, daß letzterer bereits aus Abb. 42 (und den Angaben über das H I-Gas in den Außenbezirken) eindeutig folgt. Die Spiralen verlassen das Kerngebiet im Uhrzeigersinn und werden, da die Galaxie in entgegengesetzter Richtung rotiert, nachgeschleppt. Zumindest ist der Verlauf vieler Armabschnitte eindeutig. Man kann daher versuchen, ihre Struktur mit den Vorhersagen der Dichtewellentheorie in Einklang zu bringen. Besonders jener Armabschnitt, den Baade mit S4 bezeichnet – die Südwest-„Ecke" der Galaxie (ihre rechte Begrenzung in Abb. 42) –, verdient unser Interesse. Er schneidet die große Achse von M 31 in 50' Abstand vom Zentrum und ist im Detail in Abb. 45 gezeigt.

Die Abbn. 42 und 45 legen bereits jene Altersstruktur nahe, wie sie die Dichtewellentheorie fordert. Zu sehen ist ein gewaltiges Staubband an der Innenkante des Armes. Es fällt mit Gebieten maximaler H I-Dichte zusammen. Im zentralen und im südöstlichen Teil von S4 kommen die H II-Gebiete fast ausschließlich an der Innenkante zu liegen. Hier häufen sich auch jene besonders jungen Sterne, die O-Sterne. Die Dichtemaxima des neutralen Wasserstoffs (H I) und des molekularen Wasserstoffs (H_2) stimmen überein. Sie markieren die Gebiete maximaler Gasverdichtung in der Dichtewelle. H_2-Moleküle formieren sich nur dort, wo das interstellare Medium besonders dicht und kalt ist. Das sind aber genau die Voraussetzungen dafür, daß Sterne überhaupt entstehen können. In Gebieten maximaler Gas- und Staubdichte setzt der Prozeß der Sternentstehung gerade ein, während die Existenz von H II-Gebieten anzeigt, daß massereiche Sterne bereits vorhanden sind, insbesondere O-Sterne mit einem Alter von mindestens 10^6 Jahren. In größerem Abstand von der Armkante fehlen die H II-Gebiete. Die O-Sterne haben sich bereits „zu Tode" entwickelt, aus ihnen sind Neutronensterne oder Schwarze Löcher geworden. Auch die jüngsten Cepheiden, jene mit den besonders langen Perioden, bevorzugen die Innenkante des Spiralarms (Abb. 46). Wir haben die Perioden der Cepheiden und danach auch die Helligkeiten der hellsten Sterne gegen den Abstand von der Innenkante des Armes (gemessen in der Äquatorialebene von M 31, wobei der Neigungswinkel gegen die Sichtlinie zu 16° angenommen wurde) aufgetragen. Die Helligkeiten sind in Zusammenarbeit mit G. R. Iwanow, Mitarbeiter am astronomischen Lehrstuhl der Sofioter Universität, anhand einer Platte ermittelt worden, die am neuen 2-m-Teleskop

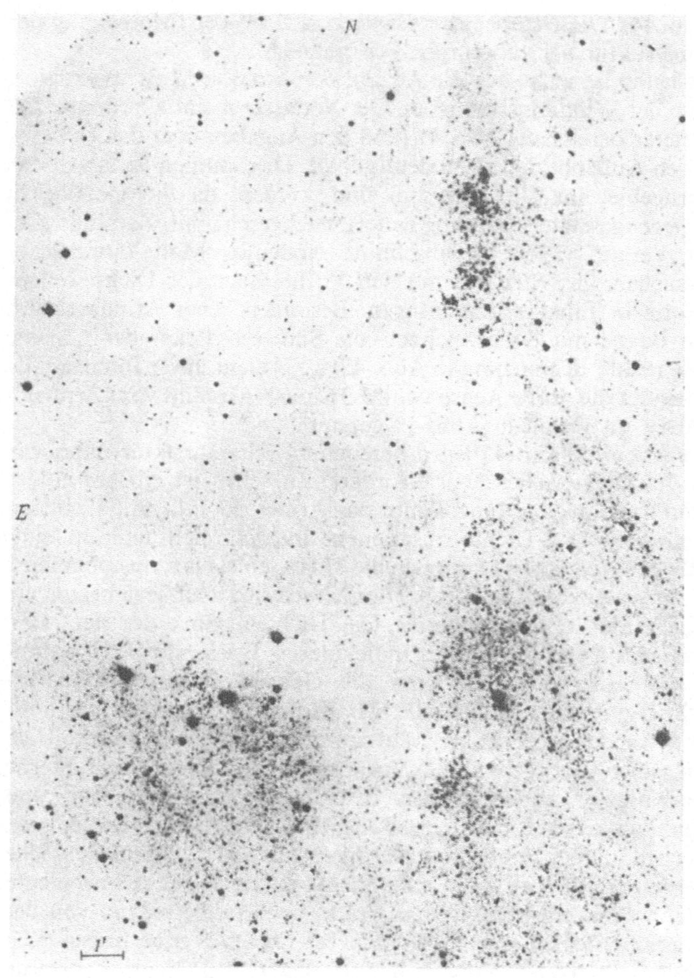

Abb. 45a. Der S4-Spiralarm im Andromedanebel. Vor seiner Innenkante liegen Gebiete besonders hoher Gas- und Staubdichte. In der Entfernung vom M 31 entspricht 1 kpc 5′

des Nationalen Astronomischen Observatoriums Bulgariens in den Rhodopen belichtet wurde. Die Angaben über die Cepheiden haben wir der Arbeit von Baade und H. Swope entnommen. Wie sich zeigte, nehmen sowohl die maximalen Leuchtkräfte der unveränderlichen Sterne (das sind Sterne der Typen O bis B2) wie auch die maximalen Perioden der Cepheiden mit zunehmender

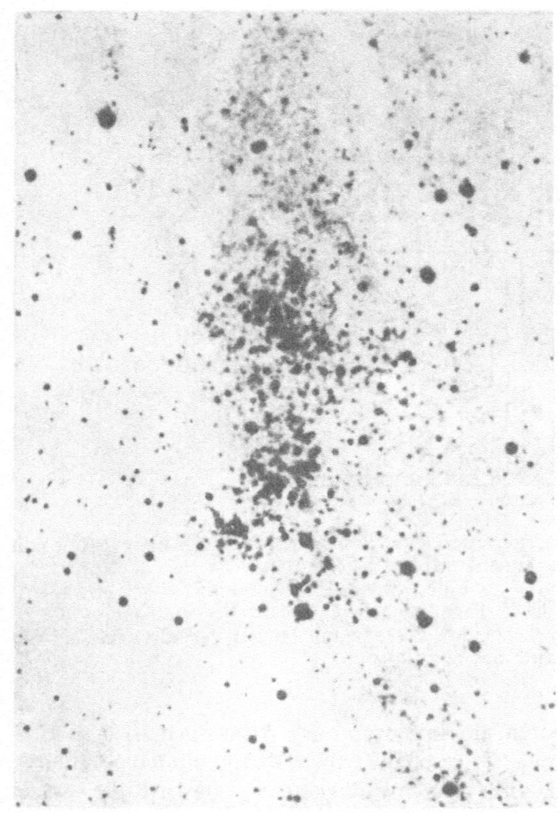

Abb. 45b. Die Sternwolke NGC 206 = OB 78, bestehend aus Sternen hoher Leuchtkraft, ist hier vergrößert dargestellt. (Auf der vorangehenden Abbildung befindet sie sich nahe dem oberen Rand.) Die Wolke erstreckt sich längs des Spiralarms über einen Abstand von rund 1 kpc, doch zerfällt sie in zwei große und zwei bis drei kleinere Gruppierungen. Warum ist gerade hier die Dichte von Sternen hoher Leuchtkraft am größten? Eine Aufnahme mit dem bulgarischen 2-m-Spiegel

Entfernung von der Innenkante des S4-Arms ab. Das genau ist der gesuchte Altersgradient, denn sowohl die maximale Leuchtkraft der Sterne wie auch die Perioden der Cepheiden sind Funktionen des Alters. Man muß sich nur auf die jüngsten Sterne beim jeweiligen Abstand beziehen.
Nun ein kleines Rechenexempel. Am Außenrand des Spiralarms, 2,5 bis 3 kpc von seiner Innenkante entfernt, sind die jüngsten Cepheiden $(2{,}5 \cdots 4) \cdot 10^7$ Jahre alt. Innerhalb dieser Zeitspanne

151

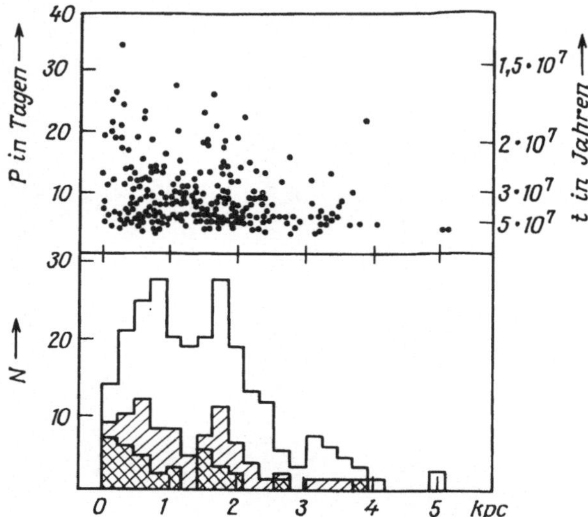

Abb. 46. Oben: Die Perioden P der Cepheiden sind in Abhängigkeit von der Entfernung zur Innenkante des S4-Spiralarms dargestellt. Unten: Die Cepheidenanzahlen N als Funktion der Entfernung. (Zweifach schraffiert: Perioden länger als 15 Tage, einfach schraffiert: Perioden länger als 10 Tage.) Die jungen Cepheiden, d. h. die mit langen Perioden, häufen sich gegen die Innenkante des Spiralarms

müssen sie, geboren am Innenrand des Arms – gemäß den Aussagen der Theorie –, es geschafft haben, den gesamten Spiralarm zu durchqueren. Ihre Geschwindigkeit v_R – das ist die Rotationsgeschwindigkeit der Galaxis im galaktozentrischen Abstand R – übersteigt die Geschwindigkeit $\omega_P R$, mit der das Spiralmuster rotiert. ω_P ist dabei die Winkelgeschwindigkeit des Musters. Sie ist von R unabhängig, da das Muster wie ein starrer Körper rotiert. Die Differenz beider Geschwindigkeiten, bzw. exakter die Komponente $w_\perp$ dieser Differenz senkrecht zum Spiralarm, läßt sich leicht ermitteln, sofern Armquerschnitt und Alter der Sterne am Außenrand bekannt sind. Aus den Angaben über die Cepheiden zu schließen, liegt $w_\perp$ zwischen 60 und 100 km/s. Diese Schätzung stimmt mit den Daten für die hellsten Sterne überein, wenn auch hier die Unsicherheiten, die mit der unbekannten Lichtextinktion und der Kontaminierung durch galaktische Vordergrundsterne zusammenhängen, viel größer sind. Aus dem Wert $w_\perp$, der Geschwindigkeitskomponente, mit der ein Stern den Arm durchquert, folgt die Winkelgeschwindigkeit des Spiralmusters ω_P. Es gilt $w_\perp = [v_R - \omega_P R] \sin i$, wobei i den Neigungswinkel des Arms

152

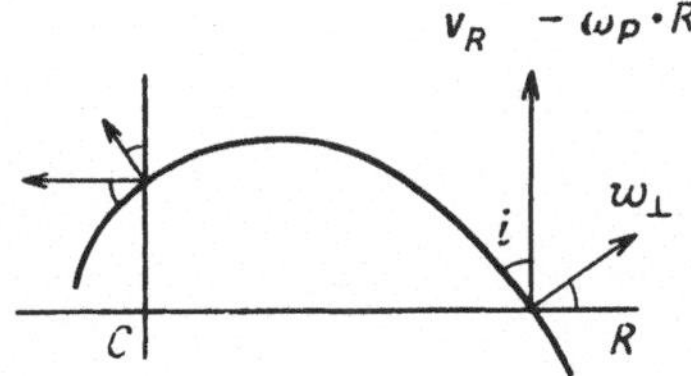

Abb. 47. Gemäß der Dichtewellentheorie hängt die Struktur eines Spiralarms (eingezeichnete Kurve) von der auf dem Arm senkrecht stehenden Geschwindigkeitskomponente $w_\perp$ ab. (Das ist bis auf einen Projektionsfaktor die Differenz zwischen der Rotationsgeschwindigkeit der Sterne und des Gases v_R und der des Spiralmusters $\omega_p\,R$ im galaktozentrischen Abstand R.) Übertrifft diese Geschwindigkeitskomponente die Schallgeschwindigkeit des Gases (wie im Falle des S4-Arms), bildet sich am Spiralarmrand eine Stoßwelle aus. Dort steigt die Gasdichte sprunghaft auf das 5- bis 30fache des Mittelwertes, was eine intensive Sternbildung nach sich zieht. i Neigungswinkel des Spiralarms

gegen einen Kreisbogen um das galaktische Zentrum bedeutet. Abb. 47 veranschaulicht dies.

In Wirklichkeit ist alles viel komplizierter. Das fängt damit an, daß wir es möglicherweise hinter der Lücke bei 1,3 kpc Abstand von der Arminnenkante, die auf Abb. 46 zu sehen ist, mit einer Abzweigung zu tun haben, die von der Dichtewelle unabhängig ist. Auch bewegen sich die Sterne im Spiralarm keineswegs so gradlinig und gleichförmig, wie wir dies vorausgesetzt haben. Am ehesten läßt sich das Vorhandensein von Sternen geringerer Leuchtkraft und von kurzperiodischen Cepheiden nahe der Innenkante durch eine Rückkehr der bereits gealterten Objekte in die Nähe ihres Entstehungsortes erklären.

Wie dem auch sei, ein Vergleich aller denkbaren Varianten legt nahe, für $w_\perp$ etwa 80 km/s anzusetzen. Nach Einsetzen aller übrigen Werte für den S4-Arm erhalten wir für ω_p einen Wert von ≈ 10 km/(s·kpc). Der kann freilich noch um 50% fehlerhaft sein. Dennoch ist es bislang die beste Schätzung der Winkelgeschwindigkeit des Spiralmusters in M 31. In der Dichtewellentheorie ist ω_p frei wählbar und läßt sich nur aus Beobachtungen ableiten. Es sei erwähnt, daß selbst für unsere Galaxis, wo viele kinematische Daten bekannt sind, der Streit andauert, ob ω_p nahe 13 oder nahe 25 km/(s·kpc) liegt. Wir kommen darauf zurück.

Nach allem, was wir gehört haben, dürfte der S4-Spiralarm auf eine Dichtewelle zurückgehen. Die Kenntnis von ω_p erlaubt uns nun, die Theorie weiteren Tests zu unterziehen. Wir ermitteln zunächst den Wert des Korotationsradius (Abb. 48), jenes Abstands, wo die Rotationsgeschwindigkeit der Sterne und des

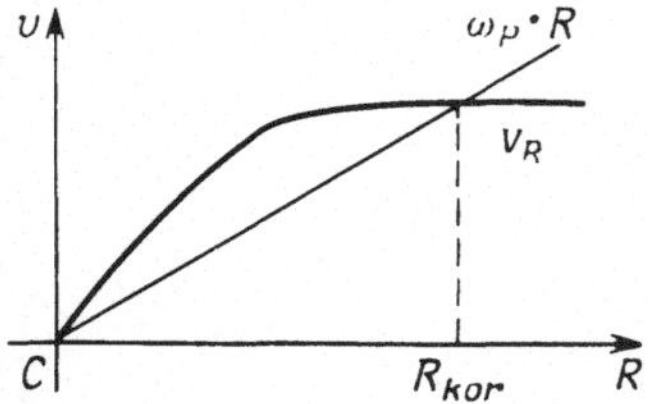

Abb. 48. In einer gewissen Entfernung vom galaktischen Zentrum (C) R_{kor}, als Korotationsradius bezeichnet, stimmt die Geschwindigkeit des Spiralmusters $\omega_p R_{kor}$, das wie ein starrer Körper rotiert, mit der Rotationsgeschwindigkeit der Galaxis $v_{R_{kor}}$) überein. Spiralarme, sollte es sie hier geben, haben dann nichts mit einer Dichtewelle zu tun. Die Spiralstruktur ist besonders bei hohem Neigungswinkel ausgeprägt und in jener Entfernung vom galaktischen Zentrum, wo die Differenz zwischen v_R und $\omega_p R$ maximal ist

interstellaren Gases mit der Rotationsgeschwindigkeit des Spiralmusters $\omega_p R$ zusammenfällt. Die Sterne bewegen sich dann nicht mehr relativ zum Spiralarm, der Altersgradient entfällt. Mit $\omega_p \approx 10$ km/(s·kpc) sollte Korotation in M 31 bei einem galaktozentrischen Abstand von rund 20 kpc eintreten. Das stimmt fast mit der Entfernung des Spiralarms S6 überein. Er durchquert Baades Feld Nr. IV. Für dieses Feld gibt es zum Glück bereits eine Ultraviolettphotometrie der Sterne bis zur 22. Größe. Außerdem war es uns vergönnt, Sterne bis zur 23. Größe auf einer Kopylowschen Blauaufnahme mit dem 6-m-Teleskop zu vermessen (Abb. 49). Der Querschnitt dieses Spiralarms erweist sich als symmetrisch. Die hellsten Sterne belegen ein etwa 100 bis 200 pc breites Band, das sich jedoch nicht mehr an der Innenkante des Arms befindet, vielmehr in dessen Mitte (Abb. 50). Es gibt tatsächlich keinen Altersgradienten in S6. Dieser Arm verdankt keiner Dichtewelle seine Existenz.

Es sei noch einmal betont: Im Falle des Andromedanebels erweist sich der molekulare Wasserstoff als ebenso guter Spiralarmindikator wie der neutrale Wasserstoff. In ihren ersten Arbeiten haben Solomon und Scoville, die in der Galaxis mehrere tausend Riesenmolekülwolken entdeckt hatten, behauptet, diese Wolken beständen über 10^8 bis 10^9 Jahre und seien gegenüber der Spiralstruktur indifferent. Andere Autoren (Shu, Blitz, Bash u. a.) wandten ein, die entstehenden O-Sterne müßten diese Wolken binnen 10^7 Jahre durch ihre enorme Strahlung zerstören (was, wie im Kapitel „Wegbereiter" ausgeführt, das Auseinanderbrechen der O-Assoziationen erklärt). Ihrer Meinung nach sind die Wolken in den galaktischen Spiralarmen konzentriert. Dort entstünden sie immer wieder neu. Die 1981 in den USA und in

154

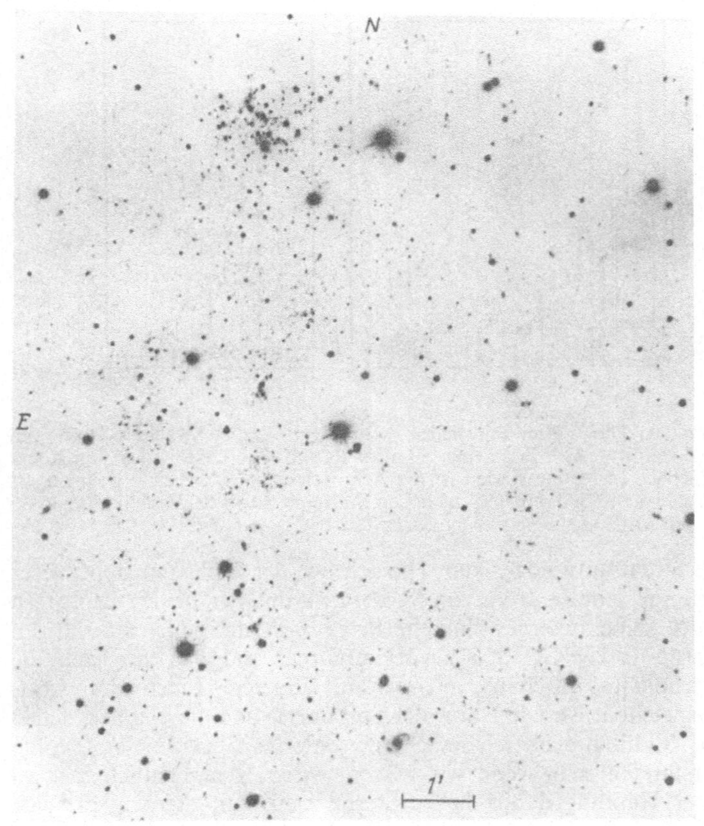

Abb. 49. Der S6-Spiralarm des Andromedanebels ist ein etwa 1 kpc breites Band, bestehend aus leuchtstarken Sternen und Gruppierungen solcher Sterne. Es erstreckt sich in der linken (nordöstlichen) Hälfte der Aufnahme von oben nach unten. Unten rechts: ein ferner Galaxienhaufen. Wie auch auf den Abbn. 42–45 sind die hellsten Sterne Vordergrundobjekte. Sie gehören der Galaxis an. Die Aufnahme wurde von Kopylow am 6-m-Teleskop gemacht

Frankreich gemessene H_2-Konzentration im Bereich des S4-Arms gibt ihnen zweifellos recht. Es ist nicht das erste Mal, daß eine Untersuchung am Andromedanebel ein fundamentales Problem hat lösen helfen.

Was den Zentral- und den Ostteil des S4-Arms anbelangt, so sind die dort vorgefundenen Verhältnisse durchaus mit der Dichtewellentheorie und modernen Vorstellungen über das Entstehen massereicher Sterne in Einklang zu bringen. Im nördlichen Teil ist

155

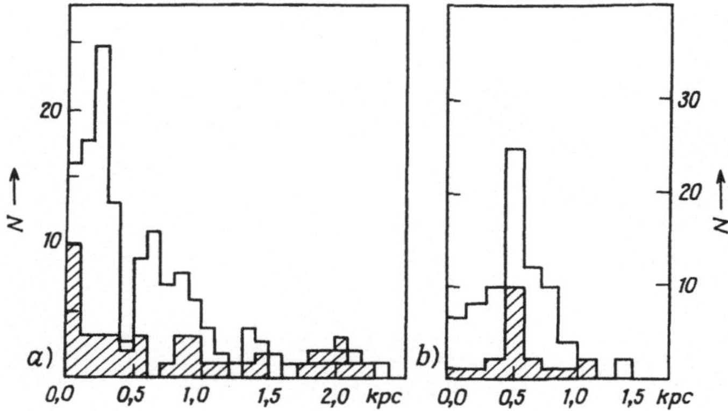

Abb. 50. Die Verteilung heller (schraffiert) und schwacher Sterne im Querschnitt der Spiralarme S4 (links) und S6 (rechts) des Andromedanebels. In beiden Fällen ist die Armbreite für helle Sterne geringer als für schwache. Jedoch sind die hellen Sterne in S4 an der Innenkante, in S6 in der Mitte des Spiralarms konzentriert

die Situation weniger klar. Hinsichtlich der Helligkeit steht dieser Teil nur dem Zentrum von M 31 selbst und den beiden Begleitern nach. Seine außergewöhnliche Brillanz ist auf die leuchtkräftigen Sterne von NGC 206 zurückzuführen, und das, obgleich die Sterndichte durchaus mit der in anderen Teilen des Arms vergleichbar ist. Die Natur der Spiralarme und die Gesetze, denen die Bildung massereicher Sterne unterliegt, werden erst völlig verstanden sein, wenn wir wissen, wieso es namentlich hier zu einer Häufung derart heller Sterne kam, von Sternen, die sich altersmäßig nicht wesentlich von denen an der Innenkante des Spiralarms unterscheiden. Woran also liegt es, daß gerade hier bevorzugt massereiche Sterne entstanden?

Die Beobachtungen des Andromedanebels unterstützen die Vorstellung, wonach die Spiralarme keine „materiellen" Gebilde, sondern Dichtewellen sind. Die Existenz der Spiralarme, ihre Beziehung zu anderen integralen Eigenschaften der Galaxie, die gegenwärtig in den Armen stattfindenden Sternentstehungsprozesse und der Altersgradient quer zum Arm, all dies vermag die Dichtewellentheorie mit einem Minimum an Voraussetzung zu erklären.

Die Cepheiden des Andromedanebels könnten uns sicher noch sehr viel mehr über seine Struktur und über die Geschichte der Sternbildung in ihm berichten. Doch die Veränderlichen sind bislang nur auf insgesamt 5% der sichtbaren Nebelfläche untersucht worden. Nach Baade ist niemandem mehr so viel wertvolle

Beobachtungszeit – auch teure Beobachtungszeit: eine Nacht am 5-m-Teleskop kostet 3000 Dollar – an diesem Teleskop zugebilligt worden, der die langwierigen photographischen Arbeiten in weiteren Feldern des Andromedanebels hätte fortsetzen können. Baade selbst schätzte die Anzahl der mit dem 5-m-Teleskop in M 31 erreichbaren Veränderlichen auf 8000 bis 10 000. Zusammen mit bulgarischen Kollegen haben wir eine Durchmusterung am 2-m-Teleskop des Nationalen Astronomischen Observatoriums Bulgariens in Angriff genommen. Das Teleskop hat ein Gesichtsfeld von 1°, und es sollten Cepheiden mit Perioden bis hinunter zu 5 Tagen zugänglich sein (s. Abb. 44). An Plattenmaterial liegt jedoch noch kaum etwas vor. Weitere Hoffnungen gründen sich auf den Einsatz von Weitwinkelteleskopen der 4-m-Klasse.

Der Kern des Andromedanebels erinnert an einen Kugelsternhaufen dieser Galaxie. Allerdings ist er etwa 3 mag. heller. Seine Abmessungen: $1,6'' \times 2,8''$ bzw. 5,4 pc $\times$ 9,4 pc. Die Sterndichte im Zentrum des Andromedanebels dürfte sich nach Angaben von Sandage auf etwa $2 \cdot 10^5$ Sterne pro pc^3 belaufen, also zwei Größenordnungen über der mittleren Sterndichte in Kugelsternhaufen liegen. Sternzusammenstöße spielen bei dieser Dichte noch keine Rolle. Alle Millionen Jahre stoßen einmal zwei Sterne zusammen. Die dabei freigesetzte Energiemenge ist geringer als die Energie der Kernstrahlung. Spektrale Untersuchungen bestätigen: Der Hauptteil der Strahlung aus dem Andromedanebelkern geht von den Sternen in dieser Region aus.

Kompakte Kerne haben auch die anderen Galaxien um M 31: M 32, NGC 205, M 33. Die Spektren der Kerngebiete entsprechen dG2-, A8-, A7- und K0-Sternen (Andromedanebelkern). Demgegenüber gibt es auch Galaxien, die keinen ausgesprochenen Kern haben. Beispiele dafür sind in der Lokalen Gruppe die irregulären und Sculptor-Typ-Galaxien.

Der Andromedanebel wird gern mit dem Milchstraßensystem verglichen. Es gibt aber bemerkenswerte Unterschiede. So ist im Zentralgebiet von M 31 – zumindest gegenwärtig – viel weniger los als in dem der Galaxis. Anzeichen für Sternbildung fehlen genauso wie solche für Materieauswürfe. Hinsichtlich der Verteilung des Wasserstoffs ähneln die beiden Galaxien einander. Sowohl der atomare wie auch der molekulare Wasserstoff scheinen in M 31 bei galaktozentrischen Abständen unter 6 bis 7 kpc zu fehlen. Dies wie auch die vergleichbaren Novaraten und Kugelsternhaufenanzahlen, was von einem hohen Anteil der zum Zentrum konzentrierten alten Population zeugt, sowie die enge Wicklung der Spiralarme läßt uns beide Galaxien dem Sb-Typ zuordnen.

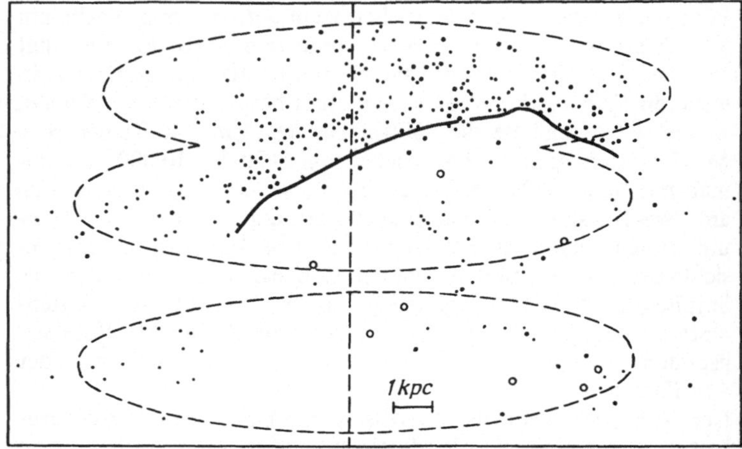

Abb. 51. Die Anordnung der Cepheiden in der Ebene der Andromedagalaxie. Markiert sind die Begrenzungen der drei Baade-Felder (Zonen guter Bilddefinition mit dem 5-m-Spiegel), innerhalb derer nach Cepheiden gesucht wurde. Gezeigt sind der Verlauf der scheinbaren großen Achse von M 31 (– – – –) und die Innenkante des S4-Spiralarms (————). Die Galaxie rotiert gegen den Uhrzeigersinn; der durch die Cepheiden definierte Arm wird „nachgeschleppt". Das Zentrum von M 31 ist etwa 1 kpc unter dem unteren Rand der Abbildung maßstäblich zu denken

Andererseits ist bei uns die gegenwärtige Sternentstehungsrate höher, und wir haben Dutzende von H II-Gebieten, die heller und größer sind als die größten in M 31. Diese Beobachtungen rücken unsere Galaxis näher zum Sc-Typ. Die Massen beider Sternsysteme sind offenbar vergleichbar.

Was die Cepheidenverteilungen in M 31 und in unserer Galaxis anbelangt, so unterscheiden sie sich für Zentrumsabstände zwischen 7 und 12 kpc wesentlich voneinander (Abbn. 51 und 30). Die M 31-Cepheiden (und andere Sterne hoher Leuchtkraft) umreißen einen gewaltigen Spiralarm und kommen außerhalb dieses Arms fast nicht vor. Im Umkreis der Sonne sind die jungen Objekte weit weniger stark zu den Spiralarmen konzentriert. Außerdem läßt die Verteilung galaktischer Cepheiden keine Lücken erkennen. Dazu ist zu sagen, daß Selektionseffekte Lücken zwar vortäuschen, niemals aber wirklich vorhandene unterschlagen können. Da die Spiralstruktur nahe der Sonne relativ schwach ausgeprägt ist, spricht nach unserer Auffassung dafür, daß wir uns bereits nahe dem Korotationsradius befinden. Das würde auch erklären, warum die sonnennahen Spiralarme dem S6-Arm in M 31 gleichen. Der gewaltige Sagittarius-

Carina-Arm hingegen liegt weit innerhalb des Korotationskreises. Gleiches trifft auch auf den S4-Arm in M 31 zu. Wenn diese Auffassung richtig ist, muß das galaktische Spiralmuster mit einer Winkelgeschwindigkeit von 20 bis 25 km/(s·kpc) rotieren. Auf nahezu den gleichen Wert kommen Ju. N. Mischurow, Je. D. Pawlowskaja und A. A. Sutschkow. Sie haben die Kinematik und räumliche Verteilung von Überriesen, in erster Linie Cepheiden, in der Galaxis untersucht. Dieser Wert der Winkelgeschwindigkeit stimmt auch gut mit dem von L. S. Marotschnik und A. A. Sutschkow angebotenen Dichtewellenmodell der Galaxis überein, wonach die Dichtewellen durch eine nichtaxialsymmetrische Gestalt des galaktischen Zentralgebiets angeregt würden. (So etwas wird tatsächlich beobachtet, wie wir im Kapitel „Die Milchstraße" gesehen haben.) Eine solche Vorstellung verknüpft also unterschiedlichste Beobachtungen miteinander und erscheint darum besonders glaubhaft. Trotzdem halten viele Forscher auch weiterhin an den von den Begründern der Dichtewellentheorie Lin und Shu favorisierten Wert von 13 km/(s·kpc) fest. In einem Punkt stimmen die Meinungen indes überein: Nur der Perseus- und der Sagittarius-Carina-Arm gelten als reguläre Spiralarme, Teile einer globalen Dichtewelle. Der Orion-Arm hingegen ist sicherlich anomal, bloß eine Abzweigung von einem der regulären Spiralarme.

Stellen wir noch einmal zusammen, was wir alles der Erforschung des Andromedanebels verdanken: den Beweis für die Existenz extragalaktischer Sternsysteme, die Eichung der extragalaktischen Entfernungsskala (der wir letztlich unser Wissen um die Expansion des Weltalls verdanken), die Scheidung der Sterne in unterschiedliche Sternpopulationen, die Entdeckung, daß Staub, Gas (H I und H II) und heiße leuchtstarke Sterne Spiralarme markieren, und schließlich den kürzlich erfolgten Nachweis, daß auch der molekulare Wasserstoff davon keine Ausnahme macht. Wäre M 31 nicht so stark zur Blickrichtung geneigt, das Problem der Spiralstruktur wäre wahrscheinlich schon längst durch die Untersuchung allein dieser Galaxie gelöst. Trotz dieser Mißhelligkeit läßt sich jedoch, wie wir gesehen haben, die Struktur der Spiralarme durchaus aufklären, zumal wenn optische und Radiobeobachtungen dabei einfließen. Gelänge es, die Krümmung der M 31-Ebene zu berücksichtigen – bislang die größte Unbekannte bei allen Versuchen, die Struktur des Andromedanebels zu enthüllen –, wären die Aussichten gar nicht so schlecht.

Entfernungen der Galaxien

Die hellsten und zugleich massereichsten Mitglieder des als
Lokale Gruppe bezeichneten kleinen Galaxienhaufens von etwa
30 Galaxien sind der Andromedanebel und unsere Milchstraße.
Beide vereinen etwa 90% der Gesamtmasse des Haufens. Zwei
Drittel der Mitglieder der Lokalen Gruppe sind elliptische
Zwerggalaxien, ähnlich den vier Begleitern von M 31 und den
Galaxien im Sculptor- und Fornax-System. Ihr gehören außer-
dem die kleine Spiralgalaxie M 33 im Sternbild Triangulum
(Abb. 52) und einige irreguläre Galaxien wie die Magellanschen
Wolken, NGC 6822, IC 1613 u. a. an. Die Anzahl der Zwergga-
laxien in der Lokalen Gruppe könnte wesentlich größer sein, als
gegenwärtig angenommen wird. Darauf deuten drei kürzlich von
van den Bergh gefundene Sculptor-Typ-Galaxien in der Nähe von
M 31 hin. Einen beträchtlichen Beitrag könnten weiterhin kleine
Systeme liefern, die als aus Galaxien in den intergalaktischen
Raum abgewanderte Sternhaufen angesehen werden könnten.
Diese interessanten und rätselhaften Galaxien werden in immer
stärkerem Maße untersucht. Zwerggalaxien überwiegen, wie auch
bei den Zwergsternen beobachtet, zahlenmäßig im Universum.
Das scheinbare Übergewicht der Riesensysteme erklärt sich
lediglich auf Grund ihrer großen Helligkeit. Der Leuchtkraftbe-
reich der als Mitglieder der Lokalen Gruppe „anerkannten"
Galaxien reicht von -20^M (M 31) bis -9^M (pekuliare elliptische
Galaxie Leo II).
Die Lokale Gruppe enthält weder elliptische Riesengalaxien noch
Spiralgalaxien mit Balkenstruktur. Unsere Kenntnisse dieser
Objektklasse beruhen auf Untersuchungen von benachbarten
Galaxienhaufen. Möglicherweise enthält die Lokale Gruppe wei-
tere massereiche Galaxien, doch das ist noch ungeklärt. Schon
Hubble zog in Erwägung, daß die im Sternbild Cassiopeia unweit
der Milchstraßenebene gelegene Galaxie IC 10 zur Lokalen
Gruppe gehören könnte. Baade sah sie als Teil des Spiralstammes
mit drei H II-Gebieten einer größeren Galaxie. Daß schwache
Galaxien in der Umgebung von IC 10 fehlen, deutet auf die sehr
starke, bei der geringen galaktischen Breite zu erwartende Absorption hin. „In dieser Gegend haben wir eine Öffnung vor uns,
durch die", wie Baade meinte, „eben dieses Stück des Spiralstammes sichtbar ist." In der „nebelfreien Zone" unserer Galaxie
kann die Absorption durchaus so stark sein, daß eine nahe
Galaxie im sichtbaren Licht vor uns verborgen bleiben kann.
Im Jahre 1970 gelang es einer Gruppe kalifornischer Astronomen

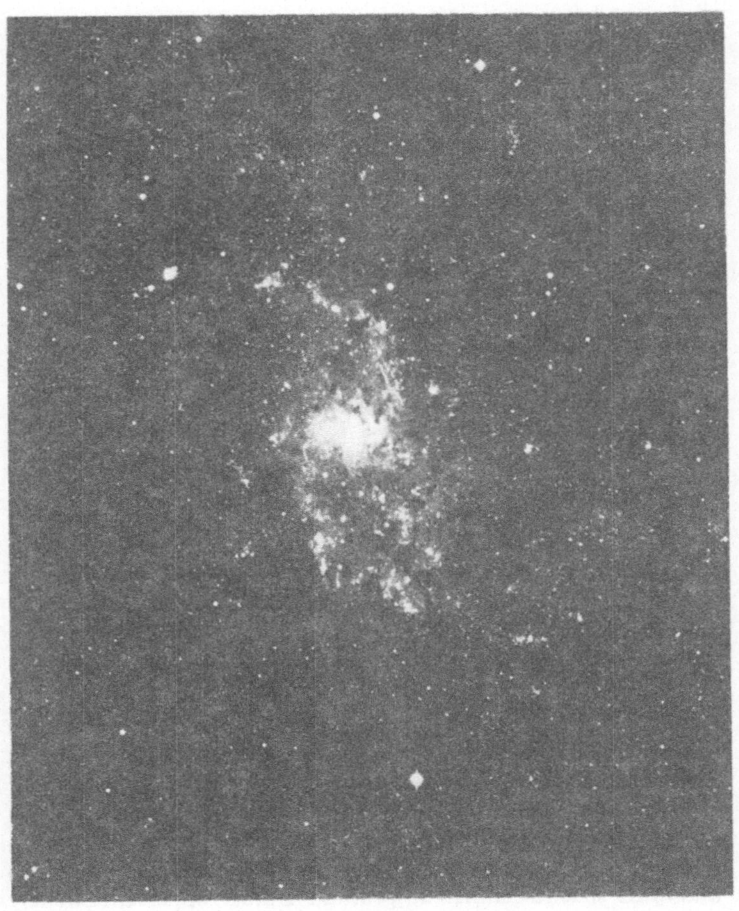

Abb. 52. Die etwas chaotisch anmutende Spiralstruktur des Dreiecksnebels (M 33) – die Arme bestehen aus einzelnen Fragmenten – spricht gegen eine Dichtewelle als Ursache. Anders als bei der Galaxis und in M 31 kommen hier junge Sterne hoher Leuchtkraft sowie Gas und Staub noch in unmittelbarer Nähe des Zentrums vor. Über ein halbes Jahrhundert war man der Ansicht, M 33 sei etwas näher als M 31. Jüngstes, von Sandage erhaltenes Datenmaterial weist aber auf nahezu die doppelte Entfernung hin. Eine Aufnahme mit dem bulgarischen 2-m-Spiegel

unter der Leitung von Spinrad, die zwei von P. Maffei 1968 im Sternbild Cassiopeia nachgewiesenen kompakten Infrarotquellen als Zentralkörper naher Galaxien zu identifizieren. Beide Objekte müssen durch die mächtige Staubschicht in der Milchstraßenebene betrachtet werden. Mit Maffei 1 haben wir offensichtlich die

161

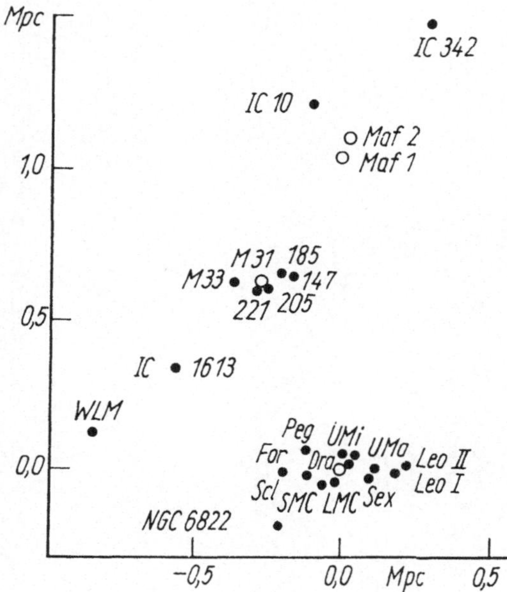

Abb. 53. Die Lokale Gruppe nach de Vaucouleurs. Die Zugehörigkeit der beiden Maffei-Galaxien sowie von IC 10 ist noch fraglich

elliptische Riesengalaxie vor uns, die das Bild der Lokalen Gruppe abrunden würde. Leider bleibt sie uns jedoch Antworten auf wichtige Fragen schuldig, denn eine eingehende optische Untersuchung dieser verschleierten Galaxie ist unmöglich.
Gerard de Vaucouleurs, dessen Skizze der Lokalen Gruppe in Abb. 53 wiedergegeben ist, sieht in den beiden Maffei-Objekten und in IC 10 eine deutlich ausgeprägte Untergruppe. Zwei weitere Untergruppen sind um M 31 und unsere Milchstraße gebunden. Demgegenüber zieht sich von IC 342 bis zum System Wolf-Lundmark-Mellote eine fast lineare Galaxienkette. Diese Strukturelemente treten als markante Merkmale auch in anderen Galaxienhaufen hervor. Obwohl es noch weitere Gemeinsamkeiten gibt, ist die Lokale Gruppe doch nur ein Zwerg unter den Galaxienhaufen, die in der Regel aus Tausenden bis Zehntausenden von Mitgliedern bestehen. Unter Umständen gibt es sogar den Galaxienhaufen übergeordnete Systeme, die sich aus mehreren Galaxienhaufen zusammensetzen.
Bereits bei einer kurzen Betrachtung von Galaxienhaufen fällt eine Beziehung zwischen der Haufenform und dem am häufigsten anzutreffenden Galaxientyp auf. Irreguläre Haufen weisen nur

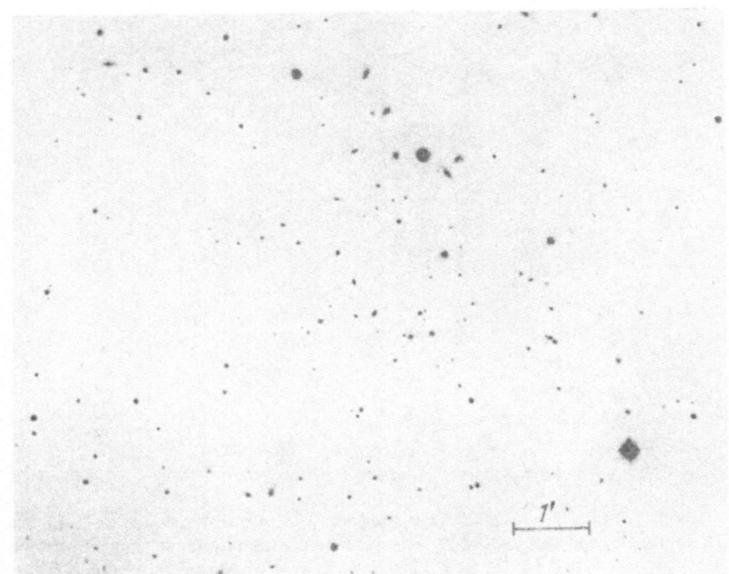

Abb. 54. Bis auf wenige Ausnahmen sind die Punkte auf dieser Aufnahme keine Sterne, vielmehr ferne Galaxien. Diese am 6-m-Spiegel erhaltene Aufnahme zeigt einen Haufen elliptischer Galaxien im Sternbild Corona Borealis

eine schwache Konzentration der Galaxien zum Zentrum auf und sind in der Regel arm an Mitgliedern. In diesen Systemen überwiegen Spiralgalaxien, aber auch irreguläre sind anzutreffen. Demgegenüber finden wir elliptische und S0-Galaxien vorwiegend in den regelmäßigen Haufen. Diese sind meist sphärisch und weisen entgegen den irregulären Haufen große Galaxiendichten im Zentrum auf (Abb. 54).
Die mit der Haufenform gekoppelten Eigenschaften lassen Parallelen zu den Sternhaufen vermuten. Die Kugelsternhaufen bestehen aus Sternen der Population II, und auch die Galaxien regelmäßiger Haufen enthalten hauptsächlich Objekte der Population II. Demgegenüber erinnern irreguläre Galaxienhaufen auf Grund ihrer Struktur eher an offene Sternhaufen. Offene Sternhaufen sind Population-I-Objekte und charakteristisch für Spiralgalaxien, die ihrerseits die stärkste Komponente in irregulären Galaxienhaufen darstellen. Diese Gesetzmäßigkeit zu erklären ist eine Herausforderung an jede Theorie der Galaxienentstehung.
Doch zurück zur Lokalen Gruppe, deren Galaxien durch ihre Nähe besondere Bedeutung als Markstein der Entfernungsskala

163

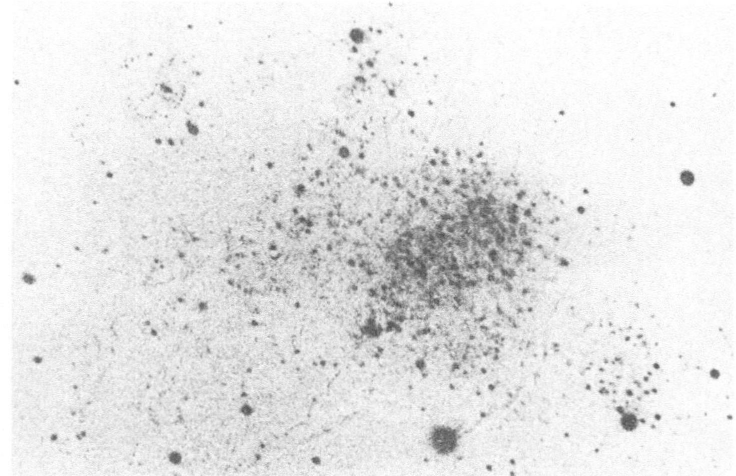

Abb. 55. Das irreguläre Zwergsystem Ho IX = Kar 62 = DDO 66 (Katalogbezeichnungen nach Holmberg, Karatschenzewa und van den Bergh) – ein Mitglied der M 81-Gruppe. Das ist eine der zahlreichen Fälle, über die man mehr wüßte, wären die durchaus nachweisbaren Cepheiden untersucht worden. Diese Aufnahme, von Karatschenzew am 6-m-Teleskop gewonnen, zeigt erstmals die Galaxie in Einzelsterne aufgelöst

im Kosmos haben. In allen Galaxien, in denen Sterne der Population I auftreten, wurden Cepheiden entdeckt. Im Detail untersucht sind jedoch nur die in M 31, NGC 6822, IC 1613 und den Magellanschen Wolken. Leider kennen wir M 33 immer noch bedeutend schlechter als den Andromedanebel. Veränderliche in M 33, besonders Cepheiden, werden von mehreren Gruppen gesucht, doch von besonderem Interesse sind die Ergebnisse Sandages, der in dieser Galaxie die Arbeiten Hubbles weiterführt. Die Namen Hubble und Sandage sind auch eng mit der Suche nach Veränderlichen in Galaxien außerhalb der Lokalen Gruppe verknüpft. Hubble begann diese Arbeiten, und Sandage vervollständigt gegenwärtig die Untersuchungen besonders in den Galaxien NGC 2403, M 81, M 101 und M 51. Doch bisher sind nur die Untersuchungen in NGC 2403 abgeschlossen. M 101 mußte für die Cepheiden-Beobachtung zunächst noch zurückgestellt werden, da entgegen der Hubbleschen Annahme der 5-m-Spiegel noch zu klein ist, als daß diese Sterne erreicht werden könnten. Kürzlich weitete Sandage das Beobachtungsprogramm auf weitere Galaxien (im einzelnen NGC 2366, IC 2574, Ho II und NGC 4236) in der M 81-Gruppe aus. Nach seinen Abschätzungen sollten mit dem 5-m-Spiegel Cepheiden in etwa 30 Galaxien nachweisbar sein.

Vor wenigen Jahren begann auch die Suche nach Cepheiden in den am Südhimmel gelegenen Galaxien NGC 55 und NGC 300. Trotz dieses breiten Suchprogrammes blieben noch viele Galaxien unberücksichtigt. Eine womöglich umfassende Übersicht über die Cepheiden in verschiedenen Sternsystemen ist nicht nur für die Festlegung der Entfernungsskala und im Zusammenhang mit Struktur und Entwicklungsgeschichte der Galaxien außerordentlich wünschenswert, sie sollte auch mögliche Unterschiede der Cepheiden in verschiedenen Galaxien an den Tag bringen (Abb. 55).

Sollten Nullpunkt und Anstieg der Perioden-Leuchtkraft-Beziehung von Galaxie zu Galaxie verschieden sein, so wäre die Schlüsselstellung der Cepheiden fragwürdig. Um das zu prüfen, braucht man in erster Linie zuverlässige Entfernungen, die unabhängig von den Cepheiden vermessen sein müssen. Das ist jedoch eine überaus schwierige Aufgabe.

Im Jahre 1968 setzten Sandage und Tammann die Gültigkeit einer universellen, d. h. für alle Galaxien gleichen Perioden-Leuchtkraft-Beziehung der Cepheiden voraus und bestimmten auf dieser Grundlage die Form der Beziehung zwischen Leuchtkraft und Periode aus den Beobachtungen in mehreren Galaxien. Sie stützten sich im wesentlichen auf die bekannten Perioden-Leuchtkraft-Beziehungen der Cepheiden in den Magellanschen Wolken, in NGC 6822 und in M 31 (aus dem wenig verfärbten Gebiet IV). Abbildung 56 zeigt das von ihnen benutzte Beobachtungsmaterial, nachdem die Daten der einzelnen Galaxien so weit vertikal verschoben worden waren, bis die beste Übereinstimmung gefunden war. Die Breite des eingezeichneten Bandes beträgt etwa 1 mag., und der mittlere Anstieg liegt bei 2,8 (Abb. 56). Wie wir sehen, wurden außer den Cepheiden in extragalaktischen Systemen auch neun Cepheiden, die in Sternhaufen unserer Galaxis liegen (davon vier aus der Umgebung von h und χ Persei; erste Argumente, wonach diese Cepheiden in dem Doppelsternhaufen liegen, wurden 1963 vom Autor erhalten und später, 1965, von Eggen bestätigt), herangezogen. Damit konnten Sandage und Tammann die Perioden-Leuchtkraft-Beziehung an die galaktische Entfernungsskala anschließen.

Die Bedeutung der Arbeit lag darin, daß die Cepheiden verschiedener Galaxien mit einer universellen Perioden-Leuchtkraft-Beziehung dargestellt werden konnten, wenn diese auch eine recht beträchtliche Streuung aufweist. Doch es gab auch Daten, die dem widersprachen, so die Resultate der bereits 1928 von Baade

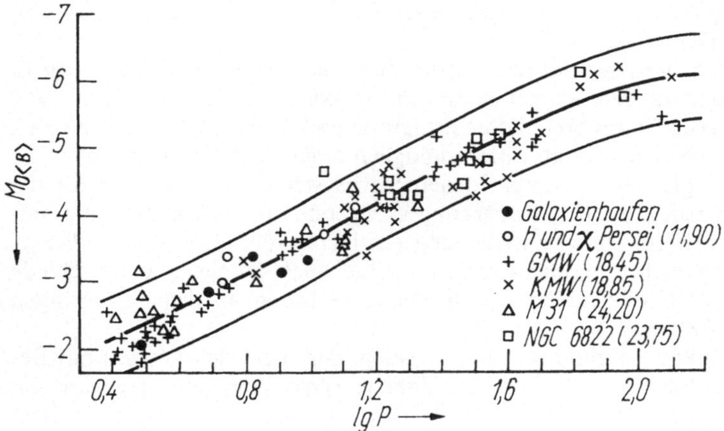

Abb. 56. Die universelle Perioden-Leuchtkraft-Beziehung für Cepheiden nach Sandage und Tammann. In Klammern sind die verwendeten Entfernungsmoduln angegeben. Die Streuung ist durch die merkliche Breite des Instabilitätsstreifens bedingt. (GMW Große Magellansche Wolke, KMW Kleine Magellansche Wolke)

begonnenen und 1971 von Sandage abgeschlossenen Untersuchungen der in der Lokalen Gruppe liegenden irregulären Galaxie IC 1613 (Abb. 57). Sich auf die Baadeschen Helligkeitsschätzungen und eigene Messungen stützend, konnte Sandage die Lichtkurven und daraus die Perioden-Leuchtkraft-Beziehung für 24 Cepheiden ableiten. Das Ergebnis zeigte einen bedeutend geringeren Anstieg als die universelle, von Sandage und Tammann angegebene Beziehung. Sandage selbst glaubt jedoch nicht an diesen geringen Anstieg und weist darauf hin, daß es unter den Cepheiden mit kleiner Periode etwa ein Dutzend Sterne gibt, die nicht für Darstellung der Perioden-Leuchtkraft-Beziehung herangezogen werden konnten, da sie im Minimum auf den Platten unsichtbar sind. Dadurch wird der linke Teil der Kurve künstlich angehoben. Auf Grund dessen und da Sandage den Veränderlichen V 39 ebenfalls als Cepheiden ansieht, scheint die Perioden-Leuchtkraft-Beziehung der Cepheiden in IC 1613 nun auch vollständig mit der universellen Beziehung übereinzustimmen.

Die Lichtkurve des veränderlichen Sterns V 39 in IC 1613 entspricht einer gespiegelten Lichtkurve des Bedeckungsveränderlichen β Lyrae, zwischen symmetrischen schmalen Maxima liegt ein sekundäres Maximum. Baade schilderte seine ersten Messungen des Sterns: „Ich habe noch nie etwas Ähnliches gesehen." Die rote Färbung und die Lichtkurve sind nicht typisch für

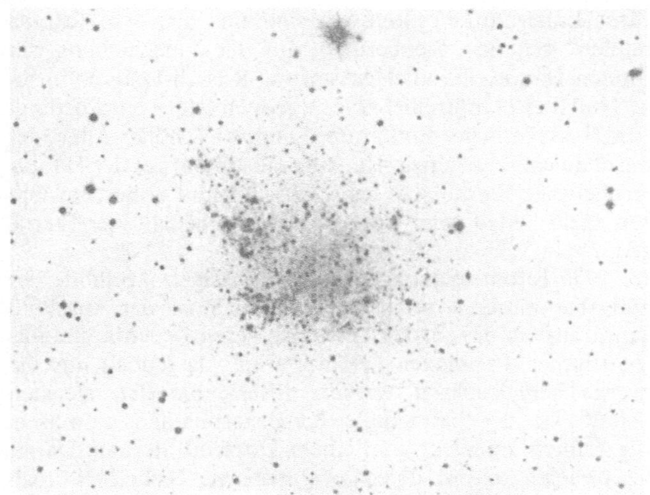

Abb. 57. IC 1613 – eine irreguläre Galaxie der Lokalen Gruppe. Die meisten der jungen, leuchtstarken Sterne liegen im Nordostteil der Galaxie

Cepheiden. Es könnte sich bei diesem Veränderlichen um einen späten Stern mit heißen Flecken auf seiner Oberfläche handeln, die durch die Rotation den Lichtwechsel hervorrufen.
Für den geringen Anstieg der Perioden-Leuchtkraft-Beziehung in IC 1613 könnten auch die Helligkeiten der Cepheiden mit maximaler Periode (40 und 146 Tage) die Ursache sein. Beide liegen, im Unterschied zu den anderen Cepheiden in H II-Gebieten, am Rande der Galaxie, worauf bereits Baade hinwies. In diesen Gebieten ist der Staubanteil sehr hoch, und die Helligkeit der Cepheiden könnte durch die Absorption geschwächt sein.
Der Abstand der Magellanschen Wolken ist eine der am zuverlässigsten bestimmten Entfernungen, die zudem noch unabhängig von den Cepheiden gemessen wurde. Sie basiert auf veränderlichen Sternen vom Typ RR Lyrae, deren absolute Helligkeiten sehr gut bekannt sind. Ihre Leuchtkraft läßt sich direkt aus den gemessenen Eigenbewegungen und den daraus abgeleiteten mittleren Parallaxen angeben. Der bereits 1953 von Je. D. Pawlowskaja bestimmte Wert von $0^{m}\!5$ erwies sich als recht befriedigend und wurde durch nachfolgende Untersuchungen kaum korrigiert.
Eine zweite Methode ist die Entfernungsbestimmung der Kugelsternhaufen, die viele RR-Lyrae-Sterne enthalten. Die Grund-

lagen ihrer Entfernungsbestimmung sind uns aus dem Kapitel „Sternhaufen" bekannt. Sie beruhen auf der Verschiebung der beobachteten Hauptreihe im Hertzsprung-Russell-Diagramm relativ zur Nullalter-Hauptreihe. Das ist jedoch leider eine, bedingt durch die beträchtliche Entfernung und das hohe Alter der Kugelsternhaufen, sehr schwierige Aufgabe, da die auf der Hauptreihe verbliebenen Sterne sehr schwach sind und außerdem ihre absoluten Helligkeiten sehr stark vom Metallgehalt der Sterne abhängen.

Im Jahre 1970 betonte Sandage, die zuverlässigste Methode der Entfernungsbestimmung von Kugelsternhaufen sei der Anschluß ihrer Hauptreihe an die der Unterzwerge, deren Leuchtkräfte aus trigonometrischen Parallaxen bekannt sind. Da jedoch nur die Unterzwerge berücksichtigt werden dürfen, die den gleichen Metallgehalt wie der betrachtete Kugelsternhaufen aufweisen, hängt die Entfernung effektiv an einem Dutzend Sternen. Damit wird die ohnehin schon schlechte statistische Sicherheit noch weiter verringert, zumal die Leuchtkräfte selbst durch die Unsicherheit kleiner Parallaxen eine beträchtliche Streuung aufweisen. Damit sind die aus der Zugehörigkeit zu Kugelsternhaufen abgeleiteten Leuchtkräfte der RR-Lyrae-Sterne sehr unsicher. Es scheint, als müßte die Leuchtkraft der RR-Lyrae-Sterne etwas kleiner sein.

Erst vor wenigen Jahren eröffnete sich die völlig neue Möglichkeit, über die Hauptreihenverschiebung die Entfernung zu Sternhaufen in den Magellanschen Wolken zu bestimmen. Voraussetzung dafür war, Sterne bis zur 22. Größenklasse und schwächer photometrieren zu können. M. Joker bestimmte auf diese Weise den Entfernungsmodul für den schon mehrfach erwähnten Sternhaufen NGC 1866 in der Großen Magellanschen Wolke. Sein Wert 18,05 ± 0,05 mag. liegt um 0,4 mag. unter der Angabe von Sandage und Tammann aus der Perioden-Leuchtkraft-Beziehung der Cepheiden. Drei weitere Haufen haben ebenfalls um 0,3 mag. geringere absolute Helligkeiten. Darüber hinaus deuten auch die Untersuchungen von Überriesen in der Großen Magellanschen Wolke auf einen Entfernungsmodul von 18 mag. hin.

Wir stehen somit vor einem Rätsel: Entweder ist die Leuchtkraft der Cepheiden in unserer Milchstraße um 0,3 bis 0,5 mag. zu hoch angesetzt, oder in der Großen Magellanschen Wolke sind sie leuchtkraftschwächer, möglicherweise auf Grund des geringeren Gehalts an schweren Elementen, wie es spektroskopische Beobachtungen von Gasnebeln in der Großen Magellanschen Wolke erkennen lassen. Um diesen Widerspruch zu klären und die

Entfernungsskala weiter zu verbessern, wäre es außerordentlich wichtig, RR-Lyrae-Sterne im Andromedanebel aufzufinden. Falls unsere bisherigen Ergebnisse richtig sind, sollten RR-Lyrae-Sterne in M 31 in der Nähe der 26. Größenklasse im Blauen zu finden sein. Damit stünde ihre Entdeckung kurz bevor, denn die Reichweite neuer Großteleskope mit modernen Lichtempfängern nähert sich dieser Grenzgröße.

Der vorhergehende Satz ist 1983 verfaßt worden. Im Jahre 1986 aber haben C. J. Pritchet und S. van den Bergh die Entdeckung von dreißig RR-Lyrae-Sternen mit einer mittleren Größe von $25^m{,}68$ mitgeteilt. Die Sterne werden im Halo von M 31, 40' vom Zentrum entfernt, auf einer Fläche $2{,}2' \times 3{,}3'$ gefunden. Die beiden Beobachter nutzten dabei einen Festkörper-Strahlungsempfänger (CCD-Gerät mit Ladungskopplung) am 3,6-m-Teleskop auf dem Berg Mauna Kea (Hawaii). Wie dieses Ergebnis zeigt, sind die Möglichkeiten erdgebundener Teleskope bei gutem Astroklima noch lange nicht ausgeschöpft. Jetzt steht fest, daß nennenswerte Fehler in der Entfernungsschätzung von **M 31** ausgeschlossen sind. Die scheinbare Helligkeit der **RR**-Lyrae-Sterne in **M** 31 vereinbart sich tatsächlich besser mit einer um $\approx 0{,}3$ mag. verringerten Leuchtkraft der Cepheiden.

Ein weiterer Entfernungsindikator, der dritte, sind Novae. Die Ausdehnungsgeschwindigkeiten der beim Aufleuchten abgestoßenen Gaswolke oder, bei Vorhandensein einer Dunkelwolke, die Winkelgeschwindigkeit des sich ausbreitenden Lichtblitzes sind ein Maß für die absolute Helligkeit und damit der Entfernung dieser veränderlichen Sterne: Die Leuchtkraft im Moment der maximalen Helligkeit liegt um so höher, je schneller der Helligkeitsabfall nach dem Ausbruch erfolgt. Die hellsten Novae in unserer Galaxis erreichten im Maximum $M = -9^M{,}0$, zwei der hellsten in M 31 beobachteten Novae besaßen eine scheinbare photometrische Helligkeit von $m = 15^M{,}7$. Nach der Extinktionskorrektur ergibt sich der Entfernungsmodul von 24,1 mag. für M 31. Der von Sandage und Tammann über Cepheiden bestimmte Wert von $24^m{,}2$ stimmt damit außerordentlich gut überein. Das ist ein sehr wichtiges Ergebnis, da die Leuchtkrafteichung der Novae völlig unabhängig von der Cepheidenleuchtkraft erfolgte. Damit sind grobe Fehler in der Entfernungsskala unwahrscheinlich.

Novae haben den Vorteil, bis in größere Entfernungen sichtbar zu sein, denn sie sind im Maximum um etwa 2 bis 3 Größenklassen heller als Cepheiden. Ihre Entdeckung setzt jedoch die systematische photographische Überwachung der Galaxien voraus. Außerdem treten sie in Sc-Spiralgalaxien, ähnlich M 33, und in irregulären Systemen sehr selten auf. In der Praxis wird deshalb meist ein anderer Entfernungsindikator herangezogen, den bereits Hubble ausgiebig anwandte. Er nutzte die hellen Überriesen für die Entfernungsbestimmung der Galaxien. Sandage veröffentlichte 1961 einen Katalog der Überriesen in Galaxien der Lokalen Gruppe und bestimmte ihre mittlere absolute Helligkeit zu $M_B = -9\overset{M}{.}2 \pm 0{,}3$ mag. Diese Sterne sind ausschließlich Überriesen der Spektralklassen B, A und F. Eine wesentliche Schwierigkeit bei ihrer Suche liegt jedoch in der Trennung zwischen extragalaktischen Überriesen und Vordergrundsternen unserer Galaxis mit ähnlichem Farbindex. Die geringe Streuung der absoluten Helligkeiten dieser Objektklasse ist wahrscheinlich darauf zurückzuführen, daß Sterne mit Massen größer als 60 Sonnenmassen nicht gebildet werden bzw. sich sehr schnell entwickeln.

In den letzten Jahren setzte sich die Erkenntnis durch, nicht zuletzt dank der Untersuchungen von Roberta Humphreys, daß die roten Überriesen einen viel besseren Entfernungsindikator abgeben. Ihre Leuchtkraft beträgt unabhängig von Typ und Helligkeit der Galaxie im Durchschnitt $M_V = -7\overset{M}{.}9 \pm 0{,}2$ mag. Im Gegensatz zu den eben beschriebenen Überriesen können Unterschiede in den absoluten Helligkeiten von Kugelsternhaufen in verschiedenen Galaxien bestehen. Kugelsternhaufen in M 31 und in unserer Galaxis haben im Mittel etwa die gleiche Leuchtkraft ($M_B = -9\overset{M}{.}7$). Doch in M 33 sind selbst die hellsten Kugelsternhaufen beträchtlich schwächer.

Emissionsnebel oder H II-Gebiete sind die letzten Entfernungsindikatoren, denen wir uns zuwenden wollen. In entfernten Galaxien sind sie anhand ihres Aussehens praktisch nicht von Sternen zu trennen. Starke Unterschiede werden jedoch sehr deutlich, wenn wir die Galaxien im roten Licht der H_α-Linie des Wasserstoffs betrachten. Auf den Photographien mit entsprechenden Farbfiltern heben sich die H II-Gebiete von Sternen hell ab. Auf diese Weise bestimmte Sandage 1961 in der Spiralgalaxie M 33 und in der Großen Magellanschen Wolke die maximale Größe der H II-Gebiete mit 245 pc Durchmesser und fand, daß das Mittel der fünf größten in einer Galaxie etwa 175 pc beträgt. Damit kann die Entfernung zu Galaxien über trigonometrische Beziehungen bestimmt werden, denn der mittlere Durchmesser der H II-Gebiete in den Galaxien ist bekannt. Der auf dieser Grundlage für die Galaxie NGC 4321 im Virgohaufen bestimmte Entfernungsmodul (30,7 mag.) stimmt, wie wir im nächsten Kapitel sehen werden, mit dem der Kugelsternhaufen überein. Die großen H II-Gebiete in NGC 4321 haben noch scheinbare Durchmesser von 3,8″. Damit können wir mit dieser Methode tiefer in den Raum vordringen, denn bei guten atmosphärischen Bedingungen lassen sich mit Fernrohren 0,5″ auflösen. Damit werden die Entfernungen von Galaxien meßbar, die siebenmal weiter entfernt sind als der Virgohaufen. Hinsichtlich der Zuverlässigkeit dieser Methode bestehen allerdings Zweifel; der Durchmesser der größten H II-Gebiete variiert selbst in nahen Galaxien recht stark.

Alle diese Verfahren benötigen, um sie sicher anwenden zu können, eine hinreichend hohe Anzahl an Objekten. Die Körpergröße des größten Soldaten kann sich von Schützenzug zu Schützenzug stark unterscheiden, für mehrere Regimenter fällt sie sicherlich praktisch gleich aus. Wichtig ist jedoch, stets vor Augen zu haben, daß sämtliche betrachtete Entfernungsbestimmungsmethoden an den Entfernungen der Galaxien der Lokalen Gruppe geeicht sind, und die Lokale Gruppe ihrerseits wurde mit Cepheiden und nur zum Teil mit Novae vermessen! (Nur in den Magellanschen Wolken konnten zusätzlich RR-Lyrae-Sterne herangezogen werden.)

Im Jahre 1968 testeten Sandage und Tammann die Ergebnisse verschiedener Entfernungsbestimmungsmethoden an der Galaxie NGC 2403, die zum Galaxienhaufen im Sternbild Großer Bär gehört (die hellste Galaxie des Haufens ist M 81). Ihnen standen 182 Aufnahmen zur Verfügung, von denen die ersten bereits Ritchey 1910 photographiert hatte. Diese Galaxie war die erste außerhalb der Lokalen Gruppe, in der die Sternpopulationen ausführlich untersucht wurden und 17 Cepheiden (Abb. 58), 8 veränderliche blaue Überriesen, 17 veränderliche rote Überriesen (ähnlich den Sternen im Sternhaufen h und χ Persei) sowie ein Veränderlicher vom Typ β Lyrae gefunden wurden. Weitere 16 Sterne sind im Maximum schwächer als 22,5 Größenklassen und gehören wahrscheinlich auch zu den Cepheiden.

Den Veränderlichen V 56 in dieser Galaxie wollen wir besonders erwähnen. Auf Photographien im gelben Spektralbereich erscheint er völlig sternförmig, dagegen ist er im blauen Licht deutlich diffus. Sein Durchmesser wäre damit größer als 0,5″ bzw. 8 pc. Er erreicht im blauen Spektralbereich die maximale Leuchtkraft von $M_B = -8\overset{M}{.}1$ und ist nach V 39 in IC 1613 ein weiteres außerordentlich interessantes Objekt in einer anderen Galaxie.

Doch das wichtigste Ergebnis der Untersuchung von NGC 2403 besteht darin, daß die nach Cepheiden, den hellsten Sternen und H II-Gebieten bestimmten Entfernungsmoduln von dem Mittelwert (27,55 mag.) um nicht mehr als $\pm$ 0,2 mag. abweichen. Damit bleiben die Eigenschaften der Entfernungsindikatoren, die

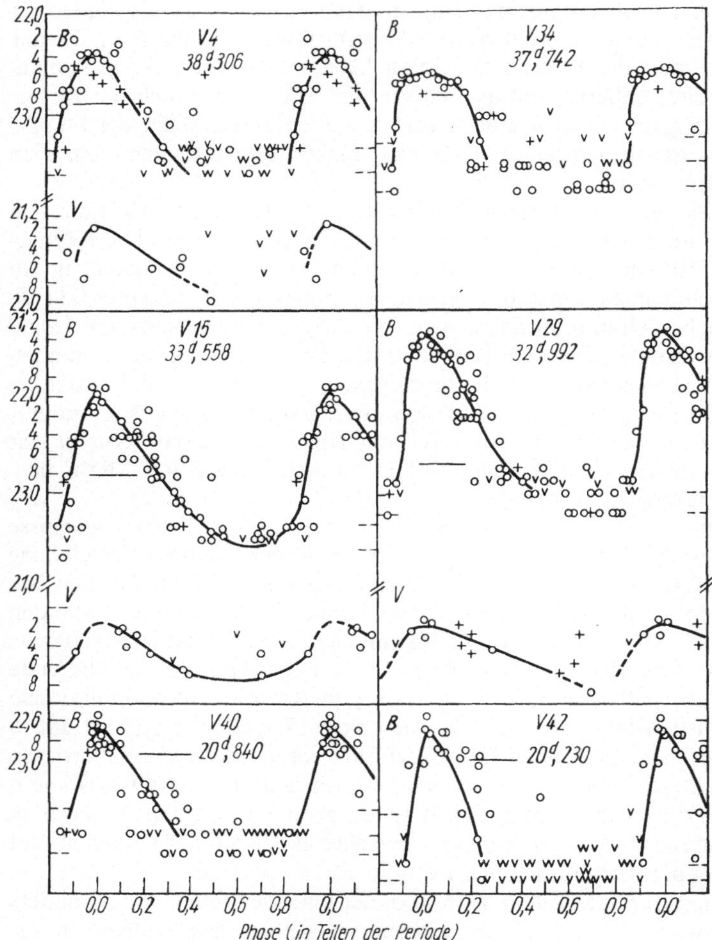

Abb. 58. Lichtkurven von Cepheiden in NGC 2403 nach Sandage und Tammann. Helligkeiten unterhalb der horizontalen Linien sind extrapoliert. „V" bedeutet, der Stern ist schwächer als die eingezeichnete Helligkeit. Gestrichelte Marken geben die Helligkeiten der benutzten Vergleichssterne wieder. Die Periodenlängen sind in Tagen angegeben

in der Lokalen Gruppe aneinander angeschlossen wurden, auch in größeren Entfernungen erhalten. Sollten sich die Leuchtkräfte der Cepheiden von Galaxie zu Galaxie unterscheiden, so kann das nur um geringe Beträge sein.
Die Entfernung zu NGC 2403 – 3,25 Mpc – ist die bisher größte, die mit Cepheiden vermessen wurde.

Rotverschiebung

Mit dem 60-cm-Refraktor der Lowell-Sternwarte gewann Slipher 1914 als erster Spektren des Andromedanebels und bestimmte die Radialgeschwindigkeit. Die Galaxie, so ergaben seine Messungen, bewegt sich mit 300 km/s auf uns zu. Slipher blieb auch in den Folgejahren der einzige, der Galaxien spektroskopierte: 1925 verfügte er bereits über Beobachtungen von 41 Objekten. Die Ergebnisse wiesen Sonderbares aus: Die zuerst gemessene, negative Radialgeschwindigkeit (negatives Vorzeichen der Radialgeschwindigkeit bedeutet auf uns zu gerichtete Bewegung) sollte unter Galaxien eine Ausnahme sein. Im Mittel lagen die Werte bei +375 km/s, und die größte Geschwindigkeit betrug +1125 km/s. Alles deutete darauf hin, daß sich die meisten Galaxien mit Geschwindigkeiten von uns entfernen, die weit über denen anderer bekannter Objekte liegen.

Im Jahre 1924 fiel C. Wirtz eine schwache Beziehung zwischen den Fluchtgeschwindigkeiten der Galaxien und ihrem Winkeldurchmesser auf. Er brachte diese Erscheinung mit dem kosmologischen Modell de Sitters in Zusammenhang, das eine Zunahme der Fluchtgeschwindigkeit entfernter Objekte mit wachsendem Abstand forderte. De Sitter kannte, als er seine Arbeit „Über die Einsteinsche Gravitationstheorie und ihre astronomischen Folgerungen" unmittelbar nach Bekanntwerden der Allgemeinen Relativitätstheorie in den Jahren 1916–1917 veröffentlichte, lediglich drei Radialgeschwindigkeiten: Bei M 31 war sie negativ, und zwei schwache Galaxien hatten große positive Werte. Leider erschienen die Wirtzschen Argumente zur damaligen Zeit nicht sehr überzeugend. Man glaubte zunächst, Galaxien mit kleinem Winkeldurchmesser seien konzentrierte, kompakte Objekte, deren starkes Gravitationsfeld die große Rotverschiebung der Spektrallinien in den Spektren verursacht. Diese Erklärung basierte auf dem von Einstein vorausgesagten Energieverlust der Photonen im Gravitationsfeld der Quelle, der Dopplereffekt schied für die Deutung der Rotverschiebung aus. Damit hätte die beobachtete Rotverschiebung höhere Materiedichte und stärkeres Gravitationsfeld in den Galaxien bedeutet und nicht größere Entfernungen. Erst viele Jahre später stellte sich das scheinbare Überwiegen kompakter Galaxien zwischen den entferntesten unter ihnen als beobachtungsbedingt heraus: Diese Galaxien besitzen höhere Flächenhelligkeiten als ausgedehntere.

Versuche Lundmarks und später Strömbergs, die Wirtzschen Arbeiten zu wiederholen, erbrachten keine überzeugenden

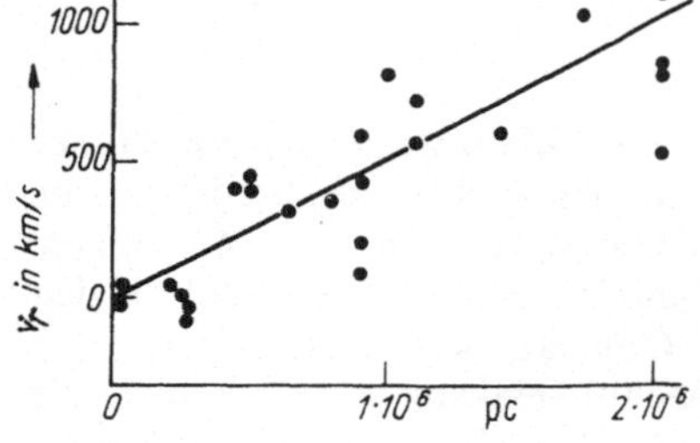

Abb. 59. Die Hubble-Beziehung. Über die Entfernung ist die Radialgeschwindigkeit aufgetragen. Sie bzw. die Rotverschiebung ist der Galaxienentfernung proportional (nach Hubble, 1929)

Ergebnisse. Sie gipfelten darin, daß Strömberg 1925 erklärte, „zwischen Radialgeschwindigkeit und Entfernung gibt es keinen Zusammenhang". Weder Durchmesser noch Helligkeit, so wurde daraus deutlich, sind ein sicheres Kriterium für die Entfernungen der Galaxien, denn beide variieren von Galaxie zu Galaxie beträchtlich.

Wie wir bereits erwähnten, fielen in diese Zeit Hubbles erste erfolgreiche Versuche, eine Reihe naher Galaxien in Sterne aufzulösen. Er strebte danach, mittels der Eigenschaften dieser Einzelsterne die Galaxienentfernungen festzulegen. Bereits 1929 kannte er von 18 Galaxien, den Galaxienhaufen im Sternbild Virgo eingeschlossen, zuverlässige Abstände. Die Gegenüberstellung dieser Entfernungen mit den Radialgeschwindigkeiten ergab den bekannten linearen Zusammenhang zwischen Entfernung und Geschwindigkeit, der als Hubblesches Gesetz in die Astronomie einging (Abb. 59).

Hubble erkannte die Bedeutung seiner Entdeckung sofort. In seiner ersten Mitteilung darüber schrieb er: „Die Geschwindigkeitsabhängigkeit von der Entfernung der Galaxien könnte der von de Sitter vorhergesagte Effekt sein, und daraus ließen sich zahlenmäßige Angaben der Raumkrümmung ableiten." Zahllose, im Laufe der Zeit vorgenommene Versuche, diese Hubblesche Beziehung nicht der allgemeinen Expansion des Universums zuzuschreiben, sondern anderen Erscheinungen, verliefen im Sande.

Vergegenwärtigen wir uns nochmals, daß die von Hubble ausgearbeiteten Entfernungsbestimmungsmethoden für diese Untersuchungen von ausschlaggebender Bedeutung waren. Das Verfahren setzte außerordentlich gute photographische Aufnahmen voraus. Sie verstand Hubble mit dem 2,5-m-Reflektor anzufertigen. Vergleichsweise leicht dagegen war die Rotverschiebung zu messen, denn dafür genügte das 60-cm-Teleskop. Hubble und seinen Mitarbeitern stand für diese Arbeiten über die

Hälfte der Beobachtungszeit am damals größten Teleskop der Welt zur Verfügung. Es war letzten Endes auch der konzentrierte und zielgerichtete Einsatz der Mittel, der zu einer der bedeutendsten Entdeckungen der beobachtenden Astronomie des 20. Jh. führte.

Einer Anregung Hubbles folgend, begann 1928 Milton Humason (1891–1972) mit systematischen Radialgeschwindigkeitsmessungen von Galaxien am 2,5-m-Teleskop. Humason war ein ausgezeichneter Beobachter. Er begann seine Tätigkeit an der Mount-Wilson-Sternwarte als Hilfsarbeiter und wurde schon bald danach einer der geschätztesten Assistenten bei den nächtlichen Arbeiten am Teleskop. Bereits nach sieben Jahren hatte Humason von 150 Galaxien Spektren gewonnen, und die entferntesten unter ihnen hatten Abstände, die etwa dem 35fachen der Entfernung zum Galaxienhaufen im Sternbild Virgo entsprechen. 1940 betrug die größte von ihm gemessene Fluchtgeschwindigkeit bereits 40 000 km/s. Auch bei den extremen Werten bestätigte sich die Proportionalität zwischen Rotverschiebung, $z = \Delta\lambda/\lambda$, und Entfernung. Diese Beziehung können wir in der Form $cz = v = Hr$ allgemein ausdrücken, wobei c die Lichtgeschwindigkeit, r der Abstand und v die Radialgeschwindigkeit ist. Der Proportionalitätsfaktor H wird als Hubble-Zahl bezeichnet.

Der Hintergrund dafür wurde aus den in den Jahren 1922–1924 von Friedmann vorgelegten Weltmodellen deutlich, die auf der Allgemeinen Relativitätstheorie fußen. (Die vorher von Einstein selbst und de Sitter angegebenen Lösungen der Einsteinschen Gleichungen sind als Grenzfälle in den Friedmannschen Modellen enthalten.) Wir wollen im folgenden hier nicht ausführlich auf diese kosmologischen Weltmodelle eingehen. Wichtig erscheint jedoch eine prinzipielle Feststellung: Die beobachtete Rotverschiebung ist keineswegs als Fluchtgeschwindigkeit ausschließlich von unserem Sternsystem zu sehen. Sie bedeutet vielmehr eine generelle Abstandsvergrößerung zwischen allen Gebieten im Kosmos, u. zw. mit einer Geschwindigkeit, die ihrem Abstand proportional ist. Ein Beobachter in einer beliebigen Galaxie sieht, wie alle anderen Galaxien sich von ihm entfernen. Das Hubble-Gesetz $v \sim r$ ist das einzige, das keinen Expansionsursprung auszeichnet. Es ist für uns das wichtigste Mittel, um die Abstände bis zu den entferntesten Galaxien bestimmen zu können. Die Voraussetzung dafür besteht natürlich darin, daß wir die Rotverschiebung dieser Galaxien gemessen haben. In die Rechnung geht aber auch die Hubble-Zahl ein. Die Bestimmung der genauen Größe dieser Zahl war eine der wichtigsten Aufgaben der Astronomie in den vergangenen fünf Jahrzehnten.

Sehen wir uns an, wie sie Hubble im Jahre 1935 meisterte. Er kannte Rotverschiebungen von 29 nahen Galaxien, die sich jedoch außerhalb der Lokalen Gruppe befanden. Sehr nahe Galaxien können für die Untersuchungen nicht herangezogen werden, da bei diesen Objekten die von der Expansion des Weltalls herrührende Fluchtbewegung noch zu klein gegenüber den zufälligen pekuliaren Bewegungen im Raum ist. Hubble bestimmte von den beobachteten 29 Galaxien die scheinbaren Helligkeiten m der hellsten Sterne. Da, wie Hubble früher fand, ihre Leuchtkraft in allen Galaxien fast gleich ist, geben die scheinbaren Helligkeiten Abstandsverhältnisse wieder. In Beziehung zu den Fluchtgeschwindigkeiten gesetzt, erhielt er $\lg v = 0{,}2m - 1{,}0$. Da $v = Hr$ und nach den Logarithmengesetzen $\lg v = \lg H + \lg r$ ist, ergibt sich zusammen mit der am Ende des Kapitels „Das Hertzsprung-Russell-Diagramm" abgeleiteten Formel $\lg r = 0{,}2(m - M) + 1$ (wobei M die absolute Helligkeit ist) die Beziehung für die Bestimmung der Hubble-Zahl. Lösen wir die Gleichungen nach $\lg H$ auf, so erhalten, wir $\lg H = 0{,}2M - 2{,}00$.[1] Hubble fand als absolute Helligkeit der hellsten Sterne in den Galaxien $- 6^{\mathrm{M}}{,}35$. Daraus ergibt sich die Größe H (Hubble bezeichnete sie als v/r): $H = 535$ km/(s·Mpc), wenn wir statt des pc das Mpc $= 10^6$ pc als Einheit wählen.

Da die Leuchtkräfte der hellsten Sterne in den Galaxien relativ zu den Cepheiden bestimmt wurden, bedingt jede Neufestlegung des Nullpunktes der Perioden-Leuchtkraft-Beziehung eine Änderung der Hubble-Zahl. 1955 überprüften Humason, Mayall und Sandage auf Grund neuer Rotverschiebungsmessungen und des von Baade korrigierten Nullpunktes der Perioden-Leuchtkraft-Beziehung die Hubble-Zahl und erhielten $H = 180$ km/(s·Mpc). Allan Sandage, der die Arbeiten des inzwischen verstorbenen Hubble, seines Lehrers, weiterführt, veröffentlichte 1958 die Ergebnisse einer nochmaligen Korrektur von H. In dieser Arbeit stützte sich Sandage hauptsächlich auf Novae in extragalaktischen Sternsystemen. Sie gaben den Anlaß, die Entfernungsmoduln der Magellanschen Wolken, M 31, M 33 und NGC 6822 im Mittel um 2,3 mag. gegenüber den von Hubble angenommenen Werten zu erhöhen. Um die gleichen Beträge müssen natürlich die absoluten Helligkeiten der hellsten Sterne angehoben werden, was gut mit neuen Beobachtungen dieser Sterne in den nahen Galaxien der Lokalen Gruppe übereinstimmt. Doch

[1] Aus dem Hubble-Gesetz $cz = Hr$ und der Formel $\lg r = 0{,}2\,(m - M) + 1$ folgt in allgemeiner Form $m = 5\lg z + M - 5\lg H + 5\lg c - 5$, d. h. $m = 5\lg z + \mathrm{const}$.

neben den beinahe routinemäßigen Verbesserungen der Werte bemerkte Sandage noch einen grundlegenden Fehler seines Lehrers. Die von Hubble als hellste Sterne in den Galaxien außerhalb der Lokalen Gruppe betrachteten Objekte erwiesen sich in Wirklichkeit als kompakte Emissionsnebel, H II-Gebiete. Hubble, der in den 20er Jahren ausschließlich auf blauempfindlichen Photoplatten arbeiten konnte („rote" Platten waren damals noch sehr unempfindlich und daher für diese Arbeiten nicht geeignet), hatte besonders in entfernten Galaxien keine Möglichkeit, kompakte H II-Gebiete zu erkennen. Er selbst fand in M 31, obwohl er ausgiebig danach suchte, keinen einzigen Emissionsnebel; heute sind dort 981 Emissionsnebel bekannt. Sicher war das der Grund, weshalb Hubble niemals an einen solchen Fehler dachte. Erst Baade gelang später das Auffinden von Emissionsnebeln in M 31 auf Aufnahmen in verschiedenen Spektralbereichen. Er benutzte u. a. Rotaufnahmen, die zusätzlich noch durch Beobachtungen mit speziellen Farbfiltern, die nur für die Strahlung der Balmerlinie H_α des Wasserstoffs durchlässig waren, ergänzt wurden. Später untersuchte Sandage die Galaxie NGC 4321 im Virgo-Galaxienhaufen mit der gleichen „Mehrfarbentechnik" und fand, daß die H II-Gebiete durchschnittlich um 1,8 mag. heller sind als die hellsten Sterne. Es war eben dieser Betrag, um den sich Hubble mit seinen „hellsten Sternen" geirrt hatte. Damit wuchs der Gesamtfehler in den von Hubble festgelegten Entfernungsmoduln weiter und betrug nun schon fast 4,0 mag.! Die Hubble-Zahl mußte folglich noch viel kleiner sein, als sie es nach der ersten Revision schon war. Sie sollte zwischen 50 und 100 km/(s · Mpc) liegen, so ergaben es Sandages Untersuchungen. Die große Unsicherheitsspanne folgte aus der weiten Streuung der absoluten Helligkeiten der zugrunde liegenden „hellsten Sterne". Unabhängig davon konnte Sandage eindeutig nachweisen, daß Hubble seinerzeit die Galaxienentfernungen sechs- bis siebenmal zu gering angegeben hatte.
Weitere zehn Jahre später, 1968, widmete sich Sandage erneut der Hubble-Zahl. Er griff bei den erweiterten Untersuchungen eine bereits Hubble bekannte Eigenschaft der hellsten Galaxien in Galaxienhaufen auf. Hubble hatte nachgewiesen, daß die hellsten elliptischen Galaxien in verschiedenen Haufen fast die gleiche Leuchtkraft besitzen. Wie wir bereits mehrfach verfolgen konnten, ist diese Gruppeneigenschaft die Voraussetzung, um die Hubble-Zahl aus der Beziehung zwischen scheinbarer Helligkeit und Rotverschiebung der Objekte zu bestimmen. Wie bei den „hellsten Sternen" muß lediglich die absolute Helligkeit mindestens einer elliptischen Riesengalaxie bekannt sein. Sandages

Abb. 60. Kugelsternhaufen im Halo von M 87. Ausschnitt aus einer Aufnahme mit dem 5-m-Spiegel

Vorteil bestand darin, daß er mit dieser Methode sehr weit in den Raum vordringen konnte, denn die hellsten Galaxien eines Haufens sind um 11 bis 12 mag. heller als die hellsten Sterne in Einzelgalaxien. Darüber hinaus bestand die Hoffnung, aussagekräftigere Angaben über die Hubble-Zahl zu erhalten, da in den 60er Jahren angenommen wurde, bei Radialgeschwindigkeiten unter 4000 km/s könnten lokale Bewegungsabweichungen von der Expansion des Universums vorkommen. Besonders de Vaucouleurs verwies immer wieder auf einen lokalen Superhaufen von Galaxien (Haufen aus Galaxienhaufen), in dem in verschiedenen Richtungen unterschiedliche Abweichungen der Radialgeschwindigkeiten einzelner Mitglieder von den aus der Expansion zu erwartenden Fluchtgeschwindigkeiten bestehen müssen.

Die Leuchtkraft der hellsten Galaxie in Galaxienhaufen läßt sich leicht feststellen, wenn man die Entfernung mindestens eines Haufens kennt. Der uns nächste reiche Galaxienhaufen ist der im Sternbild Virgo; Sandage bestimmte seinen Abstand über die Kugelsternhaufen in der elliptischen Galaxie M 87 (Abb. 60). Diese Galaxie ist eine der hellsten Mitglieder des Virgohaufens, bekannt als starke Radioquelle (Virgo A). Sie weist Auswürfe aus dem Kern auf und enthält sehr viele Kugelsternhaufen. Auf

Aufnahmen mit dem 5-m-Teleskop schätzte man ihre Anzahl auf etwa 2000, doch 1975 ergab eine der ersten Platten des neuen Teleskops in Cerro Tololo 4000 Kugelsternhaufen. Dieses 4-m-Teleskop besitzt ein beträchtlich größeres Abbildungsfeld und steht an einem Ort mit geringerer Luftunruhe. Auf Grund der neuesten Beobachtungen wird die Gesamtanzahl der Kugelsternhaufen in dieser Galaxie auf etwa 10 000 geschätzt. Zum Vergleich: Im Andromedanebel sind 300, in unserer Galaxis ganze 135 bekannt. Scharow gibt nach sehr optimistischen Schätzungen die maximale Anzahl der Kugelsternhaufen in unserer Milchstraße mit 500 an. Offensichtlich hängt die Häufigkeit der Kugelsternhaufen in den Galaxien von der Masse des Sternsystems und dem Anteil der Population-II-Objekte ab.

Aufbauend auf der Unabhängigkeit der Leuchtkraft der hellsten Kugelsternhaufen vom Galaxientyp und den hellsten Kugelsternhaufen unserer Galaxis (Omega Centauri, $-9^M,7$) sowie in M 31 (B 282, $-9^M,8$), ermittelte Sandage aus der scheinbaren Helligkeit des hellsten Kugelsternhaufens in M 87 ($21^M,3$) den Entfernungsmodul: $m - M = 21,3 + 9,8 = 31,1$ mag. Die absoluten Helligkeiten sind mit Hilfe von blauempfindlichen Photoplatten bestimmt. Daraus folgt für die hellste Galaxie im Virgohaufen (es handelt sich um die elliptische Galaxie NGC 4472, die ebenfalls sehr viele, jedoch bis jetzt noch kaum untersuchte Kugelsternhaufen enthält) die absolute Helligkeit von $-21^M,7$. Das ist die Leuchtkraft, die später für alle hellsten Mitglieder von Haufen angenommen wurde.

Abbildung 61 gibt die daraus abgeleitete und erstmals in der Arbeit Sandages enthaltene Beziehung zwischen den integralen Helligkeiten der „hellsten" Galaxien in 65 Haufen und ihren Rotverschiebungen wieder. Bis zu den entferntesten Objekten im Diagramm mit Radialgeschwindigkeiten von fast 140 000 km/s läßt sich die lineare Beziehung verfolgen. Die auffallend geringe Streuung der Werte um die eingezeichnete Gerade bestätigt sowohl das Hubble-Gesetz als auch die Übereinstimmung der Leuchtkräfte der hellsten Galaxien in Haufen mit mehr als 30 Mitgliedern.

Aus der absoluten Helligkeit ergab sich die Hubble-Zahl. Sandage erhielt auf diese Weise 1968 den Wert $H = 75$ km/(s · Mpc). Er galt lange Zeit als Standard.

Erst in den Jahren 1974–1975 widmeten sich Sandage und der Schweizer Astronom Tammann erneut der Hubble-Zahl und veröffentlichten in einer Serie von Artikeln neue Argumente, die auf den Wert $H = 55$ km/(s · Mpc) hindeuten. Bei Galaxien der Lokalen Gruppe und der Galaxiengruppe um M 81, deren

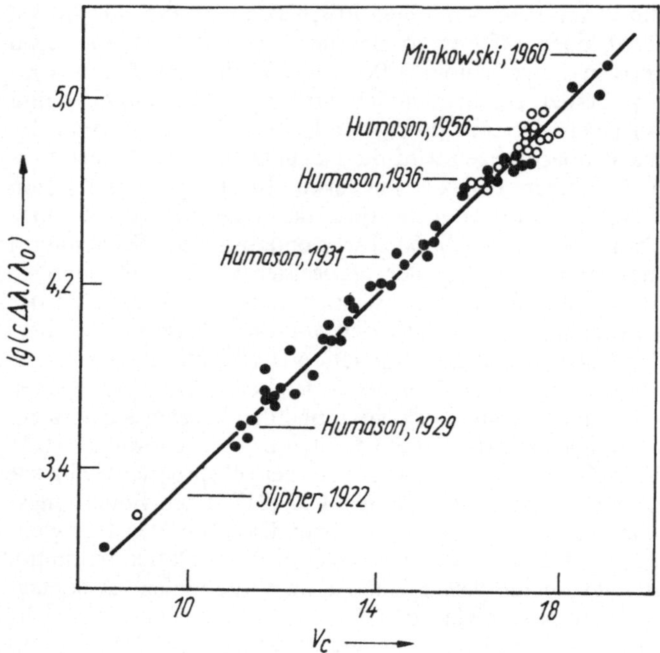

Abb. 61. Ein Hubble-Diagramm für die hellsten Galaxien in 65 Galaxienhaufen. Die eingezeichnete Gerade entspricht $m = 5 lg\ z$ + const. Der Anstieg der Geraden bestätigt das Hubble-Gesetz (s. S. 176). Markiert sind die maximalen Rotverschiebungen, die den Beobachtern zu ihrer Zeit erreichbar waren. Die Abbildung ist einer Arbeit von A. Sandage, J. Kristian und J. Westphal entnommen

Entfernung die Autoren über Cepheiden gemessen hatten, fanden sie eine Beziehung zwischen den linearen Ausmaßen der H II-Gebiete und der Galaxienleuchtkraft. Damit hatten sie einen Maßstab in der Hand, mit dem leicht aus den Winkeldurchmessern der H II-Gebiete in Spiralgalaxien und irregulären Systemen Entfernungen bestimmbar waren, unabhängig davon, ob sich die Galaxien in Haufen oder außerhalb davon befinden. Diese Methode hatte außerdem den Vorteil, daß die schon vom Aussehen her sehr markanten großen Spiralgalaxien vom Hubble-Typ Sc I für die Entfernungsbestimmung herangezogen werden konnten. Sandage und Tammann bestimmten für 50 schwache Sc I-Galaxien die Radialgeschwindigkeiten. (Wie sich herausstellte, lagen sie alle über 4000 km/s.) Da scheinbare und absolute Helligkeiten bekannt waren, konnte die Hubble-Zahl abgeleitet werden.

Während Sandage und Tammann auf ihrem Wert von rund 50 km/(s · Mpc) beharren, findet de Vaucouleurs mit dem gleichen prozentualen Fehler von 10% einen Wert um $H = 95$ km/(s · Mpc). 10% Fehler hatte bereits Hubble seinen 535 km/(s · Mpc) zugebilligt. Diese Fehlerangabe scheint der Hubble-Zahl magisch anzuhaften. Übrigens finden die meisten Astronomen Werte zwischen 75 und 100 km/(s · Mpc). Sandage und Tammann sind so gut wie die einzigen Verfechter der „langen" Entfernungsskala.

Die Entscheidung dieser Frage hängt nicht zuletzt vom Entfernungsmodul (also der absoluten Helligkeit) der Sc I-Spirale M 101 ab. Sandage und Tammann schätzen den Entfernungsmodul anhand der scheinbaren Helligkeiten der hellsten blauen Sterne und der Winkeldurchmesser der größten H II-Gebiete auf 29,9 mag. De Vaucouleurs hingegen nennt einen Wert von 28,33 mag. Kürzlich konnten R. Humphreys und S. Strom in dieser Galaxie 90 rote Überriesen identifizieren. Die hellsten unter ihnen bringen es auf eine scheinbare visuelle Helligkeit von $20^m{,}9 \pm 0{,}2$, was bei einer angenommenen absoluten Größe von $-8^M{,}0 \pm 0{,}2$ einen scheinbaren Entfernungsmodul von $m - M = 28{,}9 \pm 0{,}3$ mag. ergibt, nach Korrektur für die Lichtextinktion innerhalb der Galaxie jedoch 28,6 mag. Der Wert von de Vaucouleurs scheint der Wahrheit näher zu kommen als der von Sandage und Tammann.

Den Entfernungsmodul für den Virgo-Galaxienhaufen (genauer: der Galaxienwolke Virgo S, in der Spiralgalaxien vorherrschen) geben die Anhänger der „kurzen" Entfernungsskala mit 30,7 mag. an. Sandage und Tammann nennen einen um etwa 1 mag. höheren Wert. Der erste Wert entspricht einer Hubble-Zahl von $H = 95$ km/(s · Mpc) (stellt man die Pekuliarbewegung der Lokalen Gruppe auf den Virgohaufen zu in Rechnung), der zweite $H = 50$ km/(s · Mpc).

Um die Entfernungen weit entfernter Galaxien zu ermitteln, greift man neuerdings auf eine Korrelation zwischen der Geschwindigkeitsdispersion des neutralen Wasserstoffs in einer Galaxie (abhängig von deren Masse) und ihrer Leuchtkraft zurück. Auf diese Beziehung sind die Astronomen R. Fisher und R. B. Tully gestoßen. Für vier Galaxienhaufen haben 1980 M. Aaronson und andere durch Vergleich dieser Dispersion (der Breite der 21-cm-Linie) mit Infrarothelligkeiten der Galaxien $H = 95 \pm 4$ km/(s · Mpc) gefunden. Fast scheint es, als hätte die Hubble-Zahl ihren „Tiefpunkt" von 50 km/(s · Mpc) nach einer jahrzehntelangen „Schrumpfung" endgültig hinter sich gelassen und begänne nun wieder zu wachsen.

Auf mehr als 120 bis 130 km/(s·Mpc) wird sie allerdings nicht mehr klettern.

Hinsichtlich der Cepheidenentfernungen naher Galaxien besteht zwischen den streitenden Parteien nahezu Einhelligkeit. Die Untersuchung dieser Sterne in entfernten Galaxien ist daher eine vorrangige Aufgabe. Entsprechende Arbeiten sind am 5-m-Spiegel bereits angelaufen, wobei im nahen Infrarot die M 31- und M 33-Cepheiden sogar noch bei Vollmond photometriert werden können. In diesem Spektralbereich sind sowohl die Amplituden wie auch die Dispersion in der Perioden-Helligkeits-Beziehung gering. Bereits wenige Daten versprechen zuverlässige Ergebnisse. Suchen muß man die Cepheiden allerdings nach wie vor im blauen Spektralbereich, wo die Helligkeitsschwankungen groß sind.

Die zeitaufwendige Untersuchung von Cepheiden in fernen Galaxien ist eine der Hauptaufgaben für das 2,4-m-Teleskop, das nun 1989 in eine Erdumlaufbahn geschossen werden soll. Mit diesem Teleskop sollten sich die Entfernungen der Galaxien im Virgohaufen unmittelbar bestimmen und damit ein genauer Wert der Hubble-Zahl berechnen lassen. Ein Cepheid mit einer Periode von, sagen wir, 20 Tagen müßte in einer dieser Galaxien im Mittel 26. Größe sein, falls die „lange" Entfernungsskala gilt, 25. Größe aber bei der „kurzen". Da die Grenzreichweite bei 25^m liegt, dürften die Cepheiden (im Prinzip) ohne größere Schwierigkeiten erreichbar sein. Die Weitwinkelkamera bildet auf eine CCD-Matrix von 1600×1600 Bildpunkten ein Feld von $2,7'$ $\times 2,7'$ ab. Mit einer einzigen Belichtung von 3000 s ließe sich damit ein Viertel einer Virgo-Spiralgalaxie abbilden mit etwa 100 Cepheiden, deren Periodenlänge über 10 Tage liegt. Dreißig Aufnahmen, gewonnen über einen Zeitraum von einigen Monaten, sollten ausreichen, deren Perioden zu bestimmen. Allerdings könnten sich diese Kalkulationen amerikanischer Astronomen als zu optimistisch erweisen: Die Cepheiden stehen vor einem dichten Sternenhintergrund, vor dem sie sich trotz einer Bildauflösung von $0,1''$ nicht so leicht abheben dürften. Auch die Suche nach RR-Lyrae-Sternen in M 31 steht als Aufgabe an.

Bevor wir uns im nächsten Kapitel den entferntesten Objekten im Kosmos zuwenden, deren Entfernungen über das Hubble-Gesetz bestimmt werden, sei nochmals unterstrichen: Die Hubble-Zahl ist die Spitze eines Bauwerks, dessen einzelne Etagen noch abzustützen sind. So muß möglicherweise die Leuchtkraft der Cepheiden um 0,5 mag. verringert werden, was eine Vergrößerung der Hubble-Zahl auf das 1,25fache bedeuten würde. Als weiteres schwaches Glied könnte sich die Annahme erweisen, die Größe der H II-Gebiete sei mit der Leuchtkraft der entsprechenden Galaxie verknüpft. Ganz offensichtliche Gegenbeispiele sind bereits bekannt. Außerdem gelten die oben angegebenen Unsicherheiten von 10% nur dann, wenn alle Zwischenschritte der Hubble-Zahl-Bestimmung zuverlässig sind.

Extrapolieren wir die Expansionsbewegung der Galaxien zurück, so ergibt sich, daß zu einem bestimmten Zeitpunkt alle Galaxien in einem Punkt vereint gewesen sein müssen. Falls die Expansion stets mit der gleichen Geschwindigkeit erfolgte, so ist der reziproke Wert der Hubble-Zahl ($1/H = r/v = t$) gleich der vom Beginn der Expansion, d. h. vom Zeitpunkt $t = 0$, bis jetzt verstrichenen Zeit. Es ergeben sich rund 20 ($H = 50$) bzw. 10 ($H = 100$) Milliarden Jahre. Dieses „Expansionsalter" des Universums entspricht etwa dem Alter der ältesten Sterne, das, wie wir erfahren haben, in allen Galaxien praktisch gleich ist, und es steht außerdem mit dem Alter der chemischen Elemente – abgeleitet aus den Isotopenverhältnissen einiger radioaktiver Elemente – in Einklang, d. h. der Zeit, die seit der Kernsynthese verstrichen ist. Der von Hubble zuerst angenommene Wert für H hätte demgegenüber einem Weltalter entsprochen, das geringer gewesen wäre als das Alter der Erde. Dieser Widerspruch zwang in der Vergangenheit die Forscher auf der einen Seite, den Wert der Hubble-Zahl zu verkleinern, stimulierte aber auf der anderen Seite auch Versuche, die Rotverschiebung anders zu erklären. Doch die Hypothesen, wonach die Photonen auf dem langen Weg von der Quelle bis zu uns Veränderungen erfahren, widersprechen entweder der Beobachtung direkt oder lassen sich nicht mit den Laborexperimenten der Quantenelektrodynamik in Einklang bringen. Demgegenüber wird die Dopplernatur der Rotverschiebung auch dadurch gestützt, daß in einem ausgedehnten Wellenlängenbereich, einschließlich der Radiowellen, die vom Dopplergesetz geforderte Proportionalität zwischen Rotverschiebung $\Delta\lambda$ und Wellenlänge λ beobachtet wird.[1]

Aus dem Hubble-Gesetz folgt zwangsläufig: Vor 10 bis 20 Milliarden Jahren muß die Dichte der Materie im Weltall unvorstellbar groß gewesen sein. Nach dem Moment $t = 0$ muß dann die Bildung der ersten chemischen Elemente und der Sterne in den Protogalaxien eingesetzt haben. Diese Schlußfolgerungen aus dem Hubble-Gesetz ließen sich nur umgehen, unterlegte man der Natur völlig neue physikalische Grundsätze. Doch dafür gibt es zur Zeit weder aus Beobachtungen im Kosmos noch aus Experimenten auf der Erde zwingende Gründe.

---

[1] Das Spektrum wird also gedehnt, nicht „verschoben"!

Quasare und das Universum

Astronomen, im Jahre 1962 daraufhin angesprochen, daß von ihnen bislang eine ganze Klasse von Himmelskörpern unbeachtet blieb, hätten bestenfalls mit einem Kopfschütteln geantwortet. Sicher wären sie noch mehr erstaunt gewesen, hätte man hinzugefügt, es handele sich um Objekte, die um Größenordnungen mehr Energie abstrahlen als Riesengalaxien oder beliebige andere bekannte Gestirne im Kosmos. Ungeachtet dessen hätte man mindestens ein solches Objekt auf Photoplatten betrachten können, die seit Ende des vorigen Jahrhunderts in mehreren Sternwarten der Welt aufbewahrt werden...
Unmittelbare Voraussetzung für die Entdeckung der Quasare war das immer besser werdende Auflösungsvermögen der Radioteleskope. Über Jahre hinweg konnten Koordinaten oder Ausdehnung von Himmelskörpern, die Radioquellen darstellten, nur mit sehr geringer Genauigkeit vermessen werden. Entscheidende Verbesserungen stellten sich erst vor 20 Jahren ein, als es mit der technischen Entwicklung möglich wurde, Radioteleskope, die auf verschiedenen Erdteilen installiert sind, zusammenzuschalten. Das als Interferometer betriebene Instrument besitzt eine Basislänge von einigen tausend Kilometern und übertrifft mit seiner Auflösung die optischen Teleskope um mehr als drei Größenordnungen.
Eines der ersten Radiointerferometer bestand in Owns-Valley aus den beiden 27-m-Antennen des Technologischen Instituts Kaliforniens. 1960 begann damit die Vermessung der Koordinaten von Radioquellen aus dem 3. Cambridger Katalog (3C). Die erreichte Genauigkeit lag bei $\pm 5''$, und es stellte sich während der Messungen heraus, daß einige Quellen äußerst kleine Winkeldurchmesser aufwiesen.
Am 26. September 1960 photographierten Matthews und Sandage mit dem 5-m-Teleskop die Himmelsgegend, in der eine dieser Quellen — 3C 48 – liegt. Zu ihrer Verwunderung stellten sie fest, daß innerhalb der möglichen Koordinatenfehler lediglich ein Stern der $16^m,2$-Größenklasse im Visuellen zu sehen war. Dieses Objekt schien in einem kleinen, schwachen Nebelscheibchen eingebettet zu sein, doch es konnte sich eigentlich nur um einen Stern, nicht aber um eine Galaxie handeln. Anfängliche Zweifel an der Richtigkeit der Identifizierung der Radioquelle mit diesem Stern waren am 22. Oktober ausgeräumt, als es Sandage gelang, ein Spektrum dieses Objekts zu gewinnen. Es zeigte eine ungewöhnliche Kombination breiter Emissionslinien, die keinen

bekannten Erscheinungen zugeordnet werden konnten. Rätselhaft war außerdem die Farbe von 3C 48: Sandage fand, sie entspräche einem heißen Weißen Zwerg oder einer ehemaligen Nova, d. h. sehr heißen Objekten mit sehr hohem Anteil an Ultraviolettstrahlung.

Im Dezember 1960 berichtete Sandage über die Ergebnisse der ersten optischen Beobachtungen von 3C 48 auf der 107. Sitzung der Amerikanischen Astronomischen Gesellschaft. Es schien, als ließe sich die vorgeschlagene Hypothese, wonach 3C 48 – der erste Radiostern – der Überrest eines Novaausbruchs oder sogar einer Supernova-Erscheinung sei, schnell untermauern. Dazu untersuchten H. J. Smith und D. Hoffleit die Veränderlichkeit des Objekts anhand des reichen Materials im Plattenarchiv der Harvard-Himmelsüberwachung aus den Jahren 1897–1958. Ihre Ergebnisse zeigten, daß keine merklichen, d. h. 0,3 mag. übersteigenden Helligkeitsänderungen, wie sie häufig im Postnova-Stadium auftreten, vorliegen. Aus diesem Grunde schien es wahrscheinlich, daß es sich hier um den Überrest einer Supernova handeln müßte. In alten chinesischen Aufzeichnungen fand man auch bald einen Hinweis auf einen „Gaststern", der 1688 weniger als $10°$ von 3C 48 entfernt aufleuchtete. Mit diesen Ergebnissen schien es den Astronomen, als hätten sie endlich die Objekte gefunden, die seit langem theoretisch vorhergesagt worden waren.

Die wichtigste Vorarbeit hatten hierfür 1934 Baade und Zwicky geleistet. Sie sahen in Supernovae, die in ihrem Helligkeitsmaximum mitunter die Leuchtkraft einer Galaxie erreichen und damit um vieles heller sind als Novae, eine eigenständige Objektklasse und glaubten ferner, diese Sterne entwickelten sich erst nach dem Ausbruch in überdichte Körper: Neutronensterne extrem hoher Dichte bei kleinen räumlichen Ausdehnungen. Etwas später bestätigten Landau und unabhängig von ihm Oppenheimer und Volkoff theoretisch die Existenz von Neutronensternen. Wann auch immer Astronomen im Verlaufe von über dreißig Jahren auf neue Objekte mit ungewöhnlichen Eigenschaften stießen, stets sahen sie darin zunächst die von der Theorie vorhergesagten Neutronensterne. Das war bei 3C 48 so, wiederholte sich mit der ersten Röntgenquelle, Skorpion-X1, und erst die Entdeckung der Pulsare 1968 scheint dieses Rätsel endgültig gelöst zu haben, denn die periodisch wiederkehrenden Ausbrüche der Radiostrahlung sowie die anderen bekannten Eigenschaften der Pulsare stimmen mit dem überein, was man an Erscheinungen von rotierenden, sehr dichten Körpern erwarten kann. Wäre die Periode des Pulsars im Zentrum des Crabnebels etwas größer (sie beträgt drei hundertstel Sekunden), so könnte man auch visuell die Schwankungen am Teleskop verfolgen.

Doch wenden wir uns wieder den Quasaren zu, die 1960 um ein Haar als die späteren Pulsare angesehen worden wären. 1962 gelang es Sandage und Matthews, zwei weitere sternförmige Objekte mit den Radioquellen 3C 196 und 3C 286 zu identifizieren. Hier, wie schon im Falle 3C 48, war das einzige Objekt, das innerhalb der Fehlergrenzen mit den Koordinaten der Radioquelle zusammenfiel, ein Stern der 17. Größenklasse. Die Farben ähnelten denen des ersten „Radiosterns". Auch hier blieben die Spektren, die sich nicht zuordnen ließen, ein Rätsel; wer konnte schon das Spektrum eines Supernova-Überrestes voraussagen? Doch die Annahme, es handele sich um Supernovae vom Typ I, war auch bereits zu dieser Zeit heftig umstritten.

Eine Wende zeichnete sich schon 1963 ab. Diese Jahreszahl ging mit der genauen Koordinatenvermessung der Radioquelle 3C 273 in die Astronomiegeschichte ein. C. Hazard, M. McKey und A. Shimmins nutzten dafür die Bedeckung von 3C 273 durch den Mond. Dem Beobachtungsergebnis zufolge mußte es sich um eine Doppelquelle mit einem Abstand von 19 Bogensekunden zwischen beiden Komponenten handeln, die ihrerseits im Winkeldurchmesser kleiner als 10 Bogensekunden sein sollten. Eine der beiden Komponenten fällt mit einem Stern der 13. Größenklasse zusammen. Der junge holländische Astrophysiker Maarten Schmidt beobachtete an der Mount-Palomar-Sternwarte das Spektrum von 3C 273 und sah das gleiche wie seine Vorgänger bei anderen Radioquellen: rätselhafte breite Emissionslinien. Doch Schmidt kam der entscheidende Einfall: Er bemerkte, daß diese Linien mit der gewöhnlichen Balmerreihe des Wasserstoffs zusammenfielen, wenn man nur eine Rotverschiebung von 0,158 voraussetzte. Am 16. März 1963 sandte Schmidt diese Mitteilung an die Zeitschrift „Nature". Falls sie zutreffen sollte, müßte dieser Stern sehr, sehr weit entfernt, außerhalb unserer Galaxis liegen und seine Leuchtkraft die der Riesengalaxien um das 100fache übersteigen.

„An jenem Abend", erinnerte sich Maarten Schmidt später, „ging ich nach Hause und zweifelte an mir selbst. ‚Heute ist etwas völlig Unvorhergesehenes mit mir geschehen', sagte ich meiner Frau." Oke bewies bereits wenig später den Schmidtschen Identifizierungsvorschlag. Er fand im infraroten Teil des Spektrums von 3C 273 die H_α-Linie des Wasserstoffs genau bei der Wellenlänge, die Schmidt vorausgesagt hatte. Nachdem der Bann gebrochen war, identifizierten Matthews und Greenstein die

Linien im Spektrum von 3C 48 unter der Annahme einer Rotverschiebung von $z = 0,367$ ohne Schwierigkeiten.

Ein Vorabdruck dieser Arbeiten, den Schklowski Anfang März 1963 erhielt, aktivierte die Mitarbeiter des Sternberg-Instituts in Moskau. Scharow und der Autor dieser Seiten begannen auf Anregung Schklowskis hin, unverzüglich die Platten des Moskauer Instituts durchzusehen. Wir fanden 3C 273, und ein erster Vergleich mit dem Photographischen Himmelsatlas Wolf-Pallas zeigte ohne Zweifel Helligkeitsänderungen des Objekts. Insgesamt waren uns über 50 Platten aus der Zeit von 1896–1960 zugänglich, die eine Veränderlichkeit zwischen, $12^m{,}0$ und $12^m{,}7$ auswiesen. Am 9. April 1963 teilten wir dieses Ergebnis im Informationsbulletin der Kommission Veränderlicher Sterne der Internationalen Astronomischen Union mit. Kurze Zeit später sandten uns Smith und Hoffleit einen Vorabdruck ihrer Arbeit, die sie ebenfalls am 9. April bei der Zeitschrift „Nature" eingereicht hatten. Sie schätzten die Helligkeit des Objekts auf etwa 600 Platten des Harvard-Observatoriums, beginnend im vorigen Jahrhundert. Nach ihren Angaben schwankt die Helligkeit mit einem 10jährigen Zyklus um etwa 0,6 Größenklassen. Sie fanden außerdem Anzeichen für eine Veränderlichkeit innerhalb weniger Tage. Aus diesen Beobachtungen folgte direkt, daß die Ausdehnung des Objekts, genauer die Gebiete, aus denen die optische Strahlung kam, nicht größer als wenige Lichttage sein kann; wären sie größer, so würden sich die Helligkeitsschwankungen verschiedener Teile des Quasars wegmitteln.

Interessant, daß photoelektrische Beobachtungen von 3C 273, die 1963 einsetzten, keine großen Helligkeitsänderungen nachgewiesen haben. Die gemessenen Schwankungen ließen sich erklären, wenn in einer extrem hellen, kompakten Galaxie durchschnittlich 8 Supernovae im Jahr aufleuchteten. Doch greifen wir nicht vor.

Matthews und Sandage waren sich ihrer Interpretation, die sie in ihrer Arbeit über die Identifikation der Radioquellen 3C 196 und 3C 286 mit sternförmigen Objekten gaben, nicht sicher. Bei der Korrektur der Arbeit fügten sie hinzu, daß es sich möglicherweise auch um extragalaktische Objekte handeln könnte. Gegen Ende des Erscheinungsjahres waren 9 Objekte des Typs bekannt. Anhand dieser Beispiele wurde klar, wonach man in Zukunft suchen mußte. Es folgte eine Flut von Entdeckungen; 1967 waren bereits 150 quasistellare Radioquellen (QRS $\hat{=}$ quasistellar radio sourse) aufgefunden, 1977 waren es schon 370. Sie wurden allgemein als Quasare bezeichnet, wenn auch über zwei Jahre hinweg ein zweiter Begriff, der eines Hypersterns, parallel dazu gebraucht wurde. Letztlich setzte sich die Bezeichnung „Quasar" durch, sicher auch aus dem Grunde, da „Hyperstern" eine bestimmte und zunächst auch angenommene Interpretation suggerierte, der jedoch im Laufe der Zeit immer weniger Astronomen zuneigten. Die Bezeichnung „Hyperstern" selbst war von Hoyle und Fowler geprägt worden. Sie bezeichneten damit ein kompaktes Objekt von 10^8 Sonnenmassen, was sich nach ihrer Hypothese in den Kernen von Radiogalaxien befinden sollte. Diese Arbeiten der beiden Autoren erschienen 1962, fast gleichzeitig mit der Entdeckung der Quasare. Zunächst deutete alles darauf hin, dies sei die Erklärung für die eben gefundenen Objekte. Hoyles und Fowlers supermassive Sterne sollten schnell kollabieren und damit über die Gravitationsenergie die riesige Leuchtkraft der Quasare liefern. In der eben erläuterten Form traf diese Hypothese auf große Schwierigkeiten. Bis heute hat sich lediglich die Vorstellung erhalten, die auch in einigen modernen Arbeiten anzutreffen ist, daß es sich bei den Quasaren um kompakte Objekte handeln könnte.

Fassen wir zusammen: Diese sternförmigen Objekte sind Quellen starker Radiostrahlung, sie weisen einen hohen Ultraviolettanteil in der Strahlung auf, und wie sich später herausstellte, liegt das Maximum der von Quasaren abgestrahlten Energie im infraroten Spektralbereich. Die Spektren zeigen in der Regel breite Emissionslinien, die immer stark zum Roten hin verschoben sind. Häufig werden als Quasare auch solche Objekte bezeichnet, die keine Radiostrahlung aussenden. Im letzten Katalog, der 1980 erschienen ist, sind 1549 Quasare aufgezählt. Der größte Teil davon, vielleicht sogar alle, sind veränderlich. Bei einigen wurden Amplituden von 3 mag. und mehr gemessen. Beim Quasar 3C 279 beträgt sie sogar 7 mag., und in seinem Helligkeitsmaximum ist der Quasar mit $M_B = -31\overset{M}{.}4$ (!) das hellste Objekt im Kosmos. Diese kurze Übersicht umfaßt die wichtigsten Beobachtungsdaten. Ihre Interpretation hängt in erster Linie davon ab, in welchen Entfernungen sich die Quasare befinden.

Den Schlüssel zur Bestimmung der Entfernung, so scheint es, sollte uns die Rotverschiebung liefern. Und tatsächlich konnten Greenstein und Schmidt 1964 zeigen, daß sie mit größter Wahrscheinlichkeit nicht gravitativer Natur sein kann. Damit ist ausgeschlossen, es handele sich bei diesen Objekten um überdichte Sterne unserer Galaxis: Dagegen spricht das Auftreten verbotener Emissionslinien in den Spektren, die nur bei sehr geringer Dichte vorkommen. Wenn sie beobachtet werden, so müssen sie in Gebieten entstehen, die weiter entfernt vom Kern ein geringeres Gravitationspotential aufweisen als die Teile, aus denen erlaubte Linien kommen. Da jedoch die Rotverschiebung der erlaubten und der verbotenen Linien übereinstimmt, muß sie vom Gravitationspotential am Ort der Entstehung unabhängig sein. Daraus schließen Greenstein und Schmidt, daß die Rotverschiebung nur durch den Dopplereffekt hervorgerufen sein kann und kosmologischer Natur ist. Wie in den Spektren der Galaxien ist sie auf die Expansion des Weltalls zurückzuführen.

Analog zu den Galaxienuntersuchungen sollten Entfernung und Leuchtkraft der Quasare direkt aus der Rotverschiebung ableitbar sein. Verfährt man so, dann ergibt sich das bereits skizzierte Bild: Quasare sind Dutzende Male heller als elliptische Riesengalaxien, ihre Leuchtkraft liegt zwischen 10^{45} bis 10^{47} erg/s. (Im SI ist 1 erg $= 10^{-7}$ W·s.) Diese außerordentlich hohen Strahlungsleistungen sind bis heute ein Grund geblieben, die Rotverschiebungsinterpretation anzuzweifeln. Die Schwierigkeiten lassen sich leicht abwenden, wenn man die Rotverschiebung zwar als Dopplerverschiebung im Spektrum ansieht, sie jedoch nicht als kosmologisch betrachtet, d. h., wenn sie nicht auf die Expansion des Universums zurückgeht, sondern die Bewegung des Quasars im Raum widerspiegelt. Doch dann sollten auch Quasare zu finden sein, die sich auf uns zu bewegen. Die erwartete Violettverschiebung wurde noch in keinem Fall nachgewiesen. Der einzige Ausweg könnte sein, daß alle Quasare von unserer Galaxis oder nahen Radiogalaxien, die Anzeichen explosiver Aktivität in der Lichtkurve erkennen lassen, ausgeschleudert worden sind. Ihre Entfernung betrüge dann einige 10^6 bis 10^7 pc. Das verringert die von den Quasaren abgestrahlte Energiemenge um das Millionenfache, fordert jedoch seinerseits die Erklärung der hohen kinetischen Energie. Philosophisch wäre das interessant, denn wir hätten wieder eine besondere Position im Weltall inne, jetzt als Zentrum, aus dem die Quasare ausgeschleudert werden. Weit über das hinausgehend, gab es weitere Erklärungsvorschläge, die postulierten, die Rotverschiebung ließe sich nicht mit der bis zum heutigen Zeitpunkt bekannten und verstandenen Physik erklären. Alle Diskussionen wären mit einem Male überflüssig und hinfällig, wenn es, zumindest für einen Quasar, gelänge, seine Entfernung unabhängig von der Rotverschiebung zu bestimmen.

Ein Beweis für kosmologische Entfernung wäre z. B. die Entdeckung von Quasaren in Galaxienhaufen mit der gleichen Rotverschiebung. Leider sind die Quasare um 2 bis 5 mag. heller als die hellsten Galaxienhaufen, so daß es äußerst schwierig ist, im Umfeld von Quasaren mit großer Rotverschiebung einen Haufen zu erkennen; nach einer Reihe von Versuchen gelang das erst 1978.

Das wichtigste Argument, das die Mehrzahl der Astronomen von der kosmologischen Natur der Rotverschiebung überzeugte, ist die Tatsache, daß viele Quasareigenschaften auch bei Galaxien beobachtet werden: Zwischen Quasaren und Galaxien gibt es einen stetigen Übergang. Bei der Quasarsuche fand Sandage im Jahre 1965 viele sternförmige Objekte mit starkem Strahlungsüberschuß im Ultravioletten, die ihrerseits keine Radioquellen sind. Einige dieser Quasare weisen darüber hinaus beträchtliche Rotverschiebungen auf. Sandage bezeichnete sie als quasistellare Galaxien. Zahlreiche Beispiele kompakter Galaxien fanden Humason, Zwicky und Haro schon in den Jahren nach 1950. Es erwies sich zwar, daß die Rotverschiebung der meisten dieser Objekte geringer ist als $z = 1$, und auch die Leuchtkraft ist nicht vergleichbar mit der der Quasare, doch ansonsten ähneln sich diese beiden Objektklassen sehr stark. In den kompakten Galaxien sind meist Radioquellen. Einige dieser kompakten Objekte, die als N-Galaxien bezeichnet werden, sind Mitglieder von Galaxienhaufen.

Die Spektren der Quasare ähneln denen der Seyfert-Galaxien sehr stark. Auch sie zeigen im Spektrum der Kerngebiete breite Emissionslinien, die auf Gasbewegungen großen Maßstabs hinweisen. Darüber hinaus haben sie vergleichbare Energieverteilungen im kontinuierlichen Spektrum. Gleich sind die Eigenschaften der Polarisation und Radiostrahlung von Quasaren und Seyfert-Galaxien. Sowohl Quasare als auch die Kerne der Seyfert-Galaxien und Radiogalaxien sind starke Infrarotquellen am Himmel. Auf die spektrale Ähnlichkeit der Seyfert-Galaxien und der Quasare hatte Schklowski gleich nach deren Entdeckung hingewiesen; auf diesem Wege packen wir auch die Lösung des Problems der Quasare an.

Ein wichtiger Fakt, der neben den bereits aufgeführten Gemeinsamkeiten zwischen Quasaren und Galaxien auf weitere hindeutet, ist die von Oke 1967 entdeckte Veränderlichkeit der kompakten Radiogalaxie 3C 371 mit einer Amplitude von etwa 2 mag. Bald danach wurden weitere N-Galaxien und Seyfert-Galaxien als veränderlich erkannt. Die Spektren dieser N-Galaxien sind den Quasarspektren sehr ähnlich. Auch bei ihnen sind im Spektrum direkt keine Anzeichen einer Sternpopulation zu sehen, doch auf Grund indirekter Schlüsse zweifelt niemand an der Existenz von Sternen in den Kernen von Seyfert-Galaxien. Wie wir sahen, treten auch in diesen Systemen starke Helligkeitsänderungen auf. Die Parallele zu den Quasaren besteht darin,

daß nicht die gesamte Galaxie ihre Helligkeit ändert; nicht Milliarden Sterne werden schwächer oder leuchten gleichzeitig wieder auf, es ist der offenbar kleine Kern, von dem Gas ausgeht.
Sternentstehungsausbrüche, wobei eine Fülle leuchtstarker Sterne entsteht und es zu häufigen Supernovaexplosionen kommt, in unmittelbarer Kernnähe könnten viele Eigenschaften aktiver Galaxienkerne und Quasare erklären. Die Natur des zentralen Objekts wird dadurch jedoch keineswegs erhellt. Eine befriedigende Lösung des Energieproblems in Quasaren könnte das Einströmen von Materie in ein Schwarzes Loch sein. Nach der Allgemeinen Relativitätstheorie werden Sterne oder Gaswolken von mindestens zwei bis drei Sonnenmassen, die der Schwerkraft keinen inneren Druck entgegensetzen können, z. B. ausgebrannte Sterne, deren Energiequelle versiegt ist, so weit zusammenfallen, bis sie schließlich kleiner sind als ihr Gravitationsradius r_g $=2GM/c^2$. Haben sie diese Grenze erreicht, ist das Raumgebiet abgeschlossen, von innen nach außen kann keinerlei Information gelangen, auch nicht in Form von Photonen. Die Umgebung des Schwarzen Lochs spürt jedoch die Gravitationswirkung, und die ständig einströmende Materie wird, noch bevor sie die Oberfläche des Schwarzen Lochs erreicht, so weit aufgeheizt, daß sie beobachtbar ist. Hat sich im Kern eines Quasars ein Schwarzes Loch gebildet, so könnte die Gravitationsenergie des Schwarzen Lochs die Energiequelle des Quasars sein. Schklowski zieht jedoch ein anderes Modell vor: Gas, das im Verlaufe der Entwicklung von den Sternen der Population II abgestoßen wurde, sammelt sich im Galaxien- oder Quasarkern an. Damit ist Ausgangsmaterial für eine neue intensive Sternentstehung gegeben, und wir beobachten das uns nun schon vertraute Bild aktiver Prozesse im Kern. Soweit die wichtigsten Richtungen, in denen Quasarmodelle ausgearbeitet werden.
In Quasaren wird um viele Größenordnungen mehr Energie freigesetzt als in Galaxienkernen. Trotzdem bestehen zwischen Quasaren und Galaxienkernen viele Gemeinsamkeiten: morphologisch, spektral und hinsichtlich des Lichtwechsels. In beiden kommt die Strahlung aus einem vergleichsweise winzigen Gebiet von weniger als einem tausendstel Parsec, und es werden Materieausflüsse beobachtet. Aus der Zeitskala der Veränderlichkeit kann die maximale Ausdehnung der Quellen abgeschätzt werden. Viele Astronomen sind der Ansicht, eine rotierende, massereiche Akkretionsscheibe sei für all diese Erscheinungen verantwortlich, wobei „überflüssige" Materie in Richtung der Rotationsachse ausgeschleudert würde. Das Bild dürfte damit durchaus dem der galaktischen Röntgenquelle SS 433 ähneln, auch wenn die

Masse des zentralen Objekts viel größer sein wird – bis 10^6 Sonnenmassen. Diese aus Beobachtungen folgende Massenobergrenze läßt sich schlecht mit der Annahme eines Schwarzen Lochs im Zentrum vereinbaren. Dessen Masse sollte theoretisch 10^9 bis 10^{12} Sonnenmassen betragen.

Gegenwärtig geht es nicht darum, neue Energiequellen für Quasare oder Galaxienkerne ausfindig zu machen, es gilt vielmehr auszuwählen, welcher Mechanismus am ehesten in Frage kommt.

Viele Modelle versuchen, das Quasarphänomen als eine Eigenschaft der Kerne weit entfernter Galaxien (oder Protogalaxien) zu deuten. Auch wenn die umgebenden Galaxien nicht unmittelbar beobachtet werden, so steht das nicht im Widerspruch zu den Modellen, denn die Quasare sind um vieles heller und überstrahlen ihre äußeren Teile. Plazierte man z. B. in den Kern einer normalen elliptischen Galaxie einen „Miniquasar", so ergäbe sich ein Objekt, das, wie Sandage 1973 nachwies, die Farbeigenschaften der sternförmig erscheinenden N-Galaxie vollständig beschreibt. Sein Mitarbeiter, Kristian, fand in den Fällen, da von der Rotverschiebung des Quasars her die darunterliegende Galaxie auf Photoplatten sichtbar sein sollte, tatsächlich Beispiele, bei denen der Quasar in eine winzige diffuse Scheibe eingebettet schien. Daß es sich bei diesen „Ausfransungen" tatsächlich um das Licht von Sternen handelt, dieser Nachweis stand 1982 allerdings noch aus. Erst später wurden in diesem schwachen Leuchten Kalziumabsorptionen nachgewiesen, wie sie für A7-Sterne typisch sind. 1978 fand schließlich A. Stockton in 13 von 25 Fällen schwache Galaxien in der Nähe von Quasaren, wobei die Rotverschiebung mit der des jeweiligen Quasars übereinstimmte. Die Wahrscheinlichkeit dafür, daß es sich um puren Zufall handelt, ist eins zu einer Million!

Besonders interessant sind die Fälle, wo zwei Quasare, die einander ähneln, auch am Himmel dicht benachbart sind. Das Zwillingspärchen Q 0957+561 A und B hat nur 5,6" Abstand voneinander. In beiden Fällen ist die Rotverschiebung ($z = 1,4$) gleich, was die meisten Astronomen hier die Wirkung einer „Gravitationslinse" vermuten läßt. Das Licht eines einzigen Objekts wird auf seinem Weg von einer massereichen Galaxie abgelenkt, in zwei Teilstrahlen aufgespalten und verstärkt. Dieser Effekt ist von der Allgemeinen Relativitätstheorie vorhergesagt worden. Das kann aber nur heißen, die Rotverschiebung ist tatsächlich kosmologischer Natur und somit ein Maß für die Entfernung eines Quasars.

Was diese „Ausfransungen" auch immer sein mögen, es wird nichts daran ändern, Quasare in „kosmologischer" Entfernung anzunehmen. Die Situation in der Entfernungsdiskussion der Quasare erinnert an jene, die 1920 um die Frage der Spiralnebel entstanden war. Viele, viele Fakten sprachen damals schon dafür, daß es extragalaktische Objekte sind, aber es gab auch seltsame Widersprüche, etwa in Gestalt der ungewöhnlich hohen Leuchtkraft von S Andromedae. Wer konnte schon damals ahnen, daß dieser Stern in seinem Maximum um zehn Größenklassen heller ist als eine Nova. Wer wird Hubbles Platz einnehmen und den entscheidenden Beweis für die Entfernung der Quasare liefern? Oder werden sich einfach die Hinweise, die für eine kosmologische Natur der Rotverschiebung sprechen, derart häufen, daß sich diese Auffassung letztlich durchsetzt? Letzteres ist zu vermuten.

Der vorangegangene Absatz ist 1972 verfaßt worden. 10 Jahre später hat sich unsere Vermutung vollauf bestätigt, obwohl sich nach wie vor Widerstand regt. Besonders aufregend sind dabei die von Arp 1967 geäußerten Argumente, Quasare stünden mit Riesen-Radiogalaxien in Verbindung. Seine Argumente werden indes stark angezweifelt und halten offensichtlich der statistischen Überprüfung nicht stand. Arp ist jedoch davon überzeugt, daß Quasare aus großen pekuliaren Galaxien ausgestoßen werden, daß ihre Rotverschiebung nur z. T. kosmologischer Natur ist und sie somit nur 10 bis 100 Mpc von uns entfernt sind. Man wird immer Quasare durch zufällige Projektion in der Nähe von Galaxien finden. Doch Arp betrachtet nicht diese Fälle, sondern Gebilde, wie die von ihm 1971 untersuchte Galaxie NGC 4319, an die das quasarähnliche Objekt Markarjan 205 über eine kurze Brücke angeschlossen scheint. Der Ausstoß aus dem Kern von NGC 4319 kann allerdings zufällig auf den Quasar projiziert worden sein. Inzwischen verstummen die Stimmen, die sich gegen kosmologische Quasarentfernungen aussprechen, und in der Literatur trifft man schon auf Beispiele, in denen diese Auffassung lediglich historisch betrachtet wird. Demgegenüber ist die Rotverschiebung als Entfernungsindikator der Quasare offensichtlich allgemein anerkannt.

Über Jahre hinweg war der Quasar 4C 05.34 mit $z = 2{,}877$ das entfernteste Objekt im Kosmos, doch 1973 wurden beinahe gleichzeitig zwei Quasare gefunden, OQ 172 mit $z = 3{,}53$, $m = 17^{m}{,}9$ (V) und OH 471 mit $z = 3{,}40$, $m = 18^{m}$ (B), die ihn um vieles übertrafen. Beide weisen infolge der hohen Rotverschiebung schon keinen Strahlungsüberschuß im Ultravioletten auf, der bisher als wichtigstes Merkmal für das Auffinden von Quasaren diente. Außerdem zeigen sie beide, wie auch viele andere Quasare, im Spektrum neben Emissionslinien auch scharfe Absorptionsli-

193

nien mit geringerer Rotverschiebung. So wurden im Spektrum von OQ 172 175 Absorptionslinien gefunden, die fünf Systemen mit der jeweiligen Rotverschiebung von $z = 3{,}066$; $2{,}564$; $3{,}094$; $2{,}698$ und $2{,}691$ zugeordnet werden konnten; vier Systeme sind in OH 471 und zwei in 4C 05.34 nachgewiesen. Erst 1982 wurde ein neuer Rotverschiebungsrekord bekannt. Am anglo-australischen 4-m-Teleskop wurde die quasistellare Radioquelle PKS $2000-3300^{1}$ ausfindig gemacht, ein Objekt 19. Größe. Die Rotverschiebung: $z = 3{,}78$. Trotz intensiver Suche und dem Einsatz modernster Nachweistechniken gingen in den letzten vier Jahren nur 6 Quasare mit $z > 4$ ins Netz. Die höchste Rotverschiebung liegt heute (1987) bei 4,43, obgleich sich durchaus auch Quasare mit $z \gtrsim 5$ hätten nachweisen lassen. Offenbar gehen die Quasaranzahlen bei derart großen Entfernungen, wo wir tief in die kosmische Vergangenheit schauen, wirklich zurück, nicht nur durch die Schwierigkeiten des Nachweises bedingt.

Die Deutung mehrerer Rotverschiebungssysteme in den Linienspektren der Quasare gehört zu den interessantesten Kapiteln der Quasartheorie. Geht man davon aus, daß die Spektrallinien in Wolken entstehen, die vom Quasar abgestoßen werden, dann entsprächen die Rotverschiebungsunterschiede Ausströmgeschwindigkeiten, die bis zu einigen Zehnteln der Lichtgeschwindigkeit reichen. Es gibt Quasare, in deren Spektren Hunderte solcher Absorptionslinien zu sehen sind. Bei einem der entferntesten Objekte, PHL 957 mit der scheinbaren Helligkeit $16^{\text{m}}\!,6$ und um $z = 2{,}69$ rotverschobenen Emissionslinien sind 80 Absorptionslinien bekannt, die acht Systeme mit Rotverschiebungen zwischen 2,0 und 2,7 bilden. Aus der Tatsache, daß solche Absorptionsliniensysteme mit geringerer Rotverschiebung als die Emissionslinien bei nahen Quasaren fehlen, muß man schließen, daß sie entstehen, wenn das Licht eines weit entfernten Quasars durch näher gelegene Galaxien oder Gaswolken hindurchtritt, die selbst nur schwach oder gar nicht zu sehen sind.

Wenn auch als sicher gilt, daß die Rotverschiebung kosmologischer Natur ist, so blieben uns die Quasare dennoch erhoffte Antworten auf kosmologische Fragen schuldig. In den großen Entfernungen, in denen sich die Quasare befinden, wären am ehesten Abweichungen vom Hubble-Gesetz zu erwarten. Da jedoch die absoluten Leuchtkräfte der Quasare viel zu stark streuen, bleibt die Untersuchung sehr weit entfernter Galaxien

---

[1] Die Katalognummer verrät, daß dieses Objekt am australischen Radioobservatorium in Parkes gefunden wurde und die Koordinaten $20^{\text{h}}00^{\text{min}}$ und $-33^{\circ}00'$ hat.

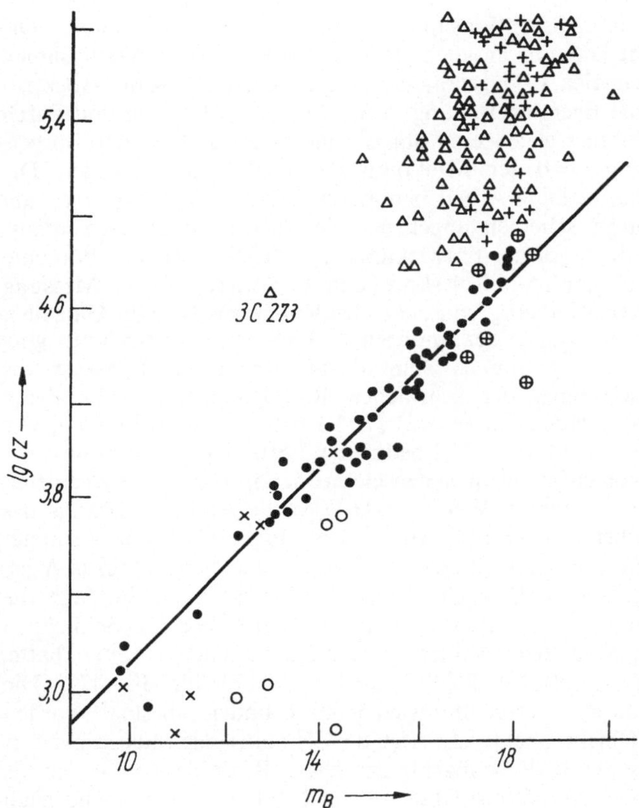

Abb. 62. Das Hubble-Diagramm für Quasare, Radiogalaxien und Seyfert-Galaxien nach Sandage. Daß sich die Objekte im oberen Teil des Diagramms von der Geraden entfernen, ist durch Leuchtkraftunterschiede bedingt. ● Radiogalaxien, △ radiostrahlende Quasare, + „radioruhige" Quasare, ⊕ rote Quasare, × Seyfert-Galaxien und ○ Kerne von Seyfert-Galaxien

außerordentlich aktuell (Abb. 62). Bei Beobachtungsbeginn mit dem 5-m-Teleskop gelang es 1949 Humason, eine Galaxie von $m_V = 17^m3$ aus dem Galaxienhaufen im Sternbild Wasserschlange mit der Rotverschiebung $z = 0,20$ zu vermessen. Lange Zeit verhinderten die bei diesen Arbeiten sehr störenden (irdischen) Nachthimmelslinien in den Spektren weitere Fortschritte. Die 1960 von Minkowski gemessenen $z = 0,46$ der Radiogalaxie 3C 295 ($m_V = 19^m9$) galten für Galaxien lange Zeit als Rekord, wobei die Rotverschiebung schon nicht mehr über die bis dahin

195

13 *

benutzten Absorptionslinien bestimmt werden konnte. Die Messung war nur möglich, da in diesem Objekt Emissionslinien auftreten. Erst 1971 gelang es Oke, mit einem 32-Kanal-Spektrometer die Energieverteilung in 3C 295 zu beobachten und durch Verschiebung gegen eine Standardenergieverteilung der Rotverschiebung $z = 0$ den Minkowskischen Wert zu bestätigen. Die von Oke für diese Arbeit benötigten 8 Stunden Teleskopzeit am 5-m-Spiegel scheinen ungeheuer viel zu sein, doch sie verdeutlichen die enorme Entwicklung seit 1929. Damals brauchte Humason am 2,5-m-Teleskop noch 40 Stunden für die Messung der Rotverschiebung von acht Größenklassen helleren Galaxien. Die Entwicklung der modernen Lichtempfängertechnik ging weiter. 1975 gelang es Spinrad mit einem 3-m-Teleskop, die Rotverschiebung der schwachen Radiogalaxie 3C 123, deren scheinbare Helligkeit $m = 21^{m}\!,7$ (V) beträgt, zu bestimmen. Die wenigen Linien in 3C 123 bedurften 7 Stunden Beobachtungszeit in 4 Nächten mit dem neuen elektronenoptischen Spektrometer, ehe Spinrad diesen Wert $z = 0{,}637$ vorliegen hatte. Mittels des technischen Fortschritts wurde diese Eigenschaft der Radiogalaxie, die eine vierfach stärkere Radioquelle als Centaurus A ist, herausgefunden. Danach gelang der Gruppe um Sandage die z-Bestimmung der Radiogalaxie 3C 330 $(z = 0{,}53)$. Schließlich fand Spinrad, der Spektren von Radiogalaxien erhalten hatte, 1981 $z = 1{,}050$ für 3C 13 und $z = 1{,}175$ für 3C 427. Die Belichtungszeit erreichte wieder 40 Stunden, diesmal wurden jedoch Objekte spektroskopiert, die Zehntausende Male schwächer sind als die 1929 beobachteten. Diese Beispiele sind leider bis heute noch verhältnismäßig seltene Erfolge bei der Suche nach extrem entfernten Galaxien und setzen in jedem Falle viel Beobachtungszeit an den größten Instrumenten voraus.[1] Das kosmologische Problem verlangt jedoch diesen Aufwand.

Bis heute sind wir bis zu den am weitesten entfernten Objekten im Kosmos vorgestoßen – Quasare mit $z > 5$ scheinen nicht zu existieren, und damit könnte das Buch eigentlich abgeschlossen sein. Doch sind noch Schlußfolgerungen aus den Entfernungsbestimmungsmethoden und den unzähligen Daten einzelner Objekte, die wir aufgeführt haben, zu ziehen. Sie verdeutlichen uns in erster Linie, daß wir dabei sind, das Universum als Ganzes verstehen zu lernen.

Lange Zeit ließen sich in der Kosmologie zwei Hauptrichtungen verfolgen, die hinsichtlich ihrer Anhänger keineswegs gleichbedeutend waren. Die ersteren vereinte die Allgemeine Relativi-

---

[1] Jüngst ist eine Galaxie (4C 41.17) mit $z = 3{,}8$ gefunden worden!

tätstheorie (über die entsprechenden Weltmodelle), und die zweite
Gruppe vertrat die Theorie des „stationären Weltalls". Beide
Konzeptionen gingen davon aus, das Weltall sei in seiner
großräumigen Struktur überall und in allen Richtungen
gleich. Das Weltall sei isotrop und homogen. Das „allgemeine
Prinzip" der Theorie des stationären Weltalls verlangt jedoch
darüber hinaus noch, daß es stets so war, wie wir es heute sehen.
Die Idee eines stationären Weltalls entwickelten H. Bondi,
T. Gold und F. Hoyle 1948. Sie postulierten, daß sämtliche
Eigenschaften des Weltalls sowohl räumlich als auch zeitlich
unveränderlich bleiben. Das bedeutet u. a., daß die Dichte
ungeachtet der Expansion konstant bleibt. Um das zu gewähr-
leisten, muß nach diesem Modell ständig neue Materie entstehen.
„In den vergangenen 20 Jahren", bemerkte 1968 Fred Hoyle,
„konnte ich nicht ein einziges Mal selbst die mir befreundeten
Astronomen dazu bewegen, den eigentlichen Sinn meiner Theorie
zu überdenken. Sicher lag das zum Teil an meinen Darlegungen,
aber auch an der für mich unglücklichen emotionalen Atmosphäre, die jede ernste Diskussion der Theorie behindert." Tatsächlich stehen nach wie vor die meisten Astronomen und
Physiker dieser Idee des stationären Weltalls reserviert gegenüber.
Doch das überzeugendste Argument gegen diese Theorie scheint
die Beobachtung selbst zu sein. Schade um diese Theorie, denn sie
war einfach und schön: Ständig wird neue Materie gebildet, das
Weltall ist in Raum und Zeit unendlich, es gibt keine ausgezeichneten Punkte (Singularitäten), absterbende Sterne werden
durch neue und immer neue ersetzt...
Die Einstein-Friedmannschen Weltmodelle, die auf der Allgemeinen Relativitätstheorie beruhen, erlauben zwei Lösungen. Nach
der ersten hält die Expansion des Universums unaufhörlich an.
Die zweite Lösung verlangt, daß die Expansion mehr und mehr
abgebremst wird und schließlich in eine Kontraktion mündet: Die
Rotverschiebung würde zunächst bei den nahen Objekten und
dann bei immer entfernteren Galaxien in eine Blauverschiebung
übergehen. Dabei bleibt zunächst offen, ob nach der erreichten
Singularität, dem Zustand mit unendlich großer Dichte, eine
erneute Expansion beginnt. Der Raum wäre in diesem Falle
endlich, aber unbegrenzt: endlich das Volumen des Weltalls,
endlich die Anzahl der Galaxien und Elementarteilchen. Ein-
schränkend kann lediglich festgestellt werden, daß sich in der
Vergangenheit Expansions- und Kontraktionsphasen nicht
unendlich oft abgelöst haben können. Doch diese Aussage heißt
nicht, daß das gesamte Weltall früher schon einmal auf unendlich
kleinem Raum mit unvorstellbar großer Dichte zusammenge-

drängt sein konnte. Formal wächst, wenn man auf der Zeitachse zurückgeht, die Dichte gegen unendlich, $\rho \to \infty$. Bei Dichten $\rho > 10^{93}$ g/cm³ versagt die moderne Physik, und wir können keine Aussage darüber machen, ob es vor der Singularität schon einmal eine Kontraktionsphase des Weltalls gegeben haben kann. Überhaupt entbehrt die Frage „Was war vorher?" oder der Begriff von der Stetigkeit des Raumes und der Zeit bei diesen Dichten jeglichen physikalischen Sinnes.

Die Unterscheidung zwischen verschiedenen Weltmodellen hängt in erster Linie von der mittleren Dichte im Weltall ab. Überschreitet sie den kritischen Wert (10^{-29} bis $5 \cdot 10^{-30}$ g/cm³ bei $H = 75$ oder 50 km/(s · Mpc)), wird die gegenwärtig beobachtete Expansion des Weltalls irgendwann gestoppt und schlägt in eine Kontraktion um. Doch bisher liefert uns die Beobachtung für die Materiedichte lediglich eine untere Grenze, die etwa bei $3 \cdot 10^{-31}$ g/cm³ liegt. Dieser Dichtewert berücksichtigt nur die unmittelbar beobachtbare Materie, wie sie sich in den Galaxien befindet. Falls die Masse der dunklen Materie nicht um mindestens eine Größenordnung über der der beobachtbaren Materie liegt, wird das Weltall unaufhörlich expandieren. Modelle, die dies fordern, heißen offen; geschlossene Modelle fordern den anderen Fall, zunächst Expansion, dann Kontraktion. Leider sind zuverlässige Schätzungen der Dichte der dunklen Materie bisher noch nicht möglich. Es scheint lediglich sicher, daß es kaum intergalaktischen Staub oder intergalaktisches neutrales Gas gibt, geben aber kann es Schwarze Löcher, massearme Dunkelsterne (sog. Braune Zwerge) oder Neutrinos mit Ruhemasse. Viele Angaben sprechen für eine solche verborgene Materie. Sie sollte vorwiegend in den Koronen der Riesengalaxien konzentriert sein (s. S. 201).

Ein zweiter, von der mittleren Materiedichte unabhängiger Weg, zwischen den verschiedenen Weltmodellen zu unterscheiden, besteht in der Gegenüberstellung der durch die Theorie gegebenen Abhängigkeiten von Rotverschiebung und scheinbarer Helligkeit leuchtkraftgleicher Objekte mit den beobachteten Werten: Bei großen Rotverschiebungen muß es Abweichungen von der linearen Abhängigkeit (vom Hubble-Gesetz) geben. Daraus ließe sich schließen, ob die Expansion des Universums beschleunigt, gleichmäßig oder verzögert abläuft.

Leider stößt diese Methode in ihrer praktischen Anwendung auf eine entscheidende Schwierigkeit: Es werden Daten von weit entfernten, damit aber auch sehr lichtschwachen Galaxien benötigt. Quasare können zu diesen Untersuchungen wegen der beträchtlichen Streuung ihrer Leuchtkräfte nicht herangezogen werden.

Erschwerend für das Verständnis der beobachteten Beziehung zwischen Rotverschiebung und scheinbarer Helligkeit kommt ferner hinzu, daß wir die entferntesten Galaxien heute in einem Zustand sehen, den sie vor Milliarden Jahren innehatten. Die integralen Charakteristika werden sich von denen naher Galaxien infolge der starken Entwicklungsunterschiede der Sternpopulationen unterscheiden. Damit sind kosmologische Probleme eng mit der Evolutionsgeschichte der Galaxien verknüpft. Will man kosmologische Fragen bearbeiten, so muß man besonders für elliptische Riesengalaxien, die in Abb. 61 die Lage der Geraden markieren, die Zusammensetzung der Sternpopulation und ihre Entwicklungsgesetze kennen.

Es gibt noch einen weiteren Grund, weshalb sich die Leuchtkräfte der Galaxien systematisch von den Leuchtkräften naher Sternsysteme unterscheiden. Hier spielt die Rotverschiebung selbst die entscheidende Rolle: In den sichtbaren Spektralbereich gelangen mit zunehmender Rotverschiebung immer entferntere Bereiche des ultravioletten Spektrums. Dessen Energieverteilung kennen wir gegenwärtig noch schlecht.

Doch ungeachtet dieser Schwierigkeiten sind die meisten Astronomen, so auch Sandage, fest davon überzeugt, daß die beobachtete Rotverschiebung-Entfernungs-Beziehung dem Modell vom stationären Weltall widerspricht.

Zweifellos war die 1965 entdeckte isotrope, thermische Hintergrundstrahlung, die Schklowski später als Reliktstrahlung bezeichnete, ein weiterer schwerer Schlag für die Anhänger des stationären Modells. Diese Strahlung ist ein Widerhall der ersten Explosion, der ersten Expansionsphase des Weltalls. Zunächst war die Materie für Strahlung undurchsichtig, und in den ersten Sekunden überstieg die Temperatur 10^{10} K. Einige hunderttausend Jahre nach diesem Ereignis, als die Dichte der Materie schon abgenommen hatte – sie war jedoch noch milliardenfach höher als heute –, wurde die Materie durchsichtig. Zu diesem Zeitpunkt entsprach die Energie der Strahlung etwa einer Temperatur von 3000 bis 4000 K. Danach fiel ihre Energie als Folge der Expansion des Weltalls weiter, und die Strahlung entspricht heute einer Temperatur von 3 K. A. Penzias und R. Wilson entdeckten die isotrope Radiostrahlung zufällig. Zwar hatten 1964 Doroschkewitsch und Nowikow darauf hingewiesen, daß die Suche nach dieser Strahlung im Zentimeter- und Millimeter-Radiowellenbereich für die Überprüfung des zwanzig Jahre zuvor von George

Gamow vorgeschlagenen Modells des „heißen Universums" wertvoll sei, doch die Entdeckung geschah unabhängig davon. Daß diese Strahlung tatsächlich gefunden wurde, ist ein außerordentlich starkes Argument für die Expansion des Weltalls aus einem superdichten Zustand heraus. Für die 3-K-Strahlung gibt es bis heute keine bessere Erklärung.

Zweimal hatten sich Astronomen die Entdeckung der Hintergrundstrahlung entgehen lassen. 1941 bemerkte McKellar, daß die Anregung der interstellaren CN-Linien eine Temperatur von etwa 2,3 K erfordere. Wodurch diese Moleküle angeregt werden, blieb bis zur Entdeckung der Hintergrundstrahlung unklar. Später war T. A. Schmaonow, Aspirant bei S. E. Chaikin in Pulkowo, beim Testen eines von ihm erbauten Radioteleskops bei 3 cm Wellenlänge auf einen isotropen Strahlungshintergrund von 2 bis 8 K gestoßen. Die Genauigkeit der Temperaturbestimmung war jedoch gering, und die Arbeit blieb trotz ihrer Veröffentlichung (in einer technischen Zeitschrift) 1957 damals weitgehend unbeachtet. Hätten Nowikow und Doroschkewitsch 1964 davon gewußt, die Hintergrundstrahlung wäre in der Sowjetunion entdeckt worden.

Eine weitere Möglichkeit, zwischen stationären und evolutionären Kosmologien zu unterscheiden, besteht im Vergleich weit entfernter Objekte mit nahen. Nach den stationären Modellen dürfen sich entfernte und nahe Teile des Universums durch nichts voneinander unterscheiden, d. h., in einem genügend großen Raumgebiet sollten wir auf eine gleiche Altersverteilung der Objekte stoßen. Demgegenüber verlangen relativistische Evolutionsmodelle, daß entfernte Objekte andere Eigenschaften aufweisen, da sie uns jünger erscheinen, bedingt durch die endliche Ausbreitungsgeschwindigkeit des Lichtes, und da ihr Alter stets geringer sein muß als die Zeit, die seit dem Beginn der Expansion des Weltalls verstrichen ist. Es zeigt sich nun, daß die Anzahl der Quasare bis $z = 1$ ansteigt, danach wieder abfällt und bei $z = 4$ fast Null ist.

Obwohl Quasare eigentlich bis $z \approx 5$ auffindbar sein sollten, blieb die Suche nach weiter entfernten Quasaren erfolglos. Quasare scheinen mithin mit einer sehr frühen Phase der Galaxienentwicklung verbunden zu sein. Es bietet sich an, diese Aktivitätsphase mit einem Sternentstehungsausbruch von Sternen der ersten Generation (der Population-II-Sterne, die stark zum galaktischen Zentrum konzentriert sind) in Zusammenhang zu bringen. Die massereichen Sterne unter ihnen wären schnell als Supernovae explodiert. Auch die Population der Radiogalaxien scheint entfernungs-, also altersabhängig zu sein. Diese Galaxien – sie sind z. T. derart weit entfernt, daß wir nur noch ihre Radiostrahlung empfangen können – waren entweder in der Vergangenheit deutlich häufiger als heute, oder aber ihre Strahlungsleistung war früher im Schnitt höher.

Die Idee von einem stationären Kosmos hat an Einfluß verloren. Und das nicht nur wegen der offenbaren Widersprüche zu den Beobachtungen. Hinfällig wurden auch indirekte Argumente, die zu ihren Gunsten zu sprechen schienen. So mußte die Hoffnung begraben werden, das Quasarphänomen sei Ausdruck der von der Theorie geforderten „neuen Physik", hier offenbarten sich unerforschte Eigenschaften der neu erschaffenen Materie. Dazu hätte, so Hoyle und Arp, auch eine nichtkosmologische Rotverschiebung zählen können. Auch die scheinbare Instabilität der Galaxienhaufen, die in der Konsequenz auf die ständige Geburt von Materie hinauszulaufen schien, ist weg vom Tisch. Der revolutionäre Impuls, der von diesen Möglichkeiten vor Jahrzehnten für Astronomie und Physik ausging, ist inzwischen verpufft... Alle noch offenen Fragen zielen auf die ersten Augenblicke der kosmologischen Expansion. Sie auszuräumen scheint im Rahmen der regulären Weiterentwicklung von Astrophysik und Elementarteilchenphysik möglich.

Die Hypothese vom Zerfall der Galaxienhaufen (und von der besonderen kosmogonischen Rolle der Galaxienkerne) geht auf Ambarzumjan zurück. Er unterbreitete sie 1958 als mögliche Erklärung für das von Zwicky in den 30er Jahren gefundene „Virialparadoxon". Nach dem Virialsatz ist in einem stationären, gravitativ gebundenen System die potentielle Energie (die sich aus der gegenseitigen Anziehung aller Mitglieder ergibt) gleich dem Doppelten der kinetischen Energie der Mitglieder. Bestimmt man nun nach dieser Formel die Gesamtmasse eines Galaxienhaufens, so übertrifft sie in der Regel die Massensumme, berechnet aus der Anzahl der Mitglieder, um das Dutzendfache. (Die Masse einer Einzelgalaxie kann ermittelt werden: aus dem Verlauf der Rotationskurve, aus der Breite der Spektrallinien (ein Maß für die Geschwindigkeitsstreuung der Sterne in der Galaxie) und indirekt aus der Helligkeit, wenn das Masse-Leuchtkraft-Verhältnis bekannt ist. Für Doppelgalaxien ergibt sich die Gesamtmasse wie bei Doppelsternen einfach aus dem 3. Keplerschen Gesetz.) Entweder es gibt in den Haufen „verborgene" Materie, oder die Haufen sind gravitativ instabil. Nimmt man letzteres an, so beträgt die Lebenserwartung eines Galaxienhaufens, wie I. D. Karatschenzew anhand der Größe der Haufen und der Geschwindigkeitsstreuung der Galaxien aufgezeigt hat, kaum mehr als eine Milliarde Jahre. Das aber läßt sich nicht mit der Theorie der Sternentwicklung vereinbaren, wonach die ältesten Sterne etwa 10 bis 15 Milliarden Jahre alt sind. Aus der Tatsache, daß es trotz ihrer vermeintlichen Instabilität überhaupt Haufen gibt, müßte man schlußfolgern, daß dort heute noch Galaxien entstehen – und zwar offenbar aus Materie, die bis dato keine Masse hatte, ansonsten wären ja die Haufen stabil... So ergäbe sich aus der Instabilität der Haufen die höchst gewagte Schlußfolgerung, in ihnen werde Materie erzeugt. Doch für eine solche Annahme gibt es keinen Bedarf.

Sowohl die reguläre Verteilung der Galaxien als auch ihre Konzentration zum Haufenzentrum lassen sich im Rahmen einer Theorie gravitativ gebundener Systeme verstehen, sprechen somit für die Stabilität der Haufen. Auch das heiße Gas, das in einigen Haufen vor 10 Jahren durch Röntgenbeobachtungen nachgewiesen wurde, paßt in dieses Bild. Die thermische Geschwindigkeit der Gaspartikeln stimmt mit den Relativgeschwindigkeiten der Haufengalaxien überein, was doch offenbar heißt, daß das Gas und die Galaxien ein zusammenhängendes, gravitativ gebundenes System bilden. Karatschenzew hatte bereits die Hypothese von der Instabilität von Galaxienpaaren widerlegt. Man hatte am Himmel zufällig benachbarte Galaxien irrtümlich für physische Doppelgalaxien gehalten. In Wirklichkeit sind sie meist voneinander entfernt. Die sehr hohe Geschwindigkeitsdifferenz ist damit kein Hinweis mehr für ein Auseinanderbrechen dieser „Paare“. Heutzutage zweifelt eigentlich niemand mehr daran, daß auch Galaxienhaufen gravitativ gebunden sind und daß ihre Masse in der Tat mehrere Dutzend Male größer sein muß, als früher angenommen. Schuld daran ist die „verborgene“ Masse, die vor allem in den Koronen der Galaxien lagert.

Das heiße Gas in Galaxienhaufen reicht allein keineswegs aus, diese gravitativ zu binden. Bei der „verborgenen“ Materie muß es sich also um etwas anderes handeln. Der Nachweis dieses Gases belegt jedoch nicht nur die Existenz der „verborgenen“ Materie, mit Hilfe des Haufengases sollte sich auch die Hubble-Zahl bestimmen lassen. Darauf haben Seldowitsch und Sjunjajew hingewiesen. Bei gegebener Temperatur – sie ergibt sich aus dem Röntgenspektrum – hängt die Röntgenleuchtkraft des Gases allein vom Radius der Gaswolke und der Elektronendichte in ihr ab. Beide Größen verändern aber auch die den Haufen durchdringende Hintergrundstrahlung im kurzwelligen Radiobereich: Die Photonen gewinnen durch Streuung an freien Elektronen an Energie. Die beiden Unbekannten – Radius der Gaswolke und Elektronendichte – müssen zwei Gleichungen genügen, wodurch es möglich wird, den linearen Radius der Gaswolke zu berechnen. Aus dem Vergleich mit dem Winkeldurchmesser an der Sphäre ergibt sich die Entfernung und aus dieser wiederum bei bekannter Rotverschiebung des Haufens die Hubble-Zahl. Damit haben die Kosmologen gute Aussicht, den Wert des Hubble-Parameters ohne langwieriges Aneinanderstückeln der extragalaktischen Entfernungsleiter unmittelbar zu erhalten. Bis es soweit ist, sind allerdings noch einige Schwierigkeiten aus dem Weg zu räumen. Als aussichtsreicher Kandidat für die „verborgene" Materie gilt das Neutrino. Diese Hypothese von den ungarischen Astrophysikern D. Marx und A. S. Szalay stößt auf zunehmendes Interesse, seit 1980 der Moskauer Physiker W. A. Ljubimow und seine Mitarbeiter experimentelle Hinweise auf eine nichtverschwindende Neutrinoruhemasse erhalten hatten. Sollte sich das bestätigen – was kaum bezweifelt wird –, könnte es durchaus sein, daß das, was wir vom Universum sehen, massemäßig noch nicht einmal ein Zehntel dessen ausmacht, was tatsächlich in Gestalt ruhemassebehafteter Neutrinos vorhanden ist!

Wäre die mittlere Dichte im Universum wirklich so niedrig, wie sie sich allein aus der Abschätzung der „sichtbaren" Materie ergibt, so hätten zum Zeitpunkt der Abkopplung der Hintergrundstrahlung beträchtliche Dichteschwankungen vorliegen müssen, damit es überhaupt bis heute zur Bildung von Strukturen im Kosmos kommen konnte. Den Dichteinhomogenitäten entsprechen Temperaturschwankungen, und die müßten sich in der Hintergrundstrahlung nachweisen lassen. Es gibt sie aber nicht. Eine denkbare Erklärung dafür ist, daß 90 bis 98% der Masse auf Neutrinos mit Ruhemasse entfällt. Die mittlere Materiedichte könnte sogar den kritischen Wert übersteigen. Das Universum wäre dann geschlossen. Die Expansion, wie wir sie heute beobachten, wiche in einigen Jahrmilliarden der Kontraktion.

Gleich drei Rätsel ließen sich lösen, hätte das Neutrino eine Ruhemasse: das Defizit an Sonnenneutrinos (s. S. 85f.), das Virialparadoxon und das Fehlen nachweisbarer Fluktuationen bei der kosmischen Hintergrundstrahlung.

Der Nachweis einer nichtverschwindenden Ruhemasse für Neutrinos hätte weitreichende Folgen sowohl für die Physik als auch für die Kosmologie. Wir können darauf leider nicht mehr eingehen. Nur soviel sei gesagt, die von Seldowitsch und seinen Mitarbeitern angebotene Theorie der Galaxienentstehung bliebe davon unbeeinflußt. (Dazu siehe z. B. Nowikow, I. D.: Evolution des Universums. Kleine Naturwissenschaftliche Bibliothek, Bd. 52. Leipzig: Teubner-Verlag 1986.) Gemäß dieser Theorie bilden sich zunächst aus primordialen Dichteschwankungen rein gravitativ Klumpen von 10^{15} Sonnenmassen – Superhaufen. Nur bestünden diese Materieballungen hauptsächlich aus Neutrinos. Die „gewöhnliche" Materie stürzt in diese Neutrinoballungen. Durch Fragmentation kommt es zu Protogalaxienhaufen und Protogalaxien. Die Neutrinos, die den Löwenanteil hinsichtlich der Masse stellen, verbleiben in den Zentren der Galaxienhaufen, in den massereichen Koronen der einander berührenden Galaxien. Die Ausgangsverdichtungen seien, so Seldowitsch, flache Gebilde („Plinsen"), die, einander schneidend, eine Wabenstruktur im Universum bilden. Diese Struktur müßte sich noch heute in der großräumigen Verteilung der Galaxienhaufen aufzeigen lassen. Tatsächlich scheinen diese nach den Untersuchungen von Einasto in dünnen, sich kreuzenden Schichten und Ketten angeordnet zu sein. Die charakteristische Größe dieser Waben sollte sich auf rund 100 Mpc belaufen. Die Existenz derart voluminöser Hohlräume im Universum läßt sich erst beweisen, wenn von möglichst vielen fernen Galaxien Rotverschiebungen vorliegen. Daran mangelt es heute noch.

Die Herkunft der Galaxien wird so lange im dunkeln bleiben, solange das kosmologische Problem der Lösung harrt, wir nicht die Anfangsbedingungen und die Evolution des Universums kennen. Das kosmologische Problem ist d a s Problem der Naturforschung. Wie der Verfasser vermutet, wird es keine endgültige Lösung geben.

Fassen wir die wichtigsten Etappen unseres Vordringens in die Weiten des Kosmos kurz zusammen. Die Tabelle zum Abschluß des Kapitels enthält den Zeitpunkt der ersten Entfernungsangaben, die durch spätere Untersuchungen bestätigt wurden, und den gegenwärtig gesicherten Zahlenwert. Die angegebenen Entfernungen für Galaxienhaufen und entferntere Objekte wurden aus den Radialgeschwindigkeiten über das Hubble-Gesetz mit der Hubble-Zahl $H = 50$ km/(s·Mpc) errechnet. Für Objekte mit $z > 0{,}2$ werden die Abweichungen von diesem Gesetz immer stärker, so daß die Entfernungen schon vom angenommenen Weltmodell abhängen.

Für diese Objekte hat A. W. Sassow auf Bitten des Autors die Entfernungen für zwei Weltmodelle berechnet. Im ersten ($q_0 = 0{,}5$) entspricht die Dichte der kritischen. Bei größerer Dichte wäre das Universum geschlossen. Im zweiten Fall nehmen wir ein offenes Universum an, denn $q_0 \approx 0$ gilt für Dichten, die weit unter dem kritischen Wert liegen. Für beide Modelle ist außerdem in der Tabelle die Zeit angegeben, die vergangen ist, seitdem die Photonen, die wir heute empfangen, vom Objekt ausgesandt wurden. Alle Entfernungen sind für die gegenwärtige Epoche gerechnet und gelten nicht zum Zeitpunkt der Lichtemission vom Objekt.

Die berechneten Entfernungen für Galaxienhaufen und entferntere Objekte

Jahr	Objekt	z	Entfernung in kpc		Zeit in Mrd. Jahre	
1672	Sonne		$4{,}9 \cdot 10^{-9}$		$1{,}55 \cdot 10^{-14}$	
1839	α Centauri		0,0013		$4{,}24 \cdot 10^{-9}$	
1910	Hyaden		0,040		$1{,}30 \cdot 10^{-7}$	
1918	Galaktisches Zentrum		9		$2{,}9 \cdot 10^{-5}$	
1913	Magellansche Wolken		55		$1{,}8 \cdot 10^{-4}$	
1924	Andromedanebel		690		0,0022	
1929	Virgohaufen	0,005	16 000		0,05	
1935	Bootes-Haufen	0,13	780 000		2,54	
			$q_0 = 0{,}5$	$q_0 = 0$	$q_0 = 0{,}5$	$q_0 = 0$
1951	Hydrahaufen	0,20	1 045 000	1 094 000	3,12	3,26
1960	Radiogalaxie 3C 295	0,46	2 068 000	2 276 000	5,64	6,16
1975	Radiogalaxie 3C 123	0,64	2 629 000	2 958 000	6,83	7,63
1981	Radiogalaxie 3C 427.1	1,18	3 876 000	4 676 000	8,98	10,58
1970	Quasar 4C 05.34	2,88	5 908 000	8 135 000	11,33	14,51
1973	Quasar OQ 172	3,53	6 360 000	9 064 000	11,68	15,23
1982	Quasar PKS 2000 − 3300	3,78	6 516 000	9 367 000	11,79	15,46
?	??	∞	12 000 000	∞	13,03	19,55

Die Zeiten sind in der Tabelle in Einheiten von Milliarden Jahren und die Entfernungen in Kiloparsec angegeben. Die drei ersten Entfernungen wurden mit astronomischen Methoden (tägliche, jährliche und Gruppenparallaxen), die nächsten vier photometrisch (nach Cepheiden) und die restlichen unter der Annahme des Hubble-Gesetzes ermittelt. Schon bei z in der Größenordnung von 10 stoßen wir in eine Epoche vor, wo Galaxien und Quasare noch nicht existierten. Der nächste uns bekannte Meilenstein in der Vergangenheit wäre dann erst wieder der Epoche zuzuordnen, die nur wenige hunderttausend Jahre vom Expansionsbeginn getrennt war. Zu diesem Zeitpunkt entstand die „Reliktstrahlung".
Mitunter bedauern beobachtende Astronomen ihre im wesentli-

chen theoretisch arbeitenden Kollegen, besonders wenn sich diese ausschließlich mit Kosmologie oder Kosmogonie der Galaxien beschäftigen: Sie haben keine Chance, die Lösung der sie interessierenden Fragen zu erleben. Das heißt natürlich nicht, daß sie nicht daran glauben. Und das ist gut so, denn diese Fragen stehen und wollen erörtert sein. Niemand wird sie für uns erledigen, wenn nicht wir selbst. „In diesem überwältigenden Spiel sind wir Spieler, Karten und Einsatz zugleich. Keiner wird es fortsetzen, wenn wir uns vom Tisch erheben", sagte Teilhard de Chardin.

Großteleskope

Ein Buch über den Aufbau des Weltalls und darüber, wie es erkundet wird, wäre unvollständig, kämen nicht auch die Teleskope zur Sprache, denen wir unsere Kenntnisse über das Universum verdanken. Wir beschränken uns hier auf die optischen Teleskope. Sie sind nach wie vor das Hauptwerkzeug des Astronomen. Radio- und Röntgenbeobachtungen sind ohne optische Identifizierung der Quellen meist wenig aufschlußreich.
Die moderne Astronomie – zumindest soweit sie die Erforschung von Sternen und Galaxien betrifft – fußt auf zwei technischen Errungenschaften des ausgehenden 19. Jh.: dem großen Spiegelteleskop und der hochempfindlichen Photoplatte. Unsere heutige Vorstellung vom expandierenden Weltall, angefüllt mit Myriaden von Galaxien, wovon unser Milchstraßensystem eines unter vielen ist, verdanken wir zwei, drei Großteleskopen, die lange Zeit eine Schlüsselstellung innehatten. Elektronik und Raumfahrt haben auf ihre Weise beigetragen, dieses Bild vom Kosmos zu vervollständigen und abzurunden, wir verdanken es ihnen aber nicht.
Die Inbetriebnahme eines jeden neuen Großteleskops, das seine Vorgänger hinsichtlich des Spiegeldurchmessers und damit der nutzbaren Lichtmenge einschneidend übertraf, hat immer einen sprunghaften Erkenntniszuwachs über das Weltall gebracht. Die großen Refraktoren sind dabei schon im vorigen Jahrhundert auf der Strecke geblieben. Wegen ihrer geringen Lichtstärke und wegen des kleinen Blickfeldes sind sie für die meisten Aufgaben ungeeignet. Mit Erfolg werden sie heute nur noch zur Erforschung von Doppelsternen und zur Messung von Parallaxen (und mitunter Eigenbewegungen) eingesetzt.

Die Geschichte der modernen Reflektoren beginnt mit der Inbetriebnahme des (visuellen) 91-cm-Crossley-Teleskops, das noch heute in der Lick-Sternwarte auf dem Mount Hamilton in Kalifornien genützt wird. Sein Spiegel wurde 1879 in England unter Leitung des Optikers A. Common hergestellt. Erstmals wurde die Oberflächenform beim Schleifen nach einem exakten Verfahren kontrolliert und nicht durch Ausprobieren. 1885 gelangte das Teleskop durch Kauf in die Hände des Amateurastronomen E. Crossley, der wohl kaum geahnt haben dürfte, daß durch diesen Erwerb sein Name in die Astronomiegeschichte eingehen würde. 1894 verkaufte er das Teleskop. Bereits im folgenden Jahr fand es seine endgültige Aufstellung in der Lick-Sternwarte, dem ersten Gebirgsobservatorium. Das Teleskop war in guten Händen, der Aufstellungsort vorzüglich. Das Astroklima des Mount Hamilton ist auch nach heutigen Maßstäben recht erfreulich. Die in der Sternwarte Tätigen setzten alles daran, möglichst gute Aufnahmen zu erzielen. Mit dem Crossley-Reflektor ist recht eigentlich das Reich der Nebel erobert worden, die Unmenge an schwachen Galaxien bzw. „Nebeln", wie man sie damals nannte. Ein Mitarbeiter an der Lick-Sternwarte schätzte an jener Zeit die Anzahl der mit diesem Reflektor erreichbaren Nebel auf etwa 120 000 am Himmel. Auch die dunklen Streifen in den Äquatorialebenen einiger dieser „Nebel", Staubabsorptionen in Galaxienscheiben, wie man heute weiß, wurden mit diesem Instrument entdeckt.

Die Erfolge regten den Bau noch größerer Instumente an. So entstand in den Jahren 1903–1908 der 1,5-m-Spiegel der Mount-Wilson-Sternwarte. Der Bau dieses Observatoriums geht auf die Initiative des Astronomen George Hale zurück. In seiner Person verband sich die Begabung des Forschers mit der Umsicht und dem Weitblick des Wissenschaftsorganisators. Hale, der bekannte Sonnenforscher und Erfinder des Spektroheliographen, hatte es vermocht, den Bau von vier Großteleskopen zu organisieren, wobei jedes zu seiner Zeit der Welt größtes war. Das erste von ihnen war der 1-m-Refraktor der Yerkes-Sternwarte bei Chicago, das zweite der 1,5-m-Spiegel. Die Mittel dafür beschaffte sich Hale von der Carnegie-Stiftung, die Konstruktion des Teleskops und das Schleifen des Spiegels besorgte George Ritchey, ein Chicagoer Optiker, den Hale für die kalifornische Sternwarte hatte gewinnen können. Der Glasblock wurde in der altehrwürdigen Fabrik Saint-Gobain in Frankreich gegossen. Ritchey schuf nicht nur dieses Teleskop, er nutzte es auch für eigene Beobachtungen. Ihm ging es hauptsächlich darum, bestmögliche Aufnahmen von Himmelsobjekten zu erzielen. Dazu benutzte er feinkörniges

Photomaterial mit geringer Empfindlichkeit. Die Belichtungszeiten dehnte er bis zu 15 Stunden aus. Zu seinen Erfindungen zählen eine Spezialkassette und ein Schnappverschluß, der, sobald sich die Aufnahmebedingungen verschlechterten, mit den Zähnen betätigt werden konnte. Die Aufnahmen mußten mehrfach unterbrochen werden, um nachzufokussieren. Diese Technik bescherte Ritchey brillante Aufnahmen. Erstmals gelang es – wie bereits geschildert –, nahe Galaxien in Einzelsterne aufzulösen. Eine Reihe von Cepheiden, die Hubble im Andromedanebel entdeckt hatte, lassen sich auch auf Ritcheys Aufnahmen identifizieren, was dieser nicht wußte. Für Ritchey war noch eine enorme Anstrengung, was für Hubble schon reine Routine war. Ritchey hatte nie nach Cepheiden gesucht, 1917 jedoch in dem Spiralnebel NGC 6946 zufällig eine Supernova entdeckt. (Daß es Supernovae gibt, wurde erst 1934 bewiesen; Ritchey hielt seinen Stern für eine Nova.) Von dieser Entdeckung angespornt, startete er eine systematische Suche, wobei zwei weitere derartige Sterne im Andromedanebel gefunden wurden. Ritcheys Forschungen gaben später Lundmark die Argumente in die Hand, sich für die extragalaktische Natur dieses Nebels auszusprechen. Beweisen konnte dies allerdings erst fünf Jahre später Hubble. Er verfügte bereits über einen 2,5-m-Spiegel. Die Mittel für dessen Bau besorgte sich Hale von dem Millionär Hooker, der Glasblock wurde 1908 ebenfalls von der Firma Saint-Gobain gegossen, die Schleif- und Polierarbeiten führte wieder Ritchey eigenhändig durch. Diese Arbeiten fanden 1918 ihren Abschluß. Im Unterschied zum 1,5-m-Spiegel mit seiner Gabelmontierung hängt das 2,5-m-Teleskop in einer Englischen Rahmenmontierung. Da das Joch als Stundenachse dient, ist der Himmelspol nicht zugänglich. Diesem Teleskop war beschieden, entscheidend beim Aufbau des modernen astronomischen Weltbilds mitzuwirken. Die noch rüstigen Astronomen der älteren Generation können sich durchaus noch der Zeiten erinnern, als man Spiralnebel für Gasgebilde innerhalb der eigenen Galaxie hielt, der Sonne einen Platz nahe dem galaktischen Zentrum zuwies und in der Nichtstationarität relativistischer Weltmodelle einen Makel sah.
Doch der unermüdliche Hale begann, noch bevor das technische Wunderwerk auf dem Mount Wilson richtig arbeitete, bereits an ein größeres Instrument zu denken. Wieder mußte er finanzielle Unterstützung suchen und hatte Erfolg. Damit stand einem neuen, doppelt so großen Teleskop nichts mehr im Wege. Neben Hale arbeiteten daran der Optiker Anderson, Porter als Konstrukteur und der Ingenieur M. Serurié, der u. a. den völlig neuen Gittertubus entwarf. Das Teleskop war 1947 vollendet, nachdem

die Arbeiten zuvor durch den zweiten Weltkrieg zeitweilig unterbrochen werden mußten. In dieser Zeit entstand auf dem Mount Palomar (der Nachthimmel auf dem Mount Wilson war durch das nahe Los Angeles schon zu hell) der riesige Kuppelbau von 42 m Durchmesser, und der Teleskopkörper erforderte eine neue Konstruktion der Fernrohrmontierung. Einzelne Teile davon erreichten Ausmaße, wie sie sonst nur im Schwermaschinenbau üblich sind, mußten aber bedeutend genauer gearbeitet sein. Das 530 Tonnen wiegende Teleskop läßt sich mit einer Hand bewegen! Bei dem großen Spiegeldurchmesser konnte die Beobachterkabine von 1,8 m Durchmesser in das Instrument eingebaut werden. Sie verdeckt lediglich 13% der Spiegelfläche, deren Mitte zudem dennoch eine Ausbohrung (von 1 m Durchmesser) zwecks Beobachtung im Cassegrain-Fokus erhielt. Bei der Überwachung des Ausbohrens fiel Hale ein, wie glücklich er war, als in der Yerkes-Sternwarte das Objektiv eines großen Refraktors mit dem gleichen Durchmesser eintraf.

Am 21. Dezember 1947 wurde das Teleskop eingeweiht (Abb. 63). Hubble, Oort und Bowen waren die ersten, die damit Sterne betrachteten. Anschließende Erprobung zeigte jedoch, daß der Spiegel zunächst überarbeitet werden mußte. Die regelmäßigen photographischen Beobachtungen begannen erst am 12. November 1949. Ein Jahr später wurden auch die Spektrographen fertiggestellt. Nach Hales Tod erhielt das Teleskop seinen Namen. 1970 wurde auch die nun vereinigte Mount-Wilson-Mount-Palomar-Sternwarte zu Ehren von Hale nach ihm benannt. Hubble starb 1953, Baade 1960; doch ihre Plätze in der Beobachterkabine blieben nicht verwaist: Sandage, Arp und andere ihrer Schüler nahmen sie würdig ein. In den vorangegangenen Kapiteln sind wir wiederholt auf die Ergebnisse ihrer Beobachtungen mit dem Hale-Teleskop gestoßen (Abb. 64).

Das 5-m-Teleskop war der Vorläufer der zweiten Fernrohrgeneration. 1961 nahm in der Lick-Sternwarte das dritte Großteleskop seinen Betrieb auf: der 3-m-Reflektor. Sein Spiegel war aus einem Glasblock hergestellt worden, der als Probeguß für den „Palomar-Riesen" diente. Das Teleskop hat, obwohl seine Brennweite (15 m) nur um 1,5 m geringer ist als beim Hale-Teleskop, eine Gabelmontierung. Auch hier ist der Primärfokus über eine Beobachterkabine erreichbar. Allerdings bietet sie nur wenig Platz.

Das viertgrößte Fernrohr war lange Zeit das 2,6-m-Schain-Teleskop auf der Krim. Es entstand in den Jahren 1954–1961 im Leningrader Optisch-Mechanischen Kombinat (LOMO) unter Leitung von B. K. Ioannissiani für das Astrophysikalische Ob-

Abb. 63. Die Beobachterkabine des 5-m-Spiegels kurz nach Inbetriebnahme des Teleskops. In der Kabine E. Hubble

servatorium auf der Krim. Diese die sowjetische Industrie herausfordernde Aufgabe wurde erfolgreich gelöst. Am Krim-Observatorium erfolgten Untersuchungen zur Spektroskopie von Galaxien, der Flackersterne und der symbiotischen Sterne. Detailliert erforscht wurden die Atmosphären heißer Überriesen und magnetischer Sterne. Einmalige Polarisationsmessungen des Sternenlichtes wurden hier vorgenommen.
Die Liste der Großteleskope mit Parabolspiegel und klassischem Strahlengang, die mit dem Hooker-Spiegel eröffnet wurde, beschließen zwei sowjetische Teleskope, an denen 1975 erste Probeaufnahmen erzielt worden sind: der 2,6-m-Spiegel der Bjuraka-

Abb. 64. Das 5-m-Hale-Teleskop auf dem Mount Palomar. Das Instrument wurde im Juli 1948 anläßlich einer gemeinsamen Sitzung beider astronomischer Gesellschaften der USA eingeweiht

ner Sternwarte – Zwilling des Krim-Teleskops – und der Welt größtes azimutal montiertes Teleskop (BAT) mit 6 m Spiegeldurchmesser, ebenfalls von LOMO (Abb. 65).
Das BAT gehört dem Astrophysikalischen Spezialobservatorium der AdW der UdSSR. 70% der Teleskopzeit stehen aber Gastbeobachtern zur Verfügung. Das Teleskop befindet sich in 2070 m Höhe nahe Nishni Archys, einer kleinen Ortschaft im Flußtal des Großen Selentschuk im Nordkaukasus. Erstmals in der Geschichte wurde ein großes Spiegelteleskop azimutal aufgestellt. Teleskop und Montierung wiegen über 850 t. Dies bewog letztlich den Konstrukteur Ioannissiani, die azimutale Aufstellung zu wählen. Spiegeldeformation und Fernrohrdurchbiegung lassen

211

Abb. 65. Die Kuppel des 6-m-Spiegels auf dem Ausläufer des Pastu-
chow-Berges

sich dann leichter kompensieren. Allerdings muß das Teleskop
ständig um zwei Achsen nachgeführt werden und nicht, wie bei
der parallaktischen Aufstellung, nur um eine Achse. Hinzu
kommt, daß die Photoplatte bei Aufnahmen im Primärfokus der
Felddrehung folgen muß. Das erfordert alles in allem einen
erheblichen Mehraufwand. Ein spezieller Computer errechnet
ständig Azimut und Höhe (aus Rektaszension, Deklination und
Uhrzeit) und steuert die Bewegungen des Fernrohrs. Photoelektrische Nachstelleinrichtungen merzen Restfehler aus. Eine
solche Teleskopsteuerung war bisher nur erfolgreich bei Radioteleskopen im Einsatz gewesen. Noch niemand hatte gewagt, damit
ein optisches Instrument auszustatten.
Der BAT-Hauptspiegel hat 24 m Brennweite. Daraus resultiert
für den Primärfokus ein Öffnungsverhältnis von 1:4. Es ist das
einzige sowjetische Instrument mit einer Primärfokus-Kabine
(Abb. 66). Spektren hoher Dispersion erhält man im Nasmyth-
Fokus. Er ersetzt den unveränderlichen Coude-Fokus gewöhnlicher Teleskope. Der Nasmyth-Fokus des BAT ist über die
geräumigen Plattformen erreichbar, in Höhe der beiden Zapfen,
zwischen denen das Teleskop eingehängt ist. (Zu den Plattformen
führt über drei Stockwerke ein Aufzug.) Bei der Drehung des

Abb. 66. Der 6-m-Spiegel des Astrophysikalischen Spezialobservatoriums

Fernrohrs verbleiben diese Plattformen in der Horizontalen, was die Aufstellung kompliziertester Spektrographen ermöglicht. Allein der Spiegel des einen von ihnen hat 2 m Durchmesser! Ein modernes Großteleskop verkörpert in sich konstruktiven Ideenreichtum und die Fähigkeit des Herstellers. Gefragt ist

Abb. 67. Das 4-m-Mayall-Teleskop auf dem Kitt Peak

äußerste Genauigkeit – bis zu Bruchteilen eines Millimeters – der Stahlkonstruktionen, die Dutzende von Tonnen wiegen und viele Meter groß sind. Die Abweichung von der Idealform des Spiegels darf 0,0001 mm nicht übersteigen. Auch das Zubehör – Spektrographen, Sekundärelektronenvervielfacher, Quantenzähler – stellt Spitzenleistungen des modernen Gerätebaus dar. Gekämpft wird um jedes Photon.

Bisher war nur von klassischen Reflektoren mit parabolischem Hauptspiegel die Rede. Ihr Öffnungsverhältnis reicht von 1:3,3 bis 1:5. Das nutzbare Bildfeld überschreitet in der Regel 20′ nicht. Rechnungen zeigen, daß die Grenzreichweite bei gegebenem Spiegeldurchmesser eines Teleskops um so höher liegt, je länger die Brennweite ist. Nicht nur für Direktaufnahmen ist ein großes Bildfeld vorteilhaft, auch bei spektralen und photoelektrischen

214

Beobachtungen sehr schwacher Objekte, die selbst nicht mehr erkennbar sind und deshalb anhand hellerer Sterne eingestellt und nachgeführt werden müssen, erweist es sich als günstig. Bei kleinem Gesichtsfeld wäre der Leitstern vielleicht schon nicht mehr sichtbar. Bereits in den 20er Jahren haben Ritchey und der französische Optiker Chrétien ein optisches System entwickelt, das die Vorteile eines großen Blickfeldes und einer langen Brennweite in sich vereint, ohne dabei einen übermäßig langen Tubus zu erfordern. Im Gegenteil. Die Baulänge ist viel kürzer als bei klassischen Reflektoren, bedingt durch das relativ große Öffnungsverhältnis des Hauptspiegels. Dabei kann das Gesichtsfeld bei großen Teleskopen bis zu 1,5° betragen (bei einem 1-m-Spiegel sogar bis zu 3°). Es wird im Grunde genommen bereits durch das Format der größten erhältlichen Photoplatten in Grenzen gehalten. Um die Aberration über das riesige Gesichtsfeld gering zu halten, sind bei diesem System Haupt- wie auch Cassegrain-Spiegel hyperbolisch, nicht parabolisch.
Es ist schwer zu sagen, warum das Ritchey-Chrétien-System lange Zeit unbeachtet blieb; es wird z. T. an den Schwierigkeiten gelegen haben, eine Hyperbelfläche herzustellen. Inzwischen ist eine neue, dritte Generation von Großteleskopen entstanden, die nach dem Ritchey-Chrétien-System arbeiten und sich konstruktiv stark ähneln. Die beiden ersten in den USA nach dieser Bauart gefertigten 4-m-Teleskope sind in den Jahren 1974 und 1975 auf dem Kitt Peak (Arizona, USA) und in Cerro-Tololo (Chile) aufgestellt worden. Die vorzügliche Qualität der Spiegel, die lange Brennweite und das vergleichsweise riesige Gesichtsfeld ermöglichen in Verbindung mit einem guten Astroklima (besonders in Cerro-Tololo) Spitzenleistungen astronomischer Forschung (Abb. 67). Das anglo-australische 3,9-m-Teleskop wurde 1974 in der australischen Siding-Spring-Sternwarte aufgestellt. Der 3,6-m-Reflektor der ESO (westeuropäische Südsternwarte) konnte 1976 auf dem Berg La Silla in Chile in Betrieb genommen werden. Das Südobservatorium der Carnegie-Institution, eine Außenstelle der Hale-Sternwarte, hat auf dem chilenischen Berg Las Campanas ein 2,5-m-Teleskop errichtet. Von diesem Institut wird auch ein Ritchey-Chrétien-Teleskop mit einem 1-m-Spiegel betrieben, der auf einer Platte von 35 cm × 35 cm ein Gesichtsfeld von 3° × 3° abbildet. Ein franko-kanadisches 3,6-m-Teleskop wurde in der Rekordhöhe von 4200 m auf einer der Hawaii-Inseln aufgestellt.
Charakteristisch für die Teleskope der dritten Generation ist nicht nur das Ritchey-Chrétien-System, ihre Spiegel sind aus Quarz oder, noch häufiger, aus Sitall gefertigt (Zerodur, Cervit sind

Abb. 68. Panorama des Nationalen Astronomischen Observatoriums der USA auf dem Kitt Peak (Arizona). Das 4-m-Teleskop ist in dem hohen Kuppelgebäude rechts untergebracht

andere Markennamen für diesen glaskeramischen Werkstoff mit nahezu verschwindendem Wärmeausdehnungskoeffizienten). Eine Änderung der Lufttemperatur zieht darum keine Formänderung des Spiegels nach sich. Wir erinnern uns, wie Baade darunter zu leiden hatte; auch bei Arbeiten am 6-m-Teleskop muß dem Temperatureinfluß Rechnung getragen werden.
Die neuen Werkstoffe erleichtern zudem die Oberflächenkontrolle bei der Spiegelfertigung. Dieser Vorteil und der Einsatz von Computern machen beugungsbegrenzte Spiegel herstellbar. 90% des Lichtes punktförmiger Quellen werden von modernen Teleskopen der 3-m- und 4-m-Klasse in Bildscheibchen von 0,1″ bis 0,3″ vereint! Das ist für die Beobachtung schwacher Sterne von entscheidender Bedeutung: eine Halbierung des Sternscheibchendurchmessers in der Brennebene kommt einer Verdopplung des Spiegeldurchmessers gleich!
Auch die beste Spiegelqualität ist nutzlos, wird die Abbildung durch atmosphärische Turbulenz beeinträchtigt. (Durch jene Turbulenz, die Sterne flimmern macht. Flimmerfreiheit ist allerdings noch keine Garantie für eine gute Abbildungsqualität!) Sternscheibchen unter 1″ sind sehr selten. Nur in ausgesprochenen Hochgebirgslagen werden sie zuweilen beobachtet. Eine an den kalten Ozean angrenzende gebirgige Halbwüste und die Insellage von Berggipfeln sind besonders günstig. Das mag das gute Astroklima Chiles und Kaliforniens erklären und den Bau von Großobservatorien auf den Kanarischen Inseln und den Hawaii-Inseln. Stark ins Gewicht fällt bei einer Standortauswahl natürlich auch die Anzahl der sternklaren Nächte im Laufe eines Jahres. Wie Astronomen aus Moskau und aus Taschkent haben nachweisen können, verfügen einige alleinstehende Gipfel im sowjetischen Mittelasien durchaus über ein Astroklima, das dem Chiles nicht nachsteht. Doch große Teleskope sind bislang dort noch nicht aufgestellt worden...
Die Anzahl der Großteleskope ist in den letzten Jahren enorm gestiegen (s. Tabelle), und dennoch können die Beobachtungsanträge nur zu einem Viertel berücksichtigt werden. Hinzu kommt, daß es der modernen Technik bereits heutzutage möglich wäre, Teleskope zu errichten, denen zwei bis drei Größenklassen schwächere Sterne zugänglich wären. Die Qualität der Spiegel, die Effektivität der Empfänger und nicht zuletzt die Wahl geeigneter Standorte stoßen an die Grenzen des Möglichen. Es bleiben daher nur zwei Wege: Vergrößerung der lichtsammelnden Fläche und Verlegung des Teleskops in den Weltraum, so daß die Atmosphäre nicht mehr stört. (Einiges könnte auch noch durch die Verbesserung des Mikroklimas im Kuppelraum getan werden.)

Die größten Teleskope der Welt

Einsatzbeginn	Spiegeldurchmesser		Nutzbarer Gesichtsfeld-durchmesser	Aufstellort	Betreiberland	Anmer-kung
	Zoll	cm				
1975	236	605	12	am Pastuchow-Berg, Nishni Archys	UdSSR	1, 4
1948	202	508	16	Mount Palomar, Kalifornien	USA	4
1979	176	460	4	Mount Hopkins, Arizona	USA	1, 3
1973	150	380	50	Kitt Peak, Arizona	USA	2
1974	156	400	50	Cerro-Tololo, Chile	USA	2
1974	154	390	60	Siding-Spring, Australien	Großbritannien und Australien	2
1976	144	360	60	La Silla, Chile	Westeuropa	2
1979	144	360		Mauna Kea, Hawaii	Frankreich, Kanada und USA	2
1985	138	350		Calar-Alto, Spanien	BRD und Spanien	2

1959	120	305		Mount Hamilton, Kalifornien	USA	
1968	107	270		McDonald Peak, Texas	USA	
1961	104	260		Mangusch, Krim	UdSSR	
1976	104	260		Bjurakan, Armenien	UdSSR	
1918	101	258	30	Mount Wilson, Kalifornien	USA	4
1977	100	254	90	Las Campanas, Chile	USA	2
1967–1980	98	250		Herstmonceux, Kanarische Inseln	Großbritannien	5

Anmerkungen:
1 Teleskop mit azimutaler Montierung;
2 Ritchey-Chrétien-Teleskop mit Sitall- oder Quarzspiegel;
3 System aus sechs Spiegeln mit je 1,8 m Duchmesser;
4 Parabolreflektor, Spiegel aus Glas;
5 das Teleskop wurde 1980 aus einem Londoner Vorort hergebracht und mit einem Zerodur-Spiegel versehen; in der Nähe steht ein Turm für ein 4,2-m-Teleskop kurz vor der Fertigstellung.
Betrieben werden außerdem mehrere Reflektoren mit Spiegeln von rund 4 m Durchmesser, speziell für Beobachtungen im Infrarotbereich. Vor kurzem begann man in den USA, in Japan und bei der ESO mit dem Bau von Teleskopen mit Spiegeln von 7 bis 10 m.

Einem Weltraumteleskop, ausgestattet mit einem 2,4-m-Teleskop, wären Sterne der 28. Größe zugänglich! Ein erdgebundenes Teleskop der gleichen Leistung benötigte einen 25-m-Spiegel und kostete in traditioneller Ausführung 2 Milliarden Dollar. Die einzige realistische Lösung besteht daher in der Entwicklung von Viel-Spiegel-Teleskopen, wobei die von den einzelnen Spiegeln erzeugten Abbildungen entweder optisch oder durch einen Computer zu einem Bild zusammengeführt werden. Daraus erklärt sich die Beachtung, die das MMT (Multi-Mirror-Teleskop) bei Astronomen findet. Es ist im Sommer 1979 auf dem Mount Hopkins in Arizona in Betrieb genommen worden.

Das Teleskop besteht aus sechs 1,8-m-Spiegeln. Von der licht-sammelnden Fläche her entspricht es einem einzigen 4,5-m-Teleskop. Für einige Aufgaben jedoch – für interferometrische Zwecke – ist der Gesamtdurchmesser des MMT von 6,9 m ent-scheidend. Es kostet nur ein Viertel eines herkömmlichen 4,5-m-Teleskops und ist dabei durchaus für Spektroskopie und lichtelektrische Photometrie geeignet. Obwohl der Durchmesser des nutzbaren Gesichtsfeldes 4' beträgt, ist das von den sechs Einzelspiegeln entworfene Kompositbild nur 52" groß.

Das MMT von Arizona kann als Vorläufer der vierten Te-leskopgeneration angesehen werden. Der erste vollwertige Repräsentant dieser neuen Generation wird aber voraussichtlich das 10-m-Teleskop der California-Universität werden. Das Pro-jekt dazu wurde bereits 1982 bestätigt. Wenn die privaten Spenden rechtzeitig eingehen, ist mit der Inbetriebnahme noch vor Ende dieses Jahrzehnts zu rechnen. Es ist sowohl für optische als auch für Infrarotbeobachtungen vorgesehen und wird aus 36 Spiegeln von jeweils 1,8 m Durchmesser bestehen. Deren Ge-samtgewicht kommt auf nur 14 t, d. h. weniger als bei einem 4-m-Spiegel! Insgesamt sind (selbstverständlich mit Azimutalmon-tierung) 150 t zu bewegen. Einhundertmal pro Sekunde wird die Stellung jedes der 36 Einzelspiegel korrigiert, wobei entsprechen-de Steuerkommandos an die drei Stützstellen eines jeden Spiegels ergehen, auf denen dieser ruht. Die Größe des Sternscheibchens im gemeinsamen Fokus soll 0,33" nicht übersteigen. Das Ge-sichtsfeld wird bei einem Öffnungsverhältnis von 1 : 15 30' betra-gen, was die Besitzer viel kleinerer Teleskope neidisch werden lassen wird. (Freilich, um ein solch riesiges Feld ohne Fokal-reduktor ausnutzen zu können, wären Detektoren mit einer riesigen Empfängerfläche erforderlich.) Auch dieses Teleskop soll auf dem Mauna Kea (Hawaii) aufgestellt werden. Dieser Auf-stellungsort gilt wegen der hohen erreichbaren Bildgüte und der Lufttrockenheit als der beste auf Erden.

Ein Teleskop, bestehend aus sieben Einzelspiegeln von jeweils 10 m Durchmesser, entspräche seiner lichtsammelnden Fläche nach einem 25-m-Spiegel, kostete jedoch nicht 2 Milliarden, sondern bloß 48 Mill. Dollar. Weiter reichen die Astronomenträume derzeit nicht...

Kaum noch vervollkommnen lassen sich die Lichtempfänger. Ihnen ist es zu verdanken, daß die amerikanischen Teleskope in den letzten Jahren 25mal effektiver geworden sind. (Eine entsprechende Vergrößerung der Spiegeldurchmesser wäre 100mal teurer gekommen. Allerdings kommen die Kosten moderner Lichtempfänger an das Jahresbudget eines Großobservatoriums heran.) Sie haben es z. B. ermöglicht, den Halleyschen Kometen bereits im Herbst 1982 mit einem 1,5-m-Teleskop aufzuspüren, als dessen scheinbare Helligkeit noch $24^{m}{,}75$ betrug. Diese Lichtempfänger ähneln den Facettenaugen der Insekten. Die Photonen, die in eine mikroskopisch kleine Zelle der Empfängerfläche gelangen, werden in ein elektrisches Signal umgesetzt, registriert und in einem Computer aufgerechnet. Nach erfolgter Belichtung zeichnet der Computer ein zweidimensionales Bild des Objekts und wertet es sogleich photometrisch nach allen Regeln der Kunst aus. Die Quantenausbeute eines solchen Empfängers erreicht 90%. Leider sind die Empfängerflächen selten größer als 2 bis 3 cm². Viele Astronomen meinen, ein System, bestehend aus mehreren Einzelteleskopen, die bei Bedarf das gleiche Objekt anpeilen, wobei das Licht irgendwie auf einen gemeinsamen Empfänger gelangt (eventuell als Computersynthese des Abbilds oder des Spektrums), sei günstiger als ein Superteleskop mit einem, sagen wir, 25-m-Spiegel. Der einstige Präsident der Internationalen Astronomischen Union, H. Brown, wies in diesem Zusammenhang auch auf die Verantwortung gegenüber den jüngeren Wissenschaftlern hin. Ein einziges Riesenteleskop sei schon deshalb nicht annehmbar, weil es einem jungen Astronomen kaum gelänge, von dem entsprechenden Komitee Beobachtungszeit bewilligt zu bekommen.

Erinnert sei daran, daß Hubble, als er 1923 den ersten Cepheiden im Andromedanebel fand, 34 Jahre alt war. Hätte van Maanen damals die Beobachtungszeiten am 2,5-m-Teleskop vergeben, wäre ihm nicht im Traum eingefallen, die offensichtlich zwecklose Suche nach nichtvorhandenen Sternen auch noch zu unterstützen...

Weltanschauliche Probleme der Astrophysikentwicklung – Hypothesen und Spekulationen

Wie dem Leser erinnerlich, gab es am „Wissenschaftlichen Institut für Tranzendentale Zauberei" (WITZ) eine Abteilung „Absolutes Wissen". „Merkwürdig war diese Abteilung", schreibt der wissenschaftliche Unterassistent A. I. Priwalow, Held des Buches „Der Montag beginnt am Sonnabend" der Brüder A. und B. Strugazki. „Die hatten da eine Maxime: ‚Das Erkennen der Unendlichkeit erfordert unendliche Zeit.' Dagegen war nichts einzuwenden, aber die zogen daraus die unerwartete Schlußfolgerung, es sei egal, ob man arbeite oder nicht." Nur die besten Mitarbeiter am WITZ hatten sich die Arbeitshypothese zu eigen gemacht, das „Glück, wie auch der Sinn des Lebens, bestehe im ständigen Erkennen des Unbekannten". Von dieser Maxime, von den Brüdern Strugazki so treffend formuliert, haben sich in der Tat Generationen von Forschern leiten lassen, als sie den Kampf gegen die Unendlichkeit aufnahmen. Und ihre Mühen waren nicht umsonst.

Schauen wir noch einmal auf die Tabelle auf Seite 205. Nur drei Jahrhunderte waren vonnöten, die Grenzen des ausgeloteten Raumes und der Zeit um 15 Größenordnungen auszuweiten; mehr noch, wir sind bereits an das Hindernis gestoßen, das ein Umdenken erforderlich macht. Nur noch der Weg in die Tiefen des Mikrokosmos ist beeindruckender.

Im 20 Jh. konnten wir uns von der Weitsicht eines Blaise Pascal überzeugen, der vor drei Jahrhunderten meinte: „Dem Infinitesimalen auf den Grund zu kommen, sind nicht weniger Fähigkeiten vonnöten, als das Allumfassende zu erschließen: Das eine wie das andere hat die Unendlichkeit im Sinn, und mir scheint, wer die Urgründe der Dinge zu begreifen imstande wäre, der könnte auch zur Erkenntnis des Unendlichen gelangen. Eines hängt vom anderen ab, und eines führt zum anderen." A. Eddington hat wohl als erster die geniale Vorahnung Pascals in die Sprache der heutigen Wissenschaft übersetzt: „Wir wollten den inneren Aufbau der Sterne erforschen und mußten doch bald feststellen, daß wir den inneren Aufbau des Atoms erforschen", schrieb er bereits in den 20er Jahren. Die sich abzeichnende Verschmelzung von Mikro- und Makrophysik ist von grundsätzlicher Bedeutung. Es werden nicht nur schlechthin Erkenntnisse der Elementarteilchenphysik zur Lösung kosmologischer Fragen herangezogen oder umgekehrt, nein, das eine wäre ohne das andere nicht mehr denkbar.

In erster Linie sind hier Vergangenheit und Zukunft des Universums zu nennen. Die Erfolge der Elementarteilchenphysik lassen hoffen, daß vielleicht in den physikalischen Forschungslabors die Antworten gefunden werden auf Fragen, die Astronomen selbst in bitterkalten Winternächten in die Beobachtungskuppeln treibt... Das Schicksal des Universums hängt, wie wir in einem der vorangehenden Kapitel gesehen haben, von der mittleren Dichte ab. Seit 1980 nun gibt es Anzeichen dafür, daß dem Neutrino eine winzige, aber eben doch nicht verschwindende Ruhemasse zukommt. Die Anzahldichte dieser alles durchdringenden Partikeln ist so hoch, daß sie durchaus 90% der Materie im Kosmos stellen könnten. Die Materiedichte könnte – bei nichtverschwindender Ruhemasse der Neutrinos – sogar über dem kritischen Wert liegen. Das Universum wäre dann sogar in sich geschlossen, die Expansion sollte in vielleicht 10 Milliarden Jahren in eine Kontraktion umschlagen. Uns allen stünde das „Fegefeuer" bevor...

Die Ruhemasse des Neutrinos ist auch noch in anderer Hinsicht von Interesse. Wäre sie von Null verschieden, ließe sich vielleicht das Problem der „verborgenen" Masse in den Galaxienhaufen lösen oder die Frage beantworten, warum zu wenige Neutrinos von der Sonne eintreffen.

Früher wollte man den Verzögerungsparameter aus der Abweichung vom Hubble-Gesetz bei hohen Rotverschiebungen bestimmen, um zwischen den verschiedenen Weltmodellen zu wählen. Nun kann man die Fragestellung umkehren. Man geht von der Hypothese eines nahezu geschlossenen Universums aus, was durch eine nichtverschwindende Ruhemasse des Neutrinos nahegelegt wird, und versucht nun, aus den Abweichungen vom Hubble-Gesetz die Leuchtkraft- und Farbentwicklung der Galaxien im frühen Universum abzuleiten. Daraus ergäbe sich dann wiederum die Geschichte der Sternbildung in ihnen.

Als Gegenleistung können die Astronomen den Physikern sagen, daß es nicht allzu viele Neutrinosorten geben kann, die urzeitliche Elementensynthese wäre ansonsten anders verlaufen. Die Kosmologie hälfe, so Seldowitsch, bei der Bekämpfung der Bevölkerungsexplosion unter den Elementarteilchen.

Zu den herausfordernsten Aufgaben der Wissenschaft zählt die Ausarbeitung einer einheitlichen Feldtheorie, die alle vier fundamentalen Wechselwirkungen – die gravitative, die elektromagnetische, die schwache (wobei Neutrinos mitwirken) und die starke (die die Kernbestandteile aneinander fesselt) – vereint. Die schlausten Köpfe der Menschheit haben Jahrzehnte ihres Daseins dieser Aufgabe gewidmet. Doch nach Maxwells Anfangserfolg – ihm gelang es, die Elektrizität mit dem Magnetismus zu verschmelzen – mußten über 100 Jahre vergehen, bis 1967/68 S. Weinberg und A. Salam unabhängig voneinander eine Theorie der elektroschwachen Wechselwirkung vorlegen konnten. Die Bestätigung erfolgte vor kurzem: Im Januar 1983 erschien eine Veröffentlichung von 136 Mitarbeitern des Europäischen Kernforschungszentrums CERN, in der die Entdeckung eines Trägers der schwachen Wechselwirkung – des intermediären W^+-Bosons – mitgeteilt wurde. Kurz darauf fand man auch die beiden übrigen: das W^- und das neutrale Z^0. Die Hoffnung, auf dem gleichen Fundament eine Theorie der „großen Vereinigung" errichten zu können – wo dann nur noch die Gravitation „draußen" bliebe –, hat damit Auftrieb erhalten. Zur Bestätigung dieser Theorie würden allerdings Teilchenenergien von mindestens 10^{24} eV benötigt – das 10^{13}fache dessen, was moderne Beschleuniger hergeben! Die „große Vereinigung" machte das Verhalten von Teilchen verständlich, als das Universum jünger als 10^{-35} s war. Damals waren die Teilchenenergien etwa so hoch, und man könnte mit einer solchen Theorie vieles verstehen, was heute am Universum noch durchaus rätselhaft ist (s. Nowikow, I. D.: Evolution des Universums. Kleine Naturwissenschaftliche Bibliothek, Bd. 52. Leipzig: Teubner-Verlag 1986). Zum Beispiel sollte bei einigen hochenergetischen Reaktionen, an denen superschwere Teilchen beteiligt sind, der Erhaltungssatz für die Baryonenzahl verletzt sein. Daraus ergibt sich u. a. auch, daß das Proton unter „gewöhnlichen" Bedingungen binnen etwa 10^{32} Jahren zerfallen müßte. Jüngste experimentelle Erkenntnisse sprechen bislang nur davon, daß die Lebensdauer größer als 10^{30} Jahre sein muß. Von zukünftigen Experimenten wird nicht nur unser Verständnis der Frühphasen der kosmischen Evolution profitieren und der Ursachen, die zu dem heutigen Zustand geführt haben, es tut sich auch ein Blick in die Zukunft des Universums auf. Sollte das Proton nämlich tatsächlich zerfallen, gäbe es nach 10^{33} Jahren fast keine Atomkerne mehr. Das dürfte aber nur dann von Interesse sein, wenn das Universum offen ist und demzufolge ewig expandiert.

Ein Problem, das Physik und Astronomie gleichermaßen bedrängt, ist das der Anfangssingularität des Universums, ist die Frage nach dem Vorher, ja danach, ob diese Frage überhaupt einen Sinn hat. Die Untersuchung „gewöhnlicher" Singularitäten wie Schwarzer Löcher – die eventuell in Galaxienzentren „hausen" – hat bereits einiges zutage gefördert, was auch für die Theorie der Elementarteilchen nicht uninteressant sein dürfte. Viele dieser Einsichten, so phantastisch sie auch dem „gesunden

Menschenverstand" anmuten mögen, sind entweder bereits experimentell oder durch Beobachtung bestätigt bzw. lassen sich im Prinzip mit Hilfe schon bekannter Verfahren überprüfen.

Letzteres gilt sicherlich nicht für jene Hypothese, wonach es halbgeschlossene Welten geben könne, die einem äußeren Beobachter wie ein Elementarteilchen, einem inneren aber wie ein ganzes eigenständiges Universum, ähnlich dem unsrigen, vorkommen... M. A. Markow, der diese Hypothese vertritt, möchte diese „Objekte" zu Ehren A. A. Friedmanns als „Friedmonen" bezeichnen, K. P. Stanjukowitsch schlägt die Bezeichnung „Plankkonen" vor. Die beiden Termini spiegeln die Doppelnatur dieser Objekte wider: der zentrale, „nukleare" Teil eines gewöhnlichen Elementarteilchens, in dem ein ganzes Universum eingeschlossen ist... Sollte sich herausstellen, daß unser Universum tatsächlich in sich geschlossen ist und die dargelegte Konzeption stimmt, müßten wir folgerichtig zwischen Universum und Weltall (wie zwischen Galaxie und Galaxis) unterscheiden...[1] Normalerweise macht einen schon der Anblick des Sternenhimmels schwindeln, was aber, wenn unser Universum (das Weltall) nur eines unter vielen sein sollte und wir die anderen Universa als Mikroteilchen wahrnehmen? Hoffentlich ist die Natur nicht so stupide, auf diesem Weg fortzufahren, so daß die Universa und Elementarteilchen ineinandergeschachtelt sind wie Matrjoschkapuppen ... bis zur Unendlichkeit.

Natürlich ist dies mehr als hypothetisch, eine gewagte Extrapolation der Relativitätstheorie in den Bereich starker Gravitationsfelder und kleinster Dimensionen. Auch kann niemand sagen, wie sie sich experimentell nachprüfen ließe. „Doch im Falle eines Erfolgs", sagt Markow, „würden wir über einen im höchsten Grade folgerichtigen Entwurf für alles Seiende verfügen." Weder

---

[1] Die Unterscheidung von Universum und Weltall zur Differenzierung von qualitativ unterschiedlichen Strukturebenen ist durchaus kosmologisch sinnvoll. Zu dieser Problematik lassen sich folgende erkenntnistheoretische Fragestellungen aufwerfen. Die Existenz eines derartigen „pluralistischen Weltalls" ergibt sich aus der (mathematischen) Lösung der verallgemeinerten Einsteinschen Gleichungen, z. B. im Rahmen von „Superstringtheorien". Hierbei hätte jede qualitativ verschiedene Strukturebene und Struktureinheit eigene Ereignishorizonte, was die Frage nach der prinzipiellen Erkennbarkeit „anderer Universa" mit enthält. Weiterhin beinhaltet ein derartiger Zugang die erkenntnistheoretische Frage nach der Universalität der Naturgesetze, der Grundeigenschaften der Elementarteilchen usw. Der Autor schließt lediglich mit Markow, daß mit einer unendlichen Strukturschachtelung („Matrjoschkaprinzip") ein Entwurf „alles Seienden" vorläge, was erkenntnistheoretisch fragwürdig ist. Die diesbezügliche Wertung der These als Spekulation wird nicht offensichtlich (Anm. d. Red. d. dt. Ausgabe).

15 411

in der Wissenschaft noch in der Philosophie ist eine kühnere, tiefergreifende und allgemeinere Annahme denkbar. Daß derartige Fragen überhaupt gestellt werden können, schon das spricht von den geradezu unerschöpflichen Möglichkeiten der Naturwissenschaft.

In einem neuen Licht erscheint in diesem Zusammenhang auch die Äußerung Arzimowitschs, eine neue Ära in der Entwicklung der Wissenschaft sei angebrochen, wobei der Astrophysik eine Schlüsselstellung zukomme, ein Gedanke, den er 1972 in jenem Artikel veröffentlicht hat, der sein wissenschaftliches Vermächtnis werden sollte. Vielleicht hat ihn die Stagnationsphase in der Theorie der Elementarteilchen, die sich von 1950–1960 hinzog, bzw. das Fehlen von experimentellen Bestätigungen für die damals vorgeschlagenen, recht unterschiedlichen Theorien (darunter auch jene, die unseren heutigen Vorstellungen zugrunde liegen) zu dieser Aussage verleitet. Die Zukunft gehört einer einheitlichen Wissenschaft von den grundlegenden Eigenschaften der Materie, des Raumes und der Zeit, gehört einer Wissenschaft, die den Namen Universal-Astrophysik [1] verdient. Bei dieser Ge-

[1] Die Relation zwischen verschiedenen Wissenschaftszweigen, insbesondere der an der Erforschung des Kosmos beteiligten, bzgl. zunehmender integrativer und synthetischer Prozesse in einzelnen Wissensgebieten wird vom Autor offenbar sowohl in der Bewertung der Astrophysik als Schlüsselwissenschaft im System der Physik als auch der Forderung nach einer alles umfassenden Wissenschaft, der Universal-Astrophysik, reflektiert. In der Tat ist der Sachverhalt zu verzeichnen, daß die Elementarteilchenphysik eine Basisrolle für das theoretische Verständnis des frühen Entwicklungsstadiums des Universums darstellt. Ein Lösungsansatz für die Klärung von Fragen, die sich mit der kosmologischen Singularität befassen, besteht in einer Theorie neuer Fundamentalkräfte (R. Breuer: Am Anfang war der Urschaum. In: Wissenschaft in der UdSSR (1989) 2, S. 39) auf der Basis von Quantengravitationskräften bzw. Quantensupersymmetrietheorien (s. dazu A. Tursunmow: Schwierige Fragen der heutigen Kosmologie. In: Sowjetwissenschaft/gesellschaftswissenschaftliche Beiträge (1989) 2, S. 188). Diesbezüglich baut die moderne Kosmologie auf der Elementarteilchenphysik auf. Betrachtet man andererseits die empirische Bedeutung der Kosmologie für die Entwicklung der Elementarteilchenphysik, so erscheint die Kosmologie bei der Behandlung früher Entwicklungsphasen des Universums als synthetisierender Faktor für einige Bereiche vor allem der theoretischen Physikentwicklung. Es erfolgt zunehmend eine logische Einbindung in das Wissenssystem der sich entwickelnden Quantenfeldtheorie (A. Tursunmow, ebenda, S. 200). Eine Universaltheorie – wie vom Autor beschrieben (S. 236 f.) – existiert nicht und ist in der implizit dargestellten Form nicht konstituierbar. Die Ableitung „allumfassender Relativität" aus dem Ergebnis des sich gegenwärtig vollziehenden Durchdringungsprozesses beider Wissenschaften (S. 238) ist mindestens erkenntnistheoretisch nicht fundierbar. Die erkenntnistheoretische Fragestellung an dieser Stelle müßte lauten: Ist im vorhandenen System astrophysikalischen und

legenheit sei angemerkt, daß die Behauptung, die Biologie hätte die Führung in der Wissenschaft übernommen, für konsequente Materialisten unannehmbar ist. Führend wird die Universal-Astrophysik bleiben, auch wenn das Leben und die Vernunft im Universum von fundamentaler Bedeutung sind. In der Welt gibt es bloß Felder und Teilchen. Die Träger von Leben und Vernunft sind gleichfalls Elementarteilchensysteme, allerdings äußerst komplexe. Die Wissenschaft von diesen Teilchen war, ist und bleibt der führende Zweig der Naturwissenschaft. Um sie aber zu begreifen, muß man heute das gesamte Universum erforschen; diese Wissenschaft ist Teil der Universal-Astrophysik. Würden wir jemals Neues über die Eigenschaften von Teilchen und Feldern erfahren, indem wir das Leben und die Vernunft erforschen?

Vielen hat schon zu denken gegeben, daß schwere Elemente, komplizierte Moleküle und schließlich auch das Leben auf unserem Planeten an ganz bestimmte Elementarteilcheneigenschaften gebunden sind, Eigenschaften, die – zumindest zum gegenwärtigen Zeitpunkt – rein zufällig anmuten und also durchaus auch anders sein könnten. Auch das Universum könnte ganz anders sein – es gibt keine physikalischen Gesetze, die dies bisher verböten –, so ganz und gar anders, daß Leben in ihm unmöglich wäre.

Offenbar löst das „anthropische Prinzip"[1] dieses Problem. Eine

elementarteilchenphysikalischen Wissens eine logisch einheitliche Rekonstruktion des Universums möglich oder setzt letztere eine höhere Qualität des Wissenssystems, neue Fundamentalgesetze o. ä. voraus? Die Art der Diskussion um die führende Rolle einer Naturwissenschaft, wobei für den Autor die Entscheidung für die Biologie kein konsequenter Materialismus ist (S. 227 f.), trägt reduktionistischen Charakter. Die metaphysische Auflösung der Dialektik der Bewegungsformen der Materie wird mit der Begründung vollzogen, daß Physik Grundlage von Leben und Vernunft sei, die Biologie aber keine Aussage zur Elementarteilchenphysik erbringe (Anm. d. Red. d. dt. Ausgabe).
[1] Die Problematik, die sich mit dem anthropischen Prinzip verbindet, diskutiert der Autor über die Einführung eines Superuniversums, dessen Determination dem totalen kosmologischen Prinzip F. Hoyles zugeordnet wird. Ohne die heuristische Bedeutung dieses Prinzips für die Suche nach fundamentaleren Zusammenhängen zu negieren, ist festzustellen, daß die sich anschließende Begründung der Existenz außerirdischen und irdischen Lebens zur „Panspermie"-These tendiert, der der Autor weitgehend folgt (S. 238 f.). Sowohl die Logik der Einführung des anthropischen Prinzips als auch die Bewertung der „Panspermie"-These sind mißverständlich. Beide stellen u. E. verschiedene Denkzugänge auf unterschiedlichen Abstraktionsebenen – in diesem Fall für die Erklärung der Entstehung des Lebens – mit nicht notwendig gemeinsamer Wurzel dar. In diesem Zusammenhang liegt u. E. eine Fehlinterpretation der diesbezüglichen Auffassungen von Teilhard de Chardin vor. Was in humanistischer

sehr lakonische und wohl auch erste Formulierung geht auf A. L. Selmanow zurück: „Es gibt Prozesse, die ohne Zeugen ablaufen." Andere Relationen zwischen Elementarteilcheneigenschaften wären demnach zwar möglich, aber mit unserer Existenz unvereinbar. Sie könnten mithin nur auf andere Universa zutreffen. Wieder taucht die Vorstellung von einer Vielzahl von Universa auf. Gleichzeitig büßen wir anscheinend jegliche Hoffnung ein, deren Existenz zu beweisen. Alles, was wir zu sehen vermögen, ist – nach einer Bemerkung Selmanows – Teil unseres Universums (des Weltalls). Das Superuniversum, die Vielzahl der Universa, in deren einem wir eingeschlossen sind, unterliegt vermutlich schon dem totalen kosmologischen Prinzip des Fred Hoyle...

Glauben wir an das starke „anthropische Prinzip", so räumen wir – entgegen dem kopernikanischen Prinzip – unserer Heimstatt eine Sonderstellung ein, diesmal jedoch im Rahmen eines Superuniversums. Eine Sonderstellung deshalb, weil es uns gibt! Nach Meinung des Verfassers sollte man dann gleich noch einen Schritt weiter tun und annehmen, daß die Eigenschaften des Weltalls nicht nur auf der Erde haben Leben und Vernunft entstehen lassen, daß es vielmehr eine Vielzahl bewohnter Welten gäbe mit denkenden Wesen, die sich von uns nicht allzu stark unterscheiden, so wie das, ausgehend von ganz anderen Voraussetzungen, sein berühmter Namensvetter, der Science-fiction-Schriftsteller I. A. Jefremow, angenommen hat.

Die Suche nach extraterrestrischen Zivilisationen ist nach Ansicht bedeutender Wissenschaftler ebenso wichtig wie die Erforschung der Elementarteilchen und der Anfangsbedingungen der kosmologischen Expansion. Im Erfolgsfalle würden wir über unbezahlbare Informationen über die Entwicklungswege der Materie verfügen, würden wir nicht nur die Kardinalfragen der Naturwissenschaft lösen können, auch der soziale Fortschritt der Menschheit profitierte davon. Denn die Zivilisation, zu der wir Kontakt aufnehmen könnten, wäre uns mit Sicherheit weit voraus. Wenn die Erfolgschancen nur hoch genug wären, müßte die Suche nach

Hinsicht lobenswert ist, kehrt sich in weltanschaulicher Hinsicht um. Die Intention de Chardins, deren Kern die Entwicklung allen Seins zu zunehmender Komplexität darstellt, ist die Evolution als aus einem Punkt des Universums kommende, über Kosmogenese, Biogenese und Noogenese zur Christogenese in einen Punkt führende Entwicklung, jeweils höhere qualitative Entwicklungsstufen durchlaufend. Hier tritt das anthropische Prinzip als weltanschaulicher Mittler zu einer weitgehend teleologischen Seinsbegründung auf (Anm. d. Red. d. dt. Ausgabe).

außerirdischen Zivilisationen zum wichtigsten wissenschaftlich-technischen Vorhaben der Menschheit erklärt werden.

Gibt es außerhalb der Erde vernunftbegabtes Leben oder nicht? Es fällt schwer, hier Schklowski zu folgen, unserem größten Experten auf diesem Gebiet. In den letzten Jahren ist er zu der betrüblichen Überzeugung gelangt, wir seien allein im Universum. Sein Hauptargument: Die Vernunft wird nicht in ihrer Wiege bleiben. Sie wird sich vielmehr schnell über die gesamte Galaxis ausbreiten. Warum aber sind dann davon keinerlei Spuren in unserer Nähe zu entdecken? Mögen seine Argumente stichhaltig sein, sie basieren doch bloß auf u n s e r e n Vorstellungen über die Entwicklungsgeschichte einer Zivilisation. Schließlich ist vieles möglich, was uns nicht in den Sinn kommt. Beobachtungen liegen aber im Grunde noch nicht vor, wenn es auch denkbar ist, daß wir schon lange das eine oder andere Objekt beobachten, auf dem sich eine Zivilisation entfaltet hat. Schließlich haben wir schon vor Jahrzehnten Quasare photographiert, ohne zu ahnen, daß es sich nicht um Sterne handelt.

Was würden Sie sich unter einem Objekt mit folgenden Eigenschaften vorstellen: starke Infrarotstrahlung, großes Verhältnis der Masse interstellarer Materie zur Masse der Sterne, häufige Sternzusammenstöße, ungewöhnlicher Überschuß kurzlebiger Riesensterne, kaum gewöhnliche Zwergsterne und Strahlungsüberschuß im Blauen und Infraroten? Sie würden sicher auf Quasare tippen, nicht wahr? Besonders diejenigen unter Ihnen, die sich der Hypothese, daß Quasare frühe Stadien der Galaxienentwicklung sind, anschließen, werden kaum widersprechen wollen. Doch gemeint sind keine Quasare, sondern so stellt sich der bekannte Physiker P. Dyson Galaxien vor, die vollständig von technischen Zivilisationen besiedelt sind! Quasare erwähnt er in seinem Artikel nicht. N. S. Kardaschow schreibt ähnliches in seinem Nachwort zum Buch von M. und G. Burbidge über Quasare: „Warum könnten Quasare nicht das Produkt einer Superzivilisation sein? Das sind die kompaktesten und energiereichsten Objekte, die wir kennen, und genau das sollte man von einer beliebigen Zivilisation erwarten. Mächtige Energiequellen sind die besonderen und zugleich notwendigen Merkmale jeder Zivilisation."

Das Ausbleiben eines echten „kosmischen Wunders" spricht gegen die Existenz von außerirdischen Zivilisationen. Doch könnten wir nicht im stetigen Streben, alles im Rahmen bestehender physikalischer Theorien zu erklären, ein solches „Wunder" übersehen?

Der Kontakt zu einer außerirdischen Zivilisation könnte günstigstenfalls nach Jahrzehnten angestrengter Suche in dieser Richtung zustande kommen. Diese Arbeit müßte alles in den Schatten stellen, was bislang dazu unternommen wurde. Bisher wissen wir nur, daß es offenbar in unserer Nachbarschaft keine Zivilisationen gibt, die Tag und Nacht, in alle Richtungen und auf allen Frequenzen ihre Existenz geradezu „hinausschreien" – und zwar in einer uns verständlichen Sprache...

Wir selbst haben bislang nur einen einzigen gezielten Vorstoß unternommen, uns bemerkbar zu machen, indem wir ein entsprechendes Radiosignal zum Kugelsternhaufen M 13 gesendet haben. Die Antwort ist erst nach 50 000 Jahren zu erwarten! Die größten irdischen Radioteleskope könnten ein Funksignal empfangen, das mit einer vergleichbaren Technik aus dem galaktischen Zentrum ausgestrahlt worden wäre.

Von den Milliarden Sternen, die uns zugänglich sind, könnten viele Millionen (vielleicht sogar alle, denn Planeten sind offenbar ein Nebenerzeugnis der Sternbildung) Planetensysteme haben. Ob auf einigen von ihnen Zivilisationen bestehen, die der unsrigen vergleichbar sind? Die Antwort auf diese Frage erfordert Langzeitbeobachtungen. Es nimmt daher kaum wunder, daß entsprechende Hinweise noch ausstehen. Um die Suche effektiv zu betreiben, müßten Hunderte riesiger Radioteleskope Millionen von Sternen monatelang überwachen und nicht nur ein paar Radioteleskope ein Dutzend Sterne wenige Minuten lang. Auch die Möglichkeiten der optischen Astronomie, ohne die eine Auswertung der in anderen Wellenbereichen gewonnenen Daten unmöglich ist, müßten beträchtlich erweitert werden. Erforderlich wäre eine genaue Untersuchung aller Erscheinungen, bei denen gewaltige Energiemengen freigesetzt werden – von Quasaren, Kernen aktiver Galaxien, Supernovae. Während Novaausbrüche durch die Wechselwirkung zweier Sterne in engen Doppelsternsystemen zustande kommen, bleiben die Supernovae bis heute ein Rätsel!

Berechtigte Hoffnungen, außerirdische Zivilisationen eines Tages zu finden, haben wir nur, wenn die astronomischen Beobachtungsmöglichkeiten drastisch verbessert werden. Der Astronomie darf nicht weniger Beachtung geschenkt werden als der Elementarteilchenphysik. Das ist auch die Ansicht von Arzimowitsch, der meint, um das Verhalten der Materie unter extremen Bedingungen zu erforschen, seien astronomische Methoden nicht minder wichtig als physikalische.

Die Frage nach der Existenz außerirdischer Zivilisationen ist nicht losgelöst von anderen astronomischen Erkenntnissen zu stellen. So wäre es möglich, schreibt Marotschnik, daß sich die

Sonne keinesfalls zufällig nahe dem Korotationsradius aufhält. Der Stoff, aus dem sie sich einst geformt hat, wäre dann nur ein einziges Mal von einer spiralförmigen Dichtewelle erfaßt worden, wobei eben Sonne und Planetensystem entstanden. Daß weitere Begegnungen ausblieben, hat vielleicht erst die ungestörte Entfaltung irdischen Lebens ermöglicht. In der Tal, Sternentstehungsausbrüche in der Nachbarschaft, ein merklich dichteres interstellares Medium und damit verbunden ein stärkeres interstellares Magnetfeld, die Strahlung von O-Sternen und insbesondere die andauernden Supernovaexplosionen wären dem Leben abträglich gewesen, hätten es wenn nicht vernichtet, so doch in seiner Entfaltung behindern können.

Die ältesten Sterne der galaktischen Scheibe sind 5 bis 6 Milliarden Jahre alt. Mit 4,6 Milliarden Jahren ist die Sonne nur wenig jünger. Gehen wir davon aus, vernunftbegabtes Leben, das dem unsrigen nicht nachsteht, bedürfe einer vergleichbar langen ungestörten Entwicklung, so ergibt sich: Kontakte sind vor allem mit Bewohnern sonnenähnlicher Sterne zu suchen, Sterne, die sich zudem nahe dem Korotationskreis aufhalten und Sternentstehungsgebiete meiden. Zivilisationen, die uns weit voraus sind, gibt es danach vielleicht gar nicht. Womöglich sind wir unter den vernunftbegabten Brüdern die ältesten... So gesehen verlieren die Argumente zugunsten der Einmaligkeit vernunftbegabten Lebens in der Galaxis an Überzeugungskraft.

Sonnenähnlichen, benachbarten Sternen gebührt also der Vorrang, wenn es darum geht, nach Zivilisationen Ausschau zu halten, die der unsrigen ähneln und mit denen wir vielleicht eine gemeinsame Sprache finden könnten. Daß die bisherige Suche nach Radiosignalen von diesen Sternen (d. h. von den Bewohnern des entsprechenden Planetensystems) ergebnislos geblieben ist, besagt rein gar nichts. Wie Frau D. Tarter gezeigt hat, wurde bisher der Raum möglicher Sendefrequenzen, Empfindlichkeiten und Suchrichtungen nur zu einem 10^{17}tel seines Volumens abgesucht! Eine Nadel in dem berühmten Heuhaufen aufzuspüren ist 1000mal leichter! Hinzu kommt noch die kurze Dauer dieser Suchaktionen.

Amerikanische Astronomen wollen bei künftigen Suchprogrammen bereits bestehende Großantennen wie das 300-m-Radioteleskop in Arecibo und die Antennen des Deep-Space-Network nutzen, die der Kommunikation mit interplanetaren Raumsonden dienen. Die Empfänger allerdings sollen ausgetauscht werden gegen neue, die, was Empfindlichkeit und vor allem Anzahl der gleichzeitig überwachten Kanäle betrifft, alles bisherige in den Schatten stellen. 8 Mill. Kanäle sind geplant, wobei die Band-

breite eines jeden nicht mehr als 1 bis 32 Hz sein soll! Auch irdische Signale sind ja meist schmalbandig. Die Wellenlänge, auf der eine extraterrestrische Zivilisation sendet, ist zunächst unbekannt. Die meisten Astronomen tippen aber auf den 21-cm-Bereich. Er bietet sich als natürlicher Wellenlängenstandard an. Hier strahlt der neutrale Wasserstoff. Außerdem ist zwischen 1 und 30 cm Wellenlänge das interstellare Medium durchsichtig und die Empfängerempfindlichkeit hoch. Wenn überhaupt, werden wir jedoch wahrscheinlich ein nicht für uns speziell gedachtes Signal auffangen, eher den „Radiolärm", den eine fremde Zivilisation, etwa wie die unsrige, verursachen muß. Bei welcher Frequenz das sein könnte, vermag niemand zu sagen...
Das Programm wird in der 5jährigen Anlaufphase 12 Mill. Dollar verschlingen. Das sind 0,04% der Mittel für die Raumfahrt! Mit diesen Geldern soll zunächst eine Versuchsapparatur mit „nur" 74 000 Kanälen entwickelt und getestet werden, der Vorläufer des eigentlichen 8-Millionen-Kanal-Spektralanalysators. Gegen das Projekt sperrt sich allerdings Senator William Proxmire aus dem Bundesstaat Wisconsin. Er meint, wenn schon nach Vernunft suchen, dann müsse man „gerade hier, in Washington, damit anfangen. Vernunft zu begegnen, ist hier vielleicht schwieriger, möchte ich meinen, als außerhalb des Sonnensystems." (Dem Senator ist fraglos zuzustimmen, wenn auch aus anderen Überlegungen heraus.) Die Argumente Proxmires verdienen erörtert zu werden, denn sie drücken die Meinung vieler aus. Erstens, sagt er, werden sich die Gesamtkosten des Programms auf 50,9 Mill. Dollar in 10 Jahren belaufen – ein unvertretbarer Luxus. Zweitens komme außerirdisches denkendes Leben wahrscheinlich überhaupt nicht vor. Drittens hält er Kommunikation über Millionen Lichtjahre hinweg schlicht für Unfug. (Das Programm zielt allerdings vor allem auf Sterne, die nicht weiter als 25 pc entfernt sind.)
Was soll man hierauf antworten? In einer Welt, in der Hunderte Kinder in jeder Minute Hungers sterben, mutet die Ausgabe von Millionen für die Suche nach Außerirdischen fast wie ein Verbrechen an. Doch die Dollars, die dem besagten Projekt vorenthalten werden, werden sie wirklich verwandt, Kinder zu retten? Die Gesamtkosten für das zehnjährige Suchprogramm verschlingen gerade den zwanzigsten Teil der Kosten für ein einziges Atom-U-Boot. Diese ausgeklügelte Schöpfung menschlicher Vernunft könnte – falls es dazu käme – in Sekundenbruchteilen Millionen von Menschenleben vernichten... Bislang werden wir der irdischen Probleme nicht Herr, doch vielleicht empfangen wir eines Tages Signale einer außerirdischen Intelligenz, Botschaf-

ten, die uns helfen, der Selbstvernichtung zu entgehen. Bereits der Nachweis eines derartigen Signals bewiese, daß der kollektive Selbstmord nicht obligatorisch, nicht das Ende der Zivilisation sein muß.

Zukunftshoffnungen vermögen die Vorstellungen von G. M. Idlis zu wecken. Er hat darüber nachgedacht, wie sich eine wahrhaft vernünftige Zivilisation entwickeln wird. Zivilisationen, die in ihrer Entwicklung innehielten, hätten nach seiner Meinung den Anspruch auf diese Bezeichnung verwirkt. Das folge schon daraus, daß „die Notwendigkeit eines exponentiellen Wachstums der Wissenschaft inhärent ist". Nach einem Gödelschen Satz ist in jeder nicht zu einfachen Theorie immer eine Behauptung formulierbar, die inhaltlich wahr ist, aber nicht aus den Axiomen dieser Theorie gefolgert werden kann, so daß sich bei ihrer Verallgemeinerung immer zwei Alternativen auftun. Jedes gelöste, fundamentale Problem zieht unweigerlich ein neues nach sich. Fällen dieser Art sind wir bereits mehrfach begegnet. Die Entfaltung der Wissenschaft wie der Zivilisation zwingt zur systematischen Vergrößerung der materiellen und energetischen Ressourcen. Selbst ein Ausbrechen aus dem Sonnensystem rettete die Lage nur für kurze Zeit. Stagnation, selbst im galaxisübergreifenden Rahmen, dürfe es nicht geben. Nach Idlis wird eine solche Zivilisation sogar Mittel und Wege finden, sich ins Kosmologische auszubreiten – ins „Innere" der Elementarteilchen, in andere Universa... Dann aber ist auch die Erde, so Idlis, „nicht zufällig belebt". Das irdische Leben sei „im Ergebnis einer vernünftigen Tätigkeit (oder einer Informationsinvasion) einer Superzivilisation" entstanden. Damit wäre denn auch die Universalität des genetischen Codes erklärt, ein Fakt, der F. Crick und F. Hoyle veranlaßt hat, die Idee der Panspermie wieder zu beleben.

Im Grunde genommen kommt dies den Ideen des enzyklopädisch gebildeten W. I. Wernadski (1863–1945) nahe. Sein Nachdenken zielt auf die Unmöglichkeit, die Entstehung irdischen Lebens zu erklären, die „Ewigkeit" des Lebens und des Menschen Tätigkeit, die ein untrennbarer und unvernichtbarer Teil der Biosphäre sei, ja deren Entwicklung geradezu bestimme. Noch weiter gehen die Vorstellungen des französischen Anthropologen und Philosophen P. Teilhard de Chardin (1881–1955). Für ihn ist das Aufkommen vernunftdurchdrungenen Lebens und der Zusammenschluß der Menschen in der prosperierenden Sphäre der erkennenden Ratio – in der Noosphäre – unausweichlich. Der Mensch nimmt eine exklusive Stellung im Universum ein. In diesen Ideen vermag man einen tiefgründigen Zusammenhang mit dem anthropischen

Prinzip auszumachen. „Die Welt ist fürwahr eine zu große Sache", sagt Teilhard de Chardin. „Von Anfang an hat sie, um uns hervorzubringen, ein wundersames Spiel mit zu vielen Unwahrscheinlichkeiten aufgeführt. Wir fühlen, uns durchzieht eine Welle, die nicht aus uns selbst kommt. Sie kam aus der Ferne, zugleich mit dem Licht der ersten Sterne. Sie hat uns erreicht, alles auf ihrem Wege erschaffend. Der Geist des Suchens und der Eroberung ist die Seele der Evolution."
Vor der schöpferischen Vorstellungskraft des Gelehrten verblassen die kühnsten Phantasien von Science-fiction-Autoren. Die Früchte dieser Kraft sind es, die uns mit Optimismus erfüllen und mit Stolz auf den MENSCHEN.
Die experimentelle Wissenschaft, vor drei Jahrhunderten aus der Taufe gehoben, steht unzweifelbar an einem Wendepunkt.[1] Das exponentielle Wachstum (Anzahl der Wissenschaftler, der Publikationen pro Jahr usw.), das vormals zu verzeichnen war, verlangsamt sich von Jahr zu Jahr, und diese Verlangsamung ist sicher nicht aufzuhalten. Auch die Astronomie ist davon betroffen (Abb. 69). Die Ablösung der exponentiellen Wachstumsraten mit einer Verdopplungszeit von 8 bis 20 Jahren durch eine langsamere Entwicklung mußte früher oder später einsetzen. Bliebe es bei den Zuwachsraten der Jahre 1963–1975, der Jahresumfang des „Astrophysical Journal" müßte im Jahre 2000 100 000 Seiten betragen, und im Jahre 2040 würde es in den USA 10 Mill. promovierte Astronomen geben... Von 1945–1970 hat sich die Winkelauflösung der Radioteleskope um 8 Größenordnungen, die Empfindlichkeit um 7 Größenordnungen verbessert. Die Röntgenastronomie hat hinsichtlich Auflösung und Empfindlichkeit an die optische Astronomie angeschlossen. Doch weiteres Wachstum kostet einen immer höheren Preis. Bis jetzt haben die Zuwachsraten in der Forschung z. B. die der Energiegewinnung hinter sich gelassen. Es leuchtet ein, daß ein solcher Vorlauf auf die Dauer unmöglich ist. Wie der in den letzten Jahren zu beobachtende Rückgang der Zuwachsraten für Forschungsauf-

---

[1] Die z. T. begründete Besorgnis des Autors über bestimmte Aspekte der gesellschaftlichen Entwicklung, insbesondere der Wissenschafts- und Wissensentwicklung, wird mit der Konstatierung von Erscheinungen dieser Prozesse begründet, ohne tiefere Zusammenhänge, Ursachen anzudeuten. Im Ergebnis deren Verallgemeinerung erscheinen die Prozesse als Ausdruck der Entwicklungskrise der Menschheit (S. 235). Die sich anschließenden Fragestellungen und die Suche nach Lösungen kann partiell in den Kontext der Diskussion um die Bestimmung des Inhalts einer „postmodernen" Weltsicht eingeordnet werden, reflektiert damit nur bedingt unsere weltanschauliche Position (Anm. d. Red. d. dt. Ausgabe).

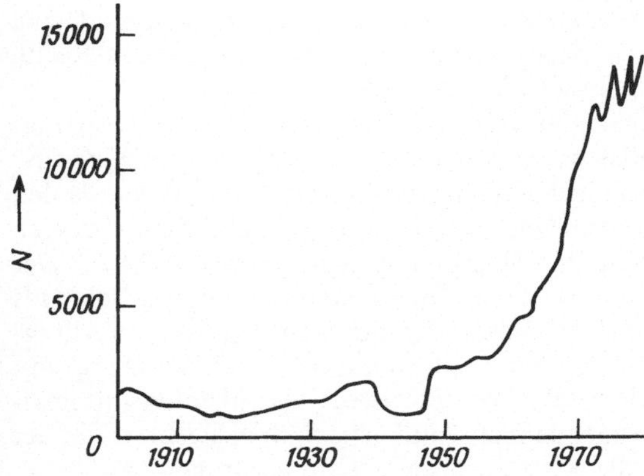

Abb. 69. Das weltweite Anwachsen der astronomischen Publikationen pro Jahr (nach T. Schmidt-Kaler) zeugt vom Entwicklungstempo unserer Wissenschaft. Astronomische Arbeiten erscheinen heutzutage in 700 Zeitschriften, wobei die Hälfte aller Veröffentlichungen auf 24 Fachzeitschriften entfällt

wendungen, insbesondere auch für die Astronomie, zeigt, hat dieser Umschwung bereits eingesetzt. Hoffentlich überwindet die Menschheit diese Entwicklungskrise, bleibt die Erschließung neuer Energieressourcen weiterhin die Triebkraft für die Entwicklung der Wissenschaft, denn nur die Wissenschaft vermag der Menschheit neue Energiequellen zu geben – und dies muß geschehen, bevor die alten versiegt sind... In einer stagnierenden Zivilisation kann sich Wissenschaft nicht entfalten, Zivilisation ohne Wissenschaft aber ist im Grunde sinnlos und wohl auch kaum möglich.

Es gibt auch Hindernisse, die die Wissenschaft selbst hervorbringt. Blättert man alle zwei Wochen die neueste Ausgabe des „Astrophysical Journal" durch, die bis zu 600 Seiten stark ist, kann einem schon Angst und Bange werden ob der Fülle an Information. Man findet auf Anhieb mitunter ein gutes Dutzend von Veröffentlichungen, die die eigene Arbeit tangieren. Man müßte sie gründlich lesen. Das aber nähme die zwei Wochen bis zum Erscheinen des nächsten Heftes in Anspruch... Dabei ist das beileibe nicht die einzige Fachzeitschrift! Man nimmt hin, daß ein Großteil der Informationen einen verspätet erreichen oder aus Übersichtsartikeln stammen, und man ist den sachverständigen Kollegen, die dafür ihre Zeit opfern, zutiefst dankbar. Ein Forscher unserer Tage wechselt ständig zwischen den eigenen Arbeiten und dem Studium der Arbeiten anderer, und wehe dem, der eines davon vernachlässigt – er läuft Gefahr, längst ad acta gelegten Problemen nachzujagen, oder verwirkt gar das Recht, sich Forscher nennen zu dürfen.

Am Horizont taucht ein weiteres Schreckgespenst auf. Sprengt unser Wissen vielleicht einmal die Kapazität unseres Gehirns? Werden wir es vermögen, einen Intellekt, leistungsfähiger als den unsrigen, hervorzubringen, und wird dies nicht dem Versuch ähneln, sich selbst an den Haaren aus dem Sumpf zu ziehen? Der Verfasser hofft, dies werde nie nötig werden. Begriffe, die uns verwirren, gehören sie für unsere Kinder nicht bereits zum Alltag? Die Zusammenfassung von Informationen, der Umgang mit ganzen „Begriffsblöcken", über die man – wie über das Einmaleins – nicht mehr nachdenken muß, spart Speicherplatz in der Rechenmaschine, die wir auf unserer Schulter tragen...

Angesichts der Begrenztheit materieller und intellektueller Ressourcen kommt der Wissenschaftsplanung, der Auswahl einer aktuellen Thematik, eine immer größere Bedeutung zu. Für die Astrophysik ist das besonders heikel. Ihre Instrumente – Teleskope und Teilchenbeschleuniger – zählen zu den teuersten und in der Herstellung zeitaufwendigen Geräten.

Werden Kräfte und Mittel nicht vernünftig eingesetzt, kann dies die Lösung eines Problems um Jahrzehnte verzögern, stagniert eventuell eine ganze Forschungsrichtung. In der Astronomie ist es schon vorgekommen, daß gewaltige Mittel in ein konkretes Vorhaben gesteckt wurden, aber man vergaß, daß sie nur dann Früchte tragen, wenn es auf dem ganzen Informationsweg – vom Photon, das in das Instrument gelangt, bis hin zur Veröffentlichung der wissenschaftlichen Ergebnisse – keinerlei Engpässe gibt. Nur der kollektive Sachverstand der Wissenschaftler ist eine Versicherung gegen Fehlentscheidungen.

„Ein entwickeltes Land bleibt in der Regel dann hinter einem anderen in der Forschung zurück, wenn die Regierung entscheidet, was die Forscher zu entdecken haben. Mit anderen Worten, wenn zu viel Geld für konkrete Projekte und zu wenig für die Forschung als solche ausgegeben wird." So lautet eines der Parkinsonschen Gesetze. Großforschungsprojekte aber sind teuer – machen einen beträchtlichen Teil des Staatshaushaltes selbst großer Staaten aus –, sind derart teuer, daß Parlamente über sie entscheiden, nicht aber die Akademien. Das Zehnjahresprogramm zur Entwicklung der amerikanischen Astronomie wird 1,9 Milliarden Dollar verschlingen; die Errichtung eines Superbeschleunigers, dessen gegenläufige Protonenstrahlen eine Energie von jeweils 20 000 GeV haben werden – 70mal mehr als bei dem Beschleuniger, an dem die intermediären Bosonen entdeckt wurden –, macht weitere 2 Milliarden erforderlich. Fast genausoviel wird weltweit in zwei Tagen für Rüstung verpulvert...

Eines Tages wird sich die Welt verändert haben... Das wird eine Welt sein, „in der gigantische Teleskope und Teilchenbeschleuniger mehr Gold schlucken und mehr spontane Begeisterung auslösen werden als alle Bomben und Kanonen. Eine Welt, wo der Natur ein weiteres Geheimnis zu entreißen, neue Eigenschaften zu entdecken von Elementarteilchen, Sternen, der organischen Materie unmittelbares Lebensbedürfnis aller sein wird, nicht nur des vereinten Heeres der Forscher, nein, auch des Mannes von der Straße. Eine Welt, wo die Menschen ihr Dasein eher der Mehrung des Wissens denn der Güter widmen werden, so wie das gelegentlich auch heute schon vorkommt." Davon träumte Teilhard de Chardin, davon träumen wir alle...

Über mangelnde Aufmerksamkeit braucht sich die Astronomie nicht zu beklagen. Doch hier ist ein ermahnendes Wort angezeigt. Enthusiasten der Himmelskunde können durchaus der Wissenschaft dienen, indem sie Himmelserscheinungen, insbesondere veränderliche Sterne und Meteorströme, beobachten. Doch viele ziehen es vor, statt in die Sterne zu sehen (wozu der Handel leistungsfähige Feldstecher und Teleskope anbietet), Überlegungen vielfältiger Art anzustellen, um dann die Früchte ihres Nachdenkens Wissenschaftlern vorzulegen. Daran sind nicht zuletzt populärwissenschaftliche Bücher (wie dieses) schuld, die vorwiegend fertige Erklärungen, Schlußfolgerungen aus Beobachtungen und Berechnungen anbieten. Vor allem kosmologisch Interessierten sei dringend geraten, das Buch von Ja. B. Seldowitsch und I. D. Nowikow „Aufbau und Evolution des Universums" sorgfältig zu studieren und erst danach zur Feder zu greifen. Ohne profunde Vorbildung mitzureden ist nicht möglich. Außerdem verdient eine Hypothese nur dann Beachtung, wenn sie nicht nur eine Erscheinung neu erklärt, sondern auch die Untauglichkeit alter Erklärungsversuche darlegen kann, wenn sie mit allen Beobachtungen verträglich ist und nicht nur auf einen ganz speziellen Fall zutrifft.

Astronomen, wie generell alle Naturforscher, sind zutiefst konservativ, ja sind geradezu bemüht, konservativ [1] zu bleiben. „Es geht

---

[1] Der unklare Gebrauch des Wortes „konservativ" kann, insbesondere im Zusammenhang mit der Aussage Seldowitschs, mißverstanden werden. Der von letzterem beschriebene Sachverhalt, daß der Wissenschaftler zunächst alles bekannte Wissen auf seine Verwendbarkeit für die Erklärung neuer Erscheinungen überprüft, bevor er „neue Naturgesetze ausdenkt", ist nicht Ausdruck von Konservatismus, sondern reflektiert die erkenntnistheoretische Fragestellung der Wirkungsweise von Erkenntnis- und

nicht an", sagt Seldowitsch, „sich für jede neue Erscheinung gleich ein neues Naturgesetz auszudenken... Eine solche Entdeckung erlangt nur dann das Existenzrecht, wenn alle anderen Erklärungsmöglichkeiten für eine Erscheinung ausgeschöpft sind." Ihren Erfolg verdankt die Naturwissenschaft nicht zuletzt dem Umstand, daß sie sich leiten läßt „vom Bestreben, alle Begriffe und Relationen auf eine möglichst geringe Anzahl logisch voneinander unabhängiger Hauptaxiome und Begriffe zu reduzieren" (A. Einstein). Umwälzungen gab es in der Naturwissenschaft und wird es auch in Zukunft geben. Die sich augenblicklich vollziehende Verschmelzung von Elementarteilchenphysik und Kosmologie, die Konzeption einer Vielzahl von Universa – von der allumfassenden Relativität! – und die offensichtlichen Erfolge auf dem Weg zur „großen Vereinigung" werden wahrscheinlich einen Umsturz im physikalischen Weltbild herbeiführen, vergleichbar nur noch jenem, den Relativitätstheorie und Quantenmechanik ausgelöst haben. Bevor jedoch ein neuer Vorstoß gewagt werden kann, muß man sich davon überzeugt haben, daß das bisherige Fundament nicht mehr trägt, bestehende Theorien nicht mehr gelten. Genauso verfährt die moderne Astrophysik bei ihrem Bemühen, immer tiefer in die Vergangenheit des Universums vorzustoßen bis hin zu den ersten Augenblicken.
Forscher sind zutiefst konservativ. Und doch gibt es keine kühneren und weiter blickenden Träumer. Wir sprachen bereits davon, wie Wernadskis Überzeugungen Bestätigung finden, daß „das Leben keine zufällige Erscheinung in der Evolution der Welt (ist), vielmehr sich zwangsläufig aus ihr ergibt". Dabei erinnerte er sich der Ideen des Svante Arrhenius von der kosmischen Panspermie, von der Ausbreitung von Lebenssporen im Kosmos unter der Wirkung des Lichtdrucks (des Sternenwindes, würden wir heute sagen). Besonders haben es in diesem Zusammenhang Wernadski die thermophilen Bakterien angetan, jene Bakterien, die sich hauptsächlich vom Schwefel nähren. Kürzlich wurden nahe einem Unterwasservulkan Bakterien entdeckt, die bei 250 °C und einem Druck von 265 Atmosphären leben. Ernähren tun sich diese „höllischen" Kreaturen selbstverständlich von Schwefel... Schwefel gibt es auf der Venus in Unmengen, Temperatur und Druck sind ebenfalls „annehmbar"!
Noch ein Beispiel – Fred Hoyles „Schwarze Wolke". Diese Wolke aus organischem Material hat sich zu einer mit Vernunft ausgestatteten Gemeinschaft organisiert. Diesen phantastischen

Denkprinzipien im Prozeß der Wechselwirkung von Empirischem und Theoretischem (Anm. d. Red. d. dt. Ausgabe).

Roman schrieb Hoyle Jahre, bevor organische Moleküle in Dunkelwolken entdeckt wurden. Inzwischen sind schon rund 60 verschiedene Molekülarten bekannt, darunter vermutlich sogar Glycin (eine Aminosäure). Vernunft hin, Vernunft her – nicht darauf kommt es uns hier an. Aber aus den Molekülwolken, die außer aus Wasserstoff und Helium eben auch aus organischem Material bestehen, werden Sterne geboren und – als Nebenprodukt – Planeten. Die Frage nach der Herkunft des Lebens auf der Erde hängt so oder anders untrennbar mit unserer kosmischen Herkunft zusammen. Hoyle und Mitarbeiter veröffentlichen jetzt auch Untersuchungen, worin sie der Frage nachgehen, ob die Partikeln des interstellaren Staubs, die die Sterne verdunkeln, nicht eine Art Viren, Keimlinge des Lebens sein könnten. Zumindest scheinen sie vorwiegend aus Kohlenstoff zu bestehen...
Die Fähigkeit, Traum und Phantasie mit Beobachtungen und Berechnungen zu verbinden, ist das Unterpfand künftiger Erfolge. Die Forschungen der letzten Jahre stimmen optimistisch. Wir wissen – zumindest ungefähr –, wie das Universum beschaffen ist, und nähern uns der Beantwortung der Frage, warum es gerade so beschaffen ist. Es bleibt, wie Dolgow und Seldowitsch schreiben, „nur die Expansion des Universums zu erklären, das Vorhandensein und die Amplitude von Dichtestörungen, aus denen die Galaxien und die großräumige Struktur des Universums hervorgegangen sind, und eventuell die Tatsache, daß es das Universum überhaupt gibt...". Sonderlich viel ist das nicht mehr...
Wahrscheinlich müßte man jedoch, um die Existenz des Universums erklären und begreifen zu können, dessen gesamten Inhalt – die Ratio inbegriffen – verstehen, so wie man einer Maschine, die gute Verse dichten soll, den gesamten Intellekt eines guten Dichters mitgeben müßte...
Der Gedanke, von den Propheten der Allmacht des Menschen – W. I. Wernadski und Pierre Teilhard de Chardin – vage geäußert, bricht sich Bahn, die Menschheit vermöchte, einmal vereint, alle Hindernisse zu überwinden, und wir seien mehr als eine Schimmelflechte auf einem feuchten Planeten – die Krönung der materiellen Evolution, deren Erkenntnis unsere ureigenste Mission ist. „Der Traum, den die menschliche wissenschaftliche Forschung vage hegt", sagt Teilhard de Chardin, „zielt im Grunde auf das Vermögen..., das Steuer der Welt in die eigenen Hände zu nehmen, die Antriebsfedern der Evolution ausfindig zu machen" – dieser Traum lockt, stärker und immer stärker...